이명현의 과학책방

이명현의 과학책방

별처럼 시처럼, 과학을 읽다

이명현 지음

사월의책

이명현의 과학책방

1판 1쇄 발행 2018년 9월 10일
2쇄 발행 2018년 9월 20일
3쇄 발행 2018년 11월 10일

지은이 이명현
펴낸이 안희곤
펴낸곳 사월의책

편집 박동수
디자인 김현진

등록번호 2009년 8월 20일 제396-2009-126호
주소 경기도 고양시 일산동구 무궁화로 7-45 451호
전화 031)912-9491 | 팩스 031)913-9491
이메일 aprilbooks@aprilbooks.net
홈페이지 www.aprilbooks.net
블로그 blog.naver.com/aprilbooks

ISBN 978-89-97186-74-7 03400

* 책값은 뒤표지에 있습니다.
* 이 도서의 국립중앙도서관 출판예정도서목록(CIP)은 서지정보유통지원시스템 홈페이지(http://seoji.nl.go.kr)와 국가자료공동목록시스템(http://www.nl.go.kr/kolisnet)에서 이용하실 수 있습니다.(CIP제어번호: CIP2018024849)

차례

차 례

3부 '과학자'란 누구인가?

4부 세상의 온갖 궁금증

5부 과학적으로 사고하는 법

들어가며

독후감처럼 재미없는 글쓰기가 세상에 또 없었다. 어릴 때부터 책 읽기는 좋아했었다. 손에 잡히는 대로 눈에 들어오는 대로 책을 읽었다. 책을 읽는 것까지는 좋았는데 독후감을 쓰는 것은 정말 싫었다. 요구되는 뻔한 형식에 맞춰서 의미 없는 내용으로 글을 쓴다는 것이 얼마나 괴로운 일인지 나는 너무 일찍 알아버렸다.

생각의 흐름대로 내 마음이 기우는 형식으로 쓴 독후감은 늘 큰 질책으로 돌아왔다. 어느 순간부터 나는 제출하기 위한 독후감과 함께 자신을 위한 '책 읽고 쓴 글'을 쓰기 시작했다. 최소한의 노력으로 최대한 무성의하게 기계적으로 독후감을 썼다. 어쨌든 학교에 제출해야 했으니까. 글재주가 좀 있어서 거짓 마음으로 약간의 기교를 부려서 쓴 독후감으로 상도 타고 그랬다. 늘 마음이 불편했다. 어느 순간부터는 책을 읽은 후 자신을 위해서 글을 쓰는 것도 그만뒀다. 독후감의 그늘이 너무 컸기 때문에 책을 읽고 글을 쓰는 행위 자체에 대한 불신과 분노가 있었던 것 같다.

책은 계속 읽었지만 책을 읽고 글을 쓰는 작업은 한참 동안 나의 관심사가 아니었다. 그런데 학생들을 가르치는 일을 하다 보니 자연스럽게 책을 읽고 글을 쓰는 강의도 하게 되었다. 책을 읽고 글을 써오고 그것을 바탕으로 토론하고 다시 글을 쓰고, 뭐 이런 식의 책 읽고 글 쓰는 강의를 오랫동안 하면서 내적 갈등이 생겼다. 정작 내 자신은 독후감을 그토록 싫어하면서 학생들에게 독후감을 쓰라고 하는 것은 용납하기 어려운 자기 부정이었다.

그래서 처음에 타협한 것이 '독후감'이란 단어 대신 '독후글'이라는 용어를 사용하는 것이었다. 손바닥으로 하늘을 가리는 짓이었다. 지금도 별다른 대안이 없어서 독후글이라는 말을 쓰고 있다. 사람들이 '독후감' 하면 쉽게 떠올리는 그런 식의 글은 쓰지 말라고 강조해왔다. 책을 읽고 나서 마음이 흘러가는 대로 글을 쓰라고 요구했다. 형식 또한 하고 싶은 대로 마음대로 택하라고 한다. 독후감에 대한 부정적인 태도에 더하여 다른 사람이 쓴 글을 내 시각에서 점수를 주고 더 나아가서 고치고 하는 행위가 너무 하기 싫어서, 요청은 자주 오지만 글쓰기 심사에는 절대 응하지 않고 있다. 내 자신은 독후감은 물론이고 독후글도 쓰지 않았다.

그러던 내가 어느 날부터 서평을 쓰기 시작했다. 인터넷 신문인 『프레시안』의 '프레시안 북스' 편집위원을 맡으면서 사람들에게 서평을 청탁하는 일을 하게 되었다. 약속한 필자의 글이 제 시간에 도착하지 않으면 대신 서평을 쓰기도 했다. 그 전에도 간헐적으로 지인들의 청탁을 뿌리치지 못해서 신문에 서평을 쓴 적은 있었다. 과학책을 읽고 정기적으로 서평을 쓰는 코너를 개설하면서 그 작업을 내가 직접 맡게 되었다. 격주로 과학책 서평을 썼다. 그 중간 중간에는 이슈가 되는 과학책의 서평을 썼다. 주로 그 주제에 대해서 마땅한 필자를 구하기 힘들거나 일정이 맞지 않은 경우였다. 그렇게 시작한 서평 코너가 '프레시안 북스'의 최장기 연재 코너가 되기도 했다. 집중된 몇 년 동안 집중적으로 서평을 썼다는 이야기다.

'서평'이라는 이름과 형식으로 글을 썼는데 이 글들도 결국은 내 취향을 벗어나지는 못하는 것 같았다. 에세이에 가까운 서평이 되고 말았다. 어느 순간부터 내가 쓴 서평을 '서평에세이'라고 스스로 불렀다. 서평에서 책의 내용을 이야기하기는 싫었다. 교훈이나 숨은 의도를 찾아 적는 것도 싫었다. 아마도 서평 또는 책을 읽고 쓴 글이 독자들이 어떤 책과 일대일로 마주하면서 마땅히 누려야 할 내밀한 교류의 자유를 망쳐버릴 수도 있다는 두려움 때문이었을 것도 같다. 서평에세이라는 말 속에는 내가 쓴 서평은 어떤 책 이야기로 시작해도 결국에는 내 자신의 소곤거림으로 수렴할 것이라는 예언이 담겨 있는지도 모른다.

'프레시안 북스'에 서평에세이를 막 쓰기 시작하고 있던 어느 날 나는 급성심근경색으로 쓰러졌다. 조금만 더 늦었어도 나는 이런 글을 쓰면서 현재를 살아가고 있지 못했을 것이다. 살아난 사람들의 사연이 다 그렇듯이 나도 모든 조치들이 하나하나 기적처럼 잘 연결되어 목숨을 건질 수 있었다. 물론 그 대가는 컸다. 심장근육의 반 이상이 죽어서 뛰지 않는다. 관상동맥 속에 스텐트도 두 개를 박아 넣었다. 몇 달에 한 번씩 정기적으로 병원에 가서 온갖 종류의 검사와 치료를 받는다. 한 움큼의 약을 아침저녁으로 먹는다. 물건을 들지도 못하고 운동도 못한다. 여름에는 심장 기능이 떨어져서 좀비처럼 숨어 지낸다. 겨울에는 흉통이 찾아온다. 일을 오래하지 못해서 약속한 원고를 제때 넘기지 못한다. 비슷한 시기에 아내는 나보다 더한 병으로 쓰러졌다. 지금도 나보다 더 치열하게 투병 중이다.

학교와 연구소를 은퇴했다. 일상생활은 물론 경제 활동도 할 수 없어서 안팎으로 힘든 나날들이 몇 년 동안 계속되었다. 그 기간 내가 거의 유일하게 지속적으로 했던 작업이 격주마다 '프레시안 북스'에 과학책 서평에세이를 쓰는 것이었다. 이 책에 실린 글들의 대부분이 그 시절에 쓴 글들이다. 힘들게 숨을 고르며 책을 읽었다. 떨리는 손가락에 힘을 주면서 자판을 두드려서 서평에세이를 썼다. 책을 읽고 글을 쓰는 행위는 당시에 내게 있어서는 생존을 위한 몸부림이었다.

역설적이지만 이 기간처럼 책을 정독해서 읽고 혼신을 다해서 서평에세이를 쓴 적이 없었던 것 같다. 번잡한 주변 환경 속에서 그나마 책을 읽고 글을 쓰면서 자신만의 시간을 많이 확보할 수 있었던 것은 행운이었다고 생각한다. 이 책에 실린 서평에세이에 등장하는 책들은 힘든 나날을 같이 견뎌낸 동지들이다. 그 시절도 어느덧 무심하게 지나갔고 나는 지금 몇 년째 서평을 쓰지 않고 있다. 간혹 청탁을 물리치지 않고 서평을 쓰기는 하지만 아주 예외적인 상황이다. 방송에서 정기적으로 책 소개를 하면서 과학책을 계속 읽기는 했다. 서평에세이를 써본 기억은 정말 아득하다. 어쩌면 이 책이 내 생애의 마지막 서평에세이집이 될 수도 있을 것이다. 난삽하게 흩어져 있는 글을 모아서 책으로 엮은 편집자가 고마울 따름이다.

나는 이제 더 이상 정기적으로 서평에세이를 쓰지 않고 있다. 아마 못 쓰고 있다는 말이 더 어울릴 것이다. 요즘에는 과학책을 정기적으로 읽는 것도 힘들어졌다. 서울 삼청동에 과학책방 '갈다'를 열었는데 내가 대표를 맡았기 때문이다. 갈다는 과학자와 과학저술가 그리고 과학을 좋아하는 사람들이 모여서 만든 과학책방이다. 과학책방의 주인이 되었으니 책을 실컷 읽을 것 같지만 현실은 정반대다. 과학책이 가득한 책방에 붙어 있는 시간을 확보하기 위해서 정기적으로 과학책을 소개하던 프로그램도 그만두었다. 눈앞에 책들이 유혹하지만 더 이상 책을 정독할 시간이 없다니!

과학책을 읽고 정독하고 그 결과를 서평으로 써내던 시절이 아득하면서 그립다. 글이 아닌 말로 과학책을 소개하던 몇 년 동안의 방송 활동도 즐거웠다. 내가 과학책을 만나는 방식은 이처럼 변했지만 '과학책'이라는 화두는 변함없이 내 머릿속에 남아 있는 것 같다. 과학책방을 운영하면서 또 어떤 방식으로 과학책을 만나게 될지 몹시 궁금하고 흥분된다. 책방을 열면서 시작한 '칼 세이건의 『코스모스』 끝까지 읽기' 강좌는 며칠 만에 정원이 꽉 차기도 했다. 혼자 과학책을 읽고 내 속으로부터 튕겨져 나오는 이야기를 서평에세이로 표현한 결과물이 이 책이다. 혼자가 아니라 여러 사람이 모여서 한 권의 책을 함께 끝까지 읽는 작업은 무척 흥미로웠다. 칼 세이건의 『코스모스』를 시작으로 『콘택트』를 읽었고 이제 『코스믹 커넥션』으로 이어지고 있다. 몇 년이 걸리겠지만 칼 세이건의 책들을 이런 방식으로 계속 읽어갈 생각이다. 나는 그 읽기 여행에서 가이드를 맡고 있다. 돌이켜보면 지금 내가 하고 있는 책 읽기 여행의 원형이 이 책에 실린 서평에세이에 있다는 생각이 든다. 현재의 강좌가 함께 읽고 함께 쓰는 서평에세이 같은 결과로 수렴할지는 조금 더 두고 볼 일이다.

어려웠고 외로웠던 시절 과학책을 읽고 서평에세이를 쓰면서 세상에 맞서 균형을 잡으려고 노력했었다. 이 책은 그런 나를 돌아보게 하는 거울 같은 책이다. 그런 만큼 이렇게 나를 다 까발리는 글을 그것도 한 권의 책으로 엮는다는 것이 무모하다는 것도 안다. 나는 그런 시도를 방치하는 것으로 사월의책 안희곤 사장님과 박동수 편집팀장에게 무언의 동의를 했고 이 책이 세상에 모습을 드러낸다. 부끄럽지만 내가 짊어지고 가야 할 나의 소중한 과거다. 그리고 이제 내 곁은 완전히 떠나서 독자들의 품으로 간다. 안녕.

이명현

1부

우주와 별과 지구의 아름다움

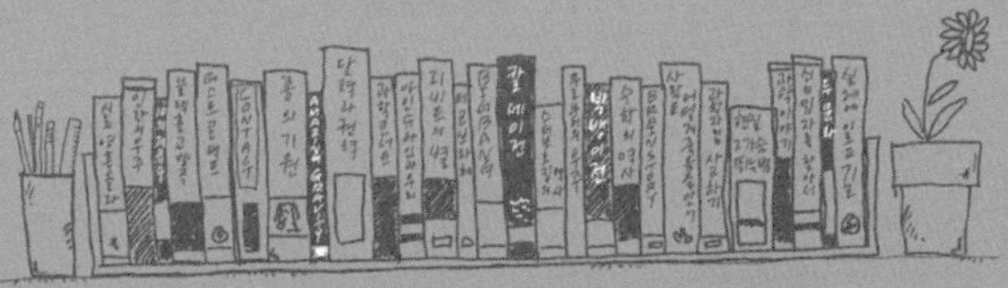

"회사 그만두겠습니다"
그가 훌쩍 떠난 곳은?

권오철,『신의 영혼 오로라』

해질 무렵 서쪽 하늘에 떠 있던 이름 모를 밝은 별 하나가 유치원 시절 내겐 최고의 천문현상이었다. 늘 일 때문에 늦게 들어오시던 부모님을 기다리면서 골목길에 서서 쳐다보던 그 별. 바로 금성이었다. 나중에 그 별의 정체를 알게 되고 망원경을 통해 달처럼 그 모양이 변하는 금성을 보면서 이것이야말로 최고의 천문현상이라고 생각했다.

하지만 달의 크레이터를 천체망원경으로 보자마자 내가 생각하는 '지상에서 볼 수 있는 최고의 우주 쇼'가 금성에서 달로 바뀌었다. 여주 강변에서 어느 여름밤 은하수를 맨눈으로 밤새도록 보면서 나의 최고의 쇼는 또 바뀌었다. 쌍안경으로 은하수를 훑어 내려가면서 보냈던 수많은 여름밤은 은하수를 내 마음속 최고의 쇼로 각인시켜 놓았다.

2001년의 사자자리 유성우는 각별했다. 몇 년 전부터 사자자리 유성우 때가 되면 버릇처럼 밤하늘을 올려다보곤 했는데 그때는 정말 많은 별똥별을 볼 수 있었다. 평생 볼 수 있는 것을 다 본 것 같은 기분이었다. 그즈음에는 유성우가 마음속 최고의 쇼로 자리를 잡기 시작했다.

비록 구름이 끼고 비가 쏟아지던 악조건 속에서 봤지만 2009년의 개기일식과 2012년의 금환일식의 경험은 개기일식이야말로 우리가 지상에서 경험할 수 있는 최고의 천문현상이라는 생각을 굳히게 해주었다. 밝음과 어둠을 넘나드는 몇 분간의 숨 막히는 희열을 다시 느껴보고 싶다. 지금도 호시탐탐 다음 개기일식 여행을 갈 기회를 노리고 있다.

천체사진가 권오철은 기회만 되면 자신이 찍은 오로라 사진과 동영상을 내게 보여주곤 했다. 심지어 금환일식 관측을 같이 갔던 일본에서는 이동하는 버스 안에서도 노트북을 틀어서 오로라 동영상을 보여주곤 했다. 그가 오로라와 사랑에 빠져 있다는 것은 알았지만 그의 가슴뿐 아니라 머릿속까지 온통 오로라가 들어차 있을 거라고까진 생각하지 못했다. 나이가 들면 서글픈 것 중 하나가 가슴 저미는 것과 머릿속에 떠오르는 것이 일치하지 않는 경우가 많다는 것이다. 그러나 그는 스무 살 청춘 같았다. 그렇게 오로라가 내 마음속에도 새롭게 자리를 잡기 시작했다.

"별 보는 사람들에게 죽기 전에 봐야 할 세 가지 천문현상을 꼽으라고 하면 개기일식, 오로라, 대유성우일 것이다."

천체사진가 권오철이 사진을 찍고 글을 쓴 『신의 영혼 오로라』(씨네21북스 펴냄)가 나왔다. 아마추어 천문가이기도 하고 사진가이기도 한 권오철의 혼이 담긴 사진집이다. 그러고 보니 나는 아직 오로라를 직접 본 적이 없다는 것을 깨달았다. 몇 차례 권오철과 다른 천체사진가들과 함께 오로라 관측 여행을 갈 기회가 있었는데 번번이 이런저런 이유로 어긋나버렸다.

『신의 영혼 오로라』는 권오철이 그동안 찍은 오로라 사진을 모은 사진집이다. 이 사진집을 보면서 초등학교 저학년 시절 세 권짜리 학습도감의 제1권 '지구와 우주' 편을 보고 또 보며 우주에 대한 상상의 나래를 펴던 그 시절의 마음이 다시 떠올랐다. 그때의 그 설렘이 복원되는 것 같았다. 오로라가 개기일식을 밀어내고 지상 최고의 우주 쇼가 되려고 하고 있었다.

"태양에서 방출된 전기를 띤 입자들이 지구의 자기장에 잡혀 이끌려 양 극지방으로 내려오면서 지구 대기와 반응하여 빛을 낸다. 대기 중의 어떤 성분과 반응하느냐에 따라 초록색부터 붉은색, 핑크색 등 다양한 색을 볼 수 있는데, 이것이 바로 오로라다. 형광빛의 거대한 커튼이 너울거리는 것처럼 보이는 오로라는, 시시각각 변해가는 모습이 매우 신비롭다."

권오철의 말대로 오로라는 늘 볼 수 있는 천문현상이다. 개기일식은 1~2년에 한 번 정도 특정한 지역에서 몇 분 동안만 볼 수 있는 현상이다. 마침 그 지역의 날씨가 좋지 않으면 그날이 되어도 볼 수 없다. 대유성우도 마찬가지다. 예측을 할 수는 있지만 흔한 이벤트가 아니고 당연히 그날의 날씨에 영향을 받는다. 지구가 유성우를 일으키는 혜성 잔해 속으로 어떤 방향으로 들어가느냐에 따라서 그 규모가 결정되곤 한다. 개기일식이나 대유성우는 그야말로 장관을 보여주는 극한의 체험을 할 수 있는 기회지만 그만큼 만나기 어려운 기회이기도 하다.

반면에 오로라는 매일 밤 일어나는 현상이다. 물론 날씨의 영향을 많이 받고 그 규모를 미리 예측할 수는 없다. 하지만 시간과 돈이 허락할 때면 정해진 곳에 언제든지 찾아가서 볼 수 있는 현상이기도 하다. 권오철은 맨눈으로 오로라를 관측하려고 하는 사람들에게는 밤이 긴 겨울철 자정 무렵 캐나다의 옐로나이프가 가장 좋은 옵션이라고 권하고 있다. 이 글을 쓰는 내내 오로라가 머릿속을 가득 메우고 있다. 가야지 가야지, 그런 주문도 같이 맴돌고 있다.

『신의 영혼 오로라』는 오로라 사진집이다. 권오철이 쓴 오로라 설명글도 아름답지만 솔직히 눈에 잘 들어오지 않았다. 그만큼 그의 오로라 사진이 압도적이었기 때문이다. 그냥 사진만 보면서 이 책을 첫 장부터 마지막 장까지 천천히 넘기면서 읽었다. 아니, 보았다는 표현이 더 어울릴 것도 같다. 이 책은 그저 사진집 자체로서도 존재 이유가 있는 멋진 작품집이다.

『신의 영혼 오로라』의 머리말은 이렇게 시작하고 있다.

"우물쭈물하다가 내 이리될 줄 알았다."

천체사진가 권오철은 영국의 극작가인 버나드 쇼가 자신의 묘지에 남기려고 직접 썼다는 이 유명한 문구를 인용하면서 머리말을 시작하고 있다. 머리말의 제목도 '우물쭈물하지 말고 오로라'로 달았으니 또 다른 뭔가가 있을 것 같은 느낌이었다.

책을 좀 더 넘기다 보니 2009년 처음 오로라 관측 여행을 다녀온 후 고민 끝에 권오철이 자신이 다니던 회사에 던졌던 한마디와 마주치게 되었다.

"회사를 그만두겠습니다."

아마 이 글을 읽고 있는 사람들 중 많은 이들이 지금 내가 생각하는 것과 같은 생각을 하고 있을 것이다. 오로라 관측 여행이 그의 인생을 바꿔놓았다. 권오철은 다니던 회사를 그만두고 직업적인 천체사진가의 길을 선택한 것이다. 하지만 그가 어린 스무 살짜리 열혈 청년은 아니라는 점을 강조하고 싶다. 그는 그 이전부터 오랫동안 이 문제를 붙잡고 고민을 해왔고 (나도 그 고민을 듣고 공감하고 의견을 주던 사람 중 한 명이다) 현실적인 대안도 나름대로 마련한 다음 행동에 옮긴 현명한 선택을 한 사람이었다. 『신의 영혼 오로라』에는 그런 그의 고민의 흔적이 고스란히 담겨 있다. 떠나고 싶은 사람들을 위한 가이드 책이다. 그 방향이 오로라를 향하든 자신의 새로운 삶을 향하든 떠나려고 하는 사람들에게 용기와 희망과 현실을 직시할 수 있는 혜안을 주는 책이다.

『신의 영혼 오로라』는 오로라 사진집이고 떠나려는 사람들을 위해 방향을 제시하는 인생의 가이드북이면서 동시에 오로라를 보러 가고 싶은 사람들을 위한 실용서이기도 하다. 책의 많은 부분에서 실제로 오로라를 보러 가려면 어떻게 해야 하는지에 대해 마치 여행안내서처럼 친절하게 설명하고 있다. 오로라 사진을 찍고 싶어 하는 사람들을 위한 오로라 촬영법도 담고 있다.

나는 이 책을 두 번 읽었다. 한 번은 그림만 봤고 한 번은 그림을 다시 보면서 글을 찬찬히 읽었다. 다른 한마디가 필요 없는 권오철의 인생이 담긴 책이다. 자신의 꿈을 알았고 그것을 위해서 떠났고 그것을 이 한 권의 책에 담았다. 그러고는 조심스럽게 다른 사람들과 공감하려고 이 책을 세상에 내놓았다. 그러니 이 책이야말로 그의 인생이 온통 각인된 작품이라고 할 수 있을 것이다.

"보지 않은 사람들에게 말로 설명하려니 참으로 어렵다. 그대, 일생에 한 번은 오로라를 만나보라. 혹시 아는가, 나처럼 인생을 바꾸는 계기가 될지. 그 길에 이 책이 도움이 되길 바란다."

『신의 영혼 오로라』는 이렇게 끝맺음을 하고 있다. 자, 떠나자. 고래 잡으러. 아니, 오로라 잡으러.

'별점'보다 더 무서운 질문

박창범, 『인간과 우주』

"와, 천문학자세요? 천문학자는 처음 봐요. 어릴 때 꿈이 천문학자였어요. 천문학자들은 별만 보고 사니까 낭만적이겠어요. 현실 감각은 좀 떨어지겠네요. 워낙 딴 세상에 사시니까. 우리 아이가 별 박사예요. 공룡도 엄청 좋아하지만. 별자리 많이 아시겠네요. 저는 물병자리거든요. 오늘 제 운세가 어떨까요? 그런데 오늘밤 날씨는 어떨까요? 비가 올까요? 언제 한번 별 보여주세요. 천문대에 별 보러 가려면 어떻게 해야 하죠? 망원경은 몇 대나 갖고 계세요? 아 참, 읽을 만한 천문학 책 한 권 소개해 주세요."

처음 만난 사람과 통성명을 하고 나면 자주 듣게 되는 이야기를 한데 모아본 것이다. 사실 난감할 때가 많다. 별에 대한 이야기야 얼마든지 할 수 있다. 하지만 별점에 대해서는 아는 바가 전혀 없고, 날씨야 대기 과학자들 소관이니 난들 알 도리가 있겠는가. 망원경도 없다. 아마추어 천문가로 활동할 당시에는 직접 만든 것을 포함해서 몇 대를 갖고 있었지만 지금은 개인적으로 갖고 있는 것은 한 대도 없다. 내가 현실 감각이 좀 떨어지는 것은 사실이라 맞장구치면서 인정하지만 천문학자 중에도 악랄한 악질이 많다는 얘기는 차마 못한다.

그런데 천문학 책을 읽어본 적이 없는데 한 권 소개해 달라고 하면 솔직히 좀 난감하다. 우주에 대한 환상과 동경으로 들뜬 마음을 붙잡아줄 책이 언뜻 떠오르지 않기 때문이다. 내가 추천하는 첫 번째 천문학 책은 늘 천문학자 칼 세이건의 『코스모스』(홍승수 옮김, 사이언스북스 펴냄)이다. 욕심 같아서는 우리나라 천문학자가 쓴 책을 권하고 싶은데 마땅히 알려줄 책이 눈에 띄지 않는다. 이 책은 이 부분이 마음에 드는데 저 부분이 미흡하고, 저 책은 그 부분은 마음에 차는데 이 부분은 거슬리는 식이다.

'일반인이 처음 읽을 만한 천문학 책'이라는 관점에서 보면 번역서도 사정은 마찬가지다. 훌륭한 역작이 많지만 역시 정서적인 면에서 우리나라 독자들과 공감할 수 있을까 하는 의문이 드는 경우가 많다. '처음 읽을 책'을 읽고 난 다음에 읽으면 좋을 디테일한 책들이 대부분인 것이 현실이다.

내가 마음에 두고 있는 '일반인이 처음 읽을 만한 천문학 책'은 도대체 어떤 책일까 반추해 봤다. 『코스모스』의 그늘이 워낙 커서겠지만 이 책의 상상력을 벗어나지 못하고 있는 것 같다. 천문학적 사실들을 다루지만 이야기 전개는 서정적으로 하면서 책 전체에는 서사가 흐르는 책, 정도랄까. 써놓고 보니 또 『코스모스』 이야기가 되어버렸다. 헤어날 수 없는 강력한 자기장 같은 책이라고나 할까. 여기에 우리들의 이야기가 조금은 자연스럽게 녹아들어가서 서양 책들이 어쩔 수 없이 갖고 있는 이질감 없이 그냥 공감할 수 있는 책.

유학 시절에 워싱턴 대학에서 일하던 천문학자 그레고리 보선을 만난 적이 있었다. 이런저런 이야기를 나누다가 그도 나와 비슷한 고민을 하고 있다는 것을 알았다. 처음 천문학을 (본격적으로 또는 체계적으로) 접하는 일반인에게 '어떤' 내용을 '왜' 그리고 '어떻게' 전달할 것인가 하는 문제로 고민이 많다고 했다. 그가 천문학 전공이 아닌 대학생들을 위한 강의에서 선택한 것은 고전적인 천문학 내용을 순차적으로 강의하는 것이 아니라 '우주와 생명'이라는 주제로 우주론과 우주생물학에 초점을 맞춰서 가르치는 것이었다. 그리고 종강할 때 '인간과 우주'에 대해서 생각해보는 시간을 갖게 한다는 것이었다.

내가 늘 생각하고 있던 것도 바로 그가 말한 그런 방식의 접근법이었다. 언젠가 강의를 하게 되거나 책을 쓰게 된다면 가장 근원적인 질문에 최신의 천문학이 어떻게 답하는지를 제시하고 학생들이 가장 많이 참여할 수 있는 방식으로 만들겠다는 생각을 하고 있었다.

공부를 마치고 귀국했을 때 마침 인문·사회 계열 학생들을 위한 교양 천문학 강의를 할 기회를 얻게 되었다. 나는 다른 많은 내용들을 과감하게 생략하고 '현대 우주론'을 통해서 우주를 전체적으로 조망하고 '우주생물학'을 통해서 우리들의 근원에 대한 천체물리학적 접근을 한 후 우주 속에서의 인간의 위치를 반추해 보는 커리큘럼을 들고 학생들 앞에 섰다. 다행히 학생들의 반응은 좋았다.

내친 김에 현대 우주론을 설명하기 위한 두 기둥인 상대성 이론과 양자역학 (물론 수학을 사용하지 않는) 내용도 포함시켰다. 역시 우려했던 것과는 달리 학생들은 큰 흥미를 보였고 내용에 대한 이해도도 생각보다 좋았다. 우주생물학은 역동적으로 변하고 있는 분야라서 생생한 최신의 소식을 전할 수 있어서 학생들과 공감하고 호흡하는 데 아주 적절한 주제라고 생각한다. 우주론과 우주생물학, 이 두 축을 바탕으로 인간과 우주에 대한 생각을 해보는 것으로 한 학기를 마감하곤 했다.

여기에 한 가지 더 욕심을 내서 도입한 것은 예술 작품 속에 녹아 있는 우주에 대한 단상을 끄집어내서 소개하는 강의를 하는 것이었다. 그런 후 학생들로 하여금 공부하고 있는 천문학적인 내용을 밑천 삼아서 예술 작품을 만들어서 내는 과제를 제출하도록 하기도 했다. 학생들의 작품은 다시 다른 수업에 인용하기도 하면서 수업 진행을 풍성하게 만들어주었다. 언젠가 책을 쓰게 된다면 이런 내 생각을 모두 담을 것이다.

강의를 준비하면서 만났던 책 중에서 가장 인상 깊었던 것 중 하나가 박창범의 『인간과 우주』(가람기획 펴냄)였다. 보선이나 내가 하고 있는 고민을 하는 또 다른 사람의 존재를 만났다는 반가움과 안도감을 안겨준 책이었다. 『인간과 우주』에서 박창범은 서문 격인 '초대의 글'에서 먼저 서양식 귀납적 접근이 갖는 한계를 지적하고 나섰다.

> "서양적 귀납 기술은 과학적 발견을 낳는 데 효과적이다. 그러나 귀납적 접근 방법은, 여러 사실을 묶어놓고 그 전체적 의미를 깨닫지 못할 위험이 있다. 또 잘 이해된 부분들을 하나하나 모아 전체를 이루다 보면, 그 전체 자체를 이해 못하고도 이해한 듯한 착각에 빠질 수 있다. '신체란 손가락, 발가락 열 개와 손발 두 개씩과 머리 하나가 몸에 붙은 것이다'라고 표현하고 만다면, 인간 육체의 절묘한 미와 대칭성과 유기적 조화 운동이 간과될 수 있다."

그러고는 자신의 주장을 펼친다.

> "따라서 모든 구성원이 하나를 이루는 우주 전체를 거시적으로 파악할 때 우주를 참되게 이해할 수 있다. 이런 까닭에서 나는 이 책의 흐름을 우리의 자연스러운 사고방식에 걸맞게 우주 전체에 대한 이야기로부터 시작해 인간에 이르도록 꾸몄다. 오늘날 인간이 우주에 대해 알아낸 잔지식은 너무나 많아 욕심이 지나치면 그것을 어수선하게 늘어놓아 읽는 이를 지치게 하기 쉽다. 나는 이 점에 유념하여 되도록 질문을 먼저 던짐으로써 독자들도 이 과학놀이에 끼어 함께 생각할 기회를 주고자 한다."

그의 의도대로 이 책은 '우주의 조감도'로부터 시작해서 현대 우주론 이야기를 거쳐서 '인간과 우주'에 대한 성찰로 끝을 맺고 있다.

내가 특히 주목한 부분은 '우주의 진화' 단원이다. '시간과 공간에 대한 새로운 개념'이라는 소단원에서, 그다음 소단원에서 이어지는 팽창우주에 대한 설명을 하기 위한 기초로서 상대성 이론에 대한 내용을 일부 이야기하고 있다는 것에 높은 점수를 주고 싶다. 그냥 관념적인 몇 마디를 던지는 것이 아니라 실제로 독자들이 이해할 수 있도록 그래프를 적절히 사용하면서 설명하고 있다는 점이 마음에 든다. 현대 우주론을 다룰 때 꼭 넘어야 할 산 중 하나인 상대성 이론을 정면으로 다루고 있다. 다만, 좀 더 깊이 있는 설명이 있었으면 하는 아쉬움이 남는다. 독자들은 그것을 받아들일 준비가 충분히 되어 있다는 것이 내가 강의와 강연을 통해서 많은 사람들을 만나면서 내린 결론이다.

또 다른 소단원인 '우주의 기원'은 내겐 더 마음에 드는 내용을 담고 있다. 우주가 '왜' 그리고 '어떻게' 생겼는지에 대한 논의, 즉 우주의 기원에 대한 천문학적인 고찰을 담고 있기 때문이다. 우주를 이야기할 때 너무나도 당연하게 등장할 것 같은 '우주의 기원'에 대한 내용은 아직 과학적인 관측을 할 수 있는 영역으로 넘어오지 않았다는 이유에서, 또 가끔씩은 저자 자신의 종교적인 신념 때문에 (물론 노골적으로 그렇다고 밝히지는 않지만) 누락되는 경우가 많다.

박창범은 『인간과 우주』에서 양자역학적인 우주 기원론을 예로 들면서 우주의 기원 문제에 대한 현대 과학의 입장을 정면으로 다루고 있다.

> "우주의 기원 문제는 본질적으로 난해하다. 따라서 우주의 기원에 관한 과학적 성과는 금세기에 들어설 때까지 이루어지지 않았다. 우주, 즉 시공간과 물질과 물리 법칙의 기원에 대한 궁극적 질문을 한 문장으로 요약하면 '우주는 무엇으로부터 어떻게, 그리고 왜 생겨났는가?'이다. 이 질문에 대한 답으로서 과학자들 사이에 요사이 유행하고 있는 발상을 역시 한 문장으로 요약하면 이렇다. '우주는 무로부터 저절로, 그리고 필연적으로 생겨났다!'"

우리가 살고 있는 우주는 유일한가, 같은 또 다른 궁극적인 질문에 대한 현대 천체물리학의 대답도 『인간과 우주』에서 만날 수 있다(예를 들면, 린데의 '번식 우주' 같은 것이 있다). 하지만 역시 큰 아쉬움도 남는다. 이왕 양자역학적인 우주 기원론에 대해서 이야기를 시작했다면, 그 전에 먼저 '양자역학' 자체에 대해서도 정면 돌파를 시도했었어야 한다고 생각한다.

독자들은 이미 받아들일 준비가 되어 있고 심지어 기다리고 있다는 것이 내 경험에서 나온 판단이다.

에필로그 격인 '인간과 우주' 단원에서는 그가 '초대의 글'에서 호언했던 것처럼 '우주 속 인간'에 대한 이야기를 늘어놓고 있다. 우리나라의 고대 천문학 이야기를 통해서 맥을 짚으려는 시도는 좋아 보인다. 다만 그다음에 이어지는 '인류의 우주탐사' 이야기와의 개연성 있는 연결이 좀 아쉽다.

박창범의 『인간과 우주』는 내겐 동지 같은 책이고 좋은 모델이 되었던 책이고 용기를 주었던 책이다. 이 책의 초판이 나온 것이 1995년이고 현재 서점에서 유통되고 있는 책(초판 5쇄)이 출간된 것이 2000년의 일이다. 그동안 현대 천문학의 내용은 혁명적으로 변했다. 특히 우주론 분야에서는 우주의 운명에 대한 생각이 송두리째 바뀐 것 같은 엄청난 변화가 있었다. 이런 시대적인 변화를 반영한 개정판이 나왔으면 하는 바람이다.

'일반인이 처음 읽을 만한 천문학 책'으로 『코스모스』와 더불어서 우리나라 천문학자가 쓴 책을 권할 수 있는 날이 빨리 왔으면 좋겠다. 그 책이 (언젠가는 나왔으면 하는) 박창범의 『인간과 우주』 개정판이든 또 다른 새로운 책이든 간에.

프러포즈 성공을 보장하는 사랑의 별자리

이태형, 『재미있는 별자리 여행』

별과 별자리에 관한 퀴즈 몇 개.

① 천왕성과 명왕성은 발견될 당시 어떤 별자리를 지나가고 있었는가?

② 우리나라에서 볼 수 있는 별자리 중에서 가장 작은 별자리는?

③ 로마 시대부터 시력 검사에 사용되었던 별은?

④ 더 정밀한 시력 검사에 사용되었던 별은?

⑤ 이집트 시대의 북극성은?

⑥ 많은 아마추어 천문가들이 프러포즈할 때 연인에게 알려주는 별자리는?

답이 궁금한 사람은 이태형의 『재미있는 별자리 여행』(김영사 펴냄)을 펼쳐보시라. 사실 ⑥번 퀴즈는 질문 자체가 주관적이어서 퀴즈로서의 요건이 성립되지 않을 수도 있을 것 같다. 내가 제시하는 답은 돌고래자리다.

몇 년 전에 이름이 제법 알려진 아마추어 천문가를 매달 한 명씩 인터뷰하고 기사를 쓴 적이 있었다. 자연스럽게 별자리 이야기가 쏟아지기 마련이었다. 재미있는 것은 의외로 많은 아마추어 천문가들이 돌고래자리를 가장 좋아하는 별자리로 꼽고 있다는 것이었다. 나아가 연인에게 프러포즈할 때 돌고래자리를 알려주고 전설을 이야기했다는 것이다.

이렇게 해서 실제로 결혼에 성공한 사람들도 있었고 그때 그 장면을 아름다운 추억으로 간직하고 있는 사람들도 있었다. 아주 사적인 일이라 여기서 밝히기는 민망하지만 이 책의 지은이 이태형도 나도 돌고래자리와 얽힌 추억을 마음속 깊이 고이 간직하고 있다.

독수리자리 견우성 근처에 있는 돌고래자리는 4등성 별들로 이루어져 있는 작고 어두운 별자리이다. 마치 작은 돌고래가 은하수로 퐁당 뛰어 들어가려는 깜찍한 모양새를 하고 있다. 모양은 귀엽지만 어두운 별들로 이루어져 있어서 찾기가 쉽지 않다. 연인과 함께 한여름 밤 어두운 시골 어느 곳에 같이 드러누워 은하수가 지나가는 하늘을 바라보면서 예쁜 돌고래자리를 같이 찾아보고 별자리 전설을 이야기해 준다면, 그리고 사랑의 고백을 한다면, 장담하건대 백발백중이다. 사실 돌고래자리의 전설도 마침 그런 내용이다. 내용이 궁금하다면, 이 책을 펼쳐보시라. 언젠가 "연애 천문학"이란 제목으로 글을 쓴다면 돌고래자리와 얽힌 (내가 아는) 아마추어 천문가 친구들의 개인사를 낱낱이 밝혀볼 작정이다.

이번에는 이 책을 차분하게 처음부터 끝까지 다 읽었지만, 사실 『재미있는 별자리 여행』은 한 번에 쭉 읽어 내려가는 책이 아니라 필요한 부분을 그때그때 찾아서 참고하고 읽어보는 책이다. 책꽂이에서 책을 꺼내서 살펴보니 2002년 4월 3일에 발행한 1판 76쇄 본이었다. 이 책의 성공으로 아마추어 천문가 이태형은 '천문 우주 문화' 사업가로 변신하게 된다.

책의 구성은 비교적 단순하다. 각 계절별로 별자리들을 묶어서 큰 단원을 구성하고 각 단원에서는 그 계절에 속한 별자리를 다시 작은 단원으로 구분해서 싣고 있다. 작은 단원은 그 별자리와 이에 속한 별들의 특징을 설명하는 것으로 시작된다. 이어서 그 별자리를 찾는 방법, 별자리를 이루고 있는 별들에 대한 설명, 동서양을 아우르는 별자리 전설, 그리고 그 별자리와 관련된 재미있는 에피소드가 이어지고 있다. 천문학 상식 퀴즈와 답을 군데군데 싣고 있어서 책을 읽는 재미를 더해주고 있다.

오래전에 출판된 판본을 보고 있어서인지 낡은 정보들이 많이 눈에 띄었다. 퀴즈의 답은 그 사이 변한 것들이 많다. 예를 들자면, 우리나라에서 가장 큰 망원경은 보현산천문대에 있는 1.8미터 망원경이다. 이 책에서는 여전히 소백산천문대와 연세대학교 일산천문대의 61센티미터 망원경을 답으로 제시하고 있다.

사자자리유성우는 1998년부터 몇 년 동안 희비가 엇갈리면서 많은 주목을 받았었다. 이 책에서는 2002년 판본인데도 여전히 옛날이야기만 하고 있다. 간혹 행성을 일본식 표기인 '혹성'으로 쓰고 있기도 하다. 외계인을 '우주인'으로 표기한 것도 적절치 않아 보인다.

혹시 최신판에는 이런 내용들이 바뀌어 있을까 해서 서점에 가보았다. 그런데 예상치 못하게 이 책이 절판되었다는 사실을 알게 되었다. 이왕 서점에 간 김에 서점에 있는 다른 별자리에 관한 책들을 살펴보았다. 구성이나 내용이 비슷비슷했고 특징적인 책이 눈에 띄지 않았다. 『재미있는 별자리 여행』을 넘어서는 책이 눈에 띄지 않았다는 뜻이다. 오래전에 나온 이 책은 여전히 세련되고 유익했다. 『재미있는 별자리 여행』이 현재 시점에서도 유효하고 다시 인쇄되어 나오기를 기다리게 만드는 대목이었다.

이 책의 모태가 된 것은 1985년 3월 25일에 서울대학교 아마추어 천문회에서 엮어서 '청우문화사'라는 인쇄소에서 인쇄한 후 한정판 비매품으로 내놓은 『별따라 꼴따라』라는 책자라고 할 수 있다. 물론 이 책자는 소수의 사람에게만 전달되었고 정식으로 출판되거나 서점에 나온 적은 없다. 이태형도 이 책자에 글을 쓴 여섯 명의 글쓴이 중 한 명이었다.

1989년에 초판이 나온 『재미있는 별자리 여행』과 1985년에 엮어냈던 『별따라 꼴따라』를 비교해보면 내용의 구성이 비슷한 것을 금방 알 수 있다. 별자리 책이라는 것이 원래 새로운 내용을 창작하는 것이 아니라 흩어져 있는 내용들을 모아서 정리하는 것이니만큼 책의 구성이 비슷한 것은 어쩌면 당연하다고 할 수 있다. 서점에서 살펴본 많은 별자리 안내서들이 대동소이한 구성과 내용을 갖고 있는 것도 그 방증일 것이다. 더구나 이태형이 『별따라 꼴따라』의 공동 저자 중 한 명이었으니 『재미있는 별자리 여행』의 구성과 내용에도 당연히 영향을 미쳤을 것이다.

그래서인지 한때 이 두 책을 둘러싼 가십성 루머가 떠돌았다. 짐작하겠지만, 이태형이 공동 저자들의 의사를 무시하고 『별따라 꼴따라』를 『재미있는 별자리 여행』으로 바꿔서 자신만의 이름으로 출판했다는 것이 그 내용의 골자였다. 물론 그 행간을 넘나드는 무수한 가십성 루머들이 있기는 하다. 나는 당사자도 아니고 양쪽의 이야기를 다 들어본 것도 아니기 때문에 이런 문제에 대해서 얘기하기가 참 조심스러운 것이 사실이다. 내가 갖고 있는 상식으로 이야기해보면 이렇다.

『별따라 꼴따라』가 '별자리 안내서'의 등장에 큰 획을 그은 것은 사실이다. 물론 그 전에도 몇몇 아마추어 천문가들의 단체에서 회보를 통해서 또는 비공식 출판물을 통해서 '별자리 안내서' 역할을 했던 책자들을 만들어낸 적이 있었다. 나도 어린 시절부터 업데이트를 계속해 오던 나만의 '별자리 책'을 갖고 있었다.

아마추어 천문가들 사이에서 제대로 된 '별자리 안내서'가 필요하다는 공감대는 오래전부터 형성되어 있었다. 이런저런 시도 끝에 그나마 규격을 갖춘 모양새를 갖추고 나온 것이 『별따라 꼴따라』였다. 이 책자 뒤편에 실린 참고 문헌의 수가 39개인데, 이 책 저 책에서 내용을 뽑고 다듬어서 『별따라 꼴따라』를 엮어냈던 것이다. 지금 보면 내용은 빈약하기 짝이 없지만 '규격'을 갖춘 형태의 '별자리 안내서'가 나왔다는 것만으로도 그 역사적 의미가 크다고 할 수 있다.

위에서 이야기를 길게 쓴 이유는 당시 아마추어 천문가의 분위기나 '별자리 안내서'의 필요성으로 봐서 『별따라 꼴따라』가 나오지 않았더라도 이와 거의 같은 구성과 내용으로 엮은 책자가 바로 나왔을 것이라는 점을 말하고 싶어서이다. 이 책자의 의미는 인정하지만 독점적인 지위를 부여할 수 있는가에 대해서는 의문이 간다는 말이다. 참고할 수 있는 책도 한정되어 있었고 모두들 공유하고 있었다. 어쩌면 당시 아마추어 천문가들 모두가 이 책자의 간접 저자였는지도 모른다.

분명히 『재미있는 별자리 여행』은 출판 시장에 나온 우리말로 쓴 첫 번째 본격적인 '별자리 안내서'였다. 잠재적 수요가 반응하면서 폭발적으로 팔려나갔다. 이태형은 이 책의 서문에서 책이 나오기까지 서울대학교 아마추어 천문회 회원들과 전국 대학생 아마추어 천문회 회원들을 비롯한 많은 사람들이 그를 도왔다는 점을 명시하고 있다. 여기까지는 좋았다. 글은 그가 썼지만 위에서 얘기한 것처럼 일정 부분 '공동 작업'이라는 시대적 소명이 있었기 때문이다.

그런데 한 가지 아쉬운 것은 서문에 『별따라 꼴따라』에 대한 언급이 없다는 것이다. 그 책자에 같이 글을 썼던 나머지 다섯 명의 이름도 찾아볼 수가 없었다. 물론 1985년과 1989년 사이에 이 책을 만드는데 관여한 사람들의 면면이 바뀌었을 것이다. 하지만 이태형은 이 책의 모태가 된 『별따라 꼴따라』에 대한 이야기나 추억, 그리고 옛 동료들에 대한 감사의 말을 서문에 써놓았어야 했다.

분명히 『재미있는 별자리 여행』은 『별따라 꼴따라』 같은 '묶음집'이 아니라 '책다운 책'이다. 내용도 많이 풍부해졌고 균형감이 생겼고 구성도 좀 더 다채로워졌다. 간결한 문체도 좋았다. 이 부분은 전적으로 이태형의 능력과 혜안에 따른 것이겠지만 그런 그와 그의 책을 있게 한 것은 누가 뭐라고 해도 『별따라 꼴따라』였다는 것 또한 자명한 사실이다.

이러쿵저러쿵 떠도는 이야기들은 대부분 사실이 아닐 것이다. 말하기 좋아하는 사람들의 치기어린 추측인 경우가 많다. 두 권의 책을 둘러싼 루머도 그럴 것이라고 생각한다. 하지만 어쨌든 이태형이 『재미있는 별자리 여행』의 서문에서 『별따라 꼴따라』 이야기를 누락시킨 것은 잘못이다. 어쩌면 수많은 루머의 빌미를 제공한 사건이었는지도 모른다.

나는 개인적으로 이태형과 친한 사이다. 그가 이 두 권의 책을 둘러싼 루머에 대해서 해명하는 이야기도 몇 번 들은 적이 있다. 늘 그렇지만 사실 관계보다 더 복잡한 인간관계가 이야기를 더 복잡하게 만들기도 한다. 내가 이런 이야기를 늘어놓은 이유는 누구를 편들거나 해명하려는 것이 아니라 여러 사람이 바라던 한 권의 '책'이 나오기까지 많은 사람들의 노력이 있었다는 점을 짚고 넘어가고 싶었기 때문이다. 또한 그럼에도 대중들 앞에 '책'이라는 형태로 내놓은 한 사람의 저자의 노력과 가치 또한 존중되어야 한다는 점도 강조하고 싶었기 때문이다. 『별따라 꼴따라』는 의미 있는 책자지만 『재미있는 별자리 여행』은 결코 아니다.

『재미있는 별자리 여행』은 여전히 매력적인 책이다. 간결하면서도 풍성한 가이드북이다. 절판되어 서점에서 만날 수 없는 것이 못내 아쉽다. 이 책이 그동안의 변화를 수용해서 더욱 풍성한 내용으로 다시 출판되었으면 하는 바람이다. 새로 찍어낼 책의 서문에는 꼭 『별따라 꼴따라』 이야기를 이태형의 목소리로 담아내길 바란다. 돌고래자리와 얽힌 추억도 내가 먼저 다른 곳에서 토해내기 전에 돌고래자리 단원에서 직접 밝혀준다면 금상첨화겠다.

마지막으로, 앞서 나온 퀴즈의 정답은…

① 쌍둥이자리

② 조랑말자리

③ 북두칠성에 속한 별인 미자르와 알코르

④ 염소자리 알게디 별

⑤ 용자리 꼬리 부분에 있는 투반 별

⑥ 돌고래자리

우주의 모든 크기들

필립 모리슨, 『10의 제곱수』

사람마다 느끼는 것이 제각기 다 다르겠지만 높은 곳에서 아래를 내려다볼 때면 내 마음은 늘 설렌다. 뭐랄까 내가 살고 있던 일상의 세계에서 벗어나서 조금 전까지 내가 있었던 바로 그곳을 내 작은 눈으로 직접 보고 있다는 경이로움 같은 것이다. 그래서 여행을 할 때면 한나절쯤 투자를 해서 그 지역의 제일 높은 곳을 찾곤 했다. 그곳이 전망대든 산꼭대기든 올라가서 조금 전 내가 지나온 바로 그곳을 내려다보곤 했다.

시간의 높이도 마찬가지다. 나보다 앞서 살았던 사람들의 자취를 찾아가는 재미가 있다. 그것이 내 발로 직접 찾아가는 여행이든 책 속을 뒤적거리는 마음 속 여행이든 간에. 과거의 시간이 쌓여 있는 높은 산이랄까 전망대랄까 그런 느낌이 든다. 나는 기꺼이 그들이 서 있는 곳까지 올라가 보려고 애를 쓴다. 그곳에서 나 자신을 내려다보는 재미가 쏠쏠하다. 나이가 드니 어쩔 수 없이 나를 쳐다보는 사람들도 늘어났다. 이제 막 시간의 높이 여행에 동참한 젊은이들을 내려다보는 설렘도 크다.

달에 발을 디뎠던 12명의 아폴로 우주인들 중 많은 이들이 지구 밖에서 지구를 보기 위해서 달에 가고 싶었다는 고백을 했다고 한다. 그러고 보면 더 높은 곳에서 자신의 자취를 보고 싶은 욕망은 동물적 인간 본성에 속하는 것인 듯하다. 일상의 시시비비가 분해능의 한계 속에 함몰해서 어쩔 수 없이 화해해 버리는 크기. 보이는 모든 것이 무심해져 보이는 그런 크기. 어쩌면 우리는 눈으로나 마음으로나 더 넓은 곳에서 그런 크기 속의 자신을 보고 싶은 것인지도 모른다. 그래서 더 높이 올라가려는지도 모른다.

지구가 둥글다는 사실은 오래전부터 잘 알려져 있었다. 실증적 측정도 계속 이루어져 왔었다. 하지만 지구의 둥근 모습을 실제로 눈으로 보기 시작한 지는 놀랍게도 얼마 되지 않는다. 왜? 지구가 둥글게 보일 정도로, 한눈에 보일 정도로 높이 올라가야만 했으니까.

곡선으로 휘어진 지구의 지평선을 처음 눈으로 보고 사진으로 남긴 것은 1935년 11월 11일의 일이었다. 미국의 블랙힐스 국립공원에서 기상관측기구 익스플로러 2호가 출발했는데 당시 세계 최고 기록인 고도 22킬로미터까지 올라가는 기록을 세웠다. 지구의 지평선이 곡선이라는 것을 눈으로 확인할 수 있었던 최초의 사건이었다. 하지만 22킬로미터 높이는 지구 전체를 보기에는 여전히 턱없이 낮은 높이였다. 기구 속에서 찍은 사진은 1936년 『내셔널 지오그래픽』 5월호 부록으로 발행되었다. 이베이 사이트에 가면 진품을 미화 12.99 달러에 살 수 있다.

지구 표면으로부터 대략 100킬로미터를 넘어서는 공간을 우주 공간이라고 한다. 그 지점을 넘어서는 곳을 다녀오면 우주인이라고 부른다. 우주 공간에서 본 첫 지구 사진은 1946년 10월 24일 미국 뉴멕시코 주화이트 샌드 미사일 기지에서 발사된 V-2 로켓에 장착된 카메라가 찍어서 보낸 흑백 사진이었다. 하지만 역시 이 높이에서도 둥근 지구의 모습을 한눈에 볼 수는 없었다. 지구를 우주 공간에서 처음 본 사람은 유리 가가린이었지만 사진을 남기지는 못했다.

1966년 8월 23일 루나 오비터 1호는 달 근처에서 찍은 반달 모양의 지구 사진을 보내왔다. 지구인들이 자기가 살고 있는 현재 지구의 모습을 드디어 보게 된 것이었다. 나도 그 사진 속에 있었다.

온전한 둥그런 지구의 모습을 처음 본 것은 1972년 12월 7일의 일이었다. 아폴로 17호는 달로 가는 도중 태양을 등지고 지구의 전체 모습이 담긴 사진을 찍어서 지구로 전송했다. 안타깝게도 이것이 인류가 달로 갔던 마지막 여행이었다. 그 이후 달 근처에서, 화성 근처에서, 토성 근처에서 많은 우주 탐사선들이 지구의 모습을 담은 사진을 찍어서 우리들에게 보내왔다. 하지만 지구의 온전히 둥근 모습을 눈으로 본 사람은 그 이후 아무도 없었다.

1990년 천문학자 칼 세이건의 제안에 따라서 태양계 행성 탐사를 마치고 명왕성 궤도 근처를 지나가고 있던 우주 탐사선 보이저 1호의 카메라가 지구를 향하도록 조정되었다. 지구로부터 약 60억 킬로미터 떨어진 곳에서 찍어 보내온 사진 속 지구는 창백한 푸른 점 하나에 불과했다. 당분간 이 정도 거리에서 지구의 사진을 찍을 계획이 없는 것으로 알고 있다. 이 사진은 상당한 기간 동안 우리가 가장 먼 곳에서 본 지구의 모습이라는 기록을 유지할 것이다.

더 먼 곳에서 지구를 바라본다면 어떻게 보일까? 명왕성 궤도 근처에서 이미 작은 점에 불과한 지구는 더 먼 곳에서는 어지간히 큰 망원경으로도 잘 보이지 않는 존재일 것이다. 우리들이 지구 밖으로 나아가 도구를 사용해서 우리 자신을 볼 수 있었던 것은 보이저 1호가 보내온 사진 속 지구, 거기까지였다. 그다음 공간은 어떻게 펼쳐질까? 이런 궁금증이 솟아올랐다면 『10의 제곱수』(필립 모리슨 · 필리스 모리슨 · 찰스와 레이 임스 연구소 지음, 박진희 옮김, 사이언스북스 펴냄)를 펼쳐보시라.

한동안 절판되었던 『10의 제곱수들』이 『10의 제곱수』로 다시 출간된 것이 무척 반가웠다. 귀국해서 대학에서 교양 천문학 강의를 처음 했던 날, 수업 진행에 대한 이런저런 소개를 마친 후 처음 했던 일이 이 책의 모태가 되었던 〈Powers of ten〉이라는 비디오 영상을 학생들에게 보여주는 것이었다. 〈Powers of ten〉과 『10의 제곱수들』은 내가 교양 천문학 강의를 할 때마다 수업 첫 무렵에 학생들에게 꼭 보여주는 단골 콘텐츠가 되었다.

〈Powers of ten〉은 비디오와 DVD로 만들어져서 판매되고 있고 유튜브 사이트에서도 쉽게 찾아볼 수 있다. 비슷한 개념으로 만든 인터렉티브한 'Scale of the Universe'라는 사이트(http://scaleofuniverse.com)도 꼭 가서 즐겨보시길 바란다. 프로젝터가 있다면 천장에 〈Powers of ten〉을 쏘면서 누워서 보면 더 멋진 느낌을 얻을 것이다. 장담한다.

『10의 제곱수』는 우주의 가장 큰 구조물들이 보여주는 아주 큰 세계로부터 10배씩 그 크기가 작아지면서 우리들이 일상적으로 느끼는 1미터 정도의 세계를 지나서 아주 작은 쿼크의 세계에까지 이르는 동안 나타나는 우주의 다양한 구성원들의 모습을 42장의 그림에 담은 책이다.

그래서 제목도 '10의 제곱수'이다.

마치 수직 낙하하는 우주선을 타고 내려가면서 우주의 모든 크기를 경험하는 느낌을 준다. 오른쪽 페이지에 해당 크기에서의 우주의 모습을 보여주는 그림이 펼쳐져 있다. 바로 옆 왼쪽 페이지에는 그 크기를 대표하는 우주의 구성원들에 대한 설명이 몇몇 사진들과 함께 실려 있다. 이것만으로도 『10의 제곱수』는 아름다운 책이다.

지구의 곡선을 처음 보았던 정도의 높이에 해당하는 그림은 77쪽에서 볼 수 있다. 지구의 온전한 둥근 모습이 보이는 69쪽의 그림에서는 아폴로 17호가 찍어 보냈던 둥근 지구의 모습이 떠올랐다. 그 이후 누구도 직접 자신의 눈으로 이 아름다운 모습을 볼 수 없었다는 것이 안타까울 뿐이다. 보이저 1호가 보내온 창백한 푸른 점 지구의 모습은 구태여 대응시키자면 59쪽 그림의 눈에 보이지도 않는 작은 픽셀 하나 속의 한 점에 해당할 것이다.

여기까지가 그래도 우리가 직접 인지할 수 있었던 모습이었다. 그 바깥세상과 우리 몸보다 더 작은 또 다른 세상의 모습을 『10의 제곱수』는 잔잔한 물결로 우리들에게 흘려주고 있다. 책장을 하나하나 넘기다 보면 그 작은 물결이 어느새 거대하게 몰아치는 감흥의 파도로 돌변해서 우리들 마음속을 흔들어 놓는다. 『10의 제곱수』는 감동적인 책이다.

하지만 아쉬움도 있다. 아니 딜레마라고 해야 옳을 것이다. 오래전에 나왔던 책을 다시 출판한 것이니 그 내용의 현재성이 떨어지는 것은 당연한 일일 것이다. 62쪽의 화성 이야기의 주체는 여전히 화성 탐사선 바이킹이다. 지금은 스피릿과 오퍼튜니티의 시대를 지나서 큐리오시티가 화성 탐사의 중심에 서 있다. 이런 이야기가 이 책에 반영되었으면 더 좋았을 것 같다는 생각이 들었다. 하지만 그렇게 하는 것과 이 책의 원래 내용을 존중하는 것 사이에는 여전히 논쟁의 여지가 있을 것이다.

『10의 제곱수』는 더 높이 (혹은 더 낮게) 올라가서 세상을 보고 싶은 우리들의 욕망을 시각화해서 보여주는 멋진 책이다. 아름답고 훌륭한 책이다. 책과 함께 〈Powers of ten〉도 꼭 함께 보기를 권한다. 가능하다면 누워서. 여전히 물러가기를 머뭇거리는 더위를 날려 보낼 스케일 큰 시원한 독서와 영상 감상이 될 것이다.

태양보다 100만 배 무거운

우종학, 『블랙홀 교향곡』

우종학이 지은 『블랙홀 교향곡』(동녘사이언스 펴냄)은 100점 만점에 98점짜리 책이다. 책에 점수를 부여하는 행위가 얼마나 유치하고 부질없는 짓인지 잘 안다. 하지만 나머지 2점, 즉 2퍼센트에 대한 이야기를 하고 싶은데 마땅히 다른 방법을 모르겠어서 그냥 숫자놀음을 해보기로 했다.

『블랙홀 교향곡』은 '열혈 천문학자 우종학의 맛있는 블랙홀 이야기'라는 긴 부제를 달고 있다. 우종학, 그는 '열혈 천문학자'가 맞다. 『학생과학』 마니아였고 과학 백과사전 전집을 권하면서 인생에 영향을 미친 '좋은 선생님'을 만났고 박사 학위 논문의 방향을 놓고 갈팡질팡하고 있을 때 새로운 지도 교수와 만났고 블랙홀에 매혹되었고 블랙홀 전문가가 되었다. 그런 그가 일반인들을 위해서 블랙홀에 대한 책을 썼다.

"이런 이유로 나는 이 책을 쓰게 되었다. 블랙홀에 대해서 궁금한 아이, 학생, 어른에게 쉽게 설명하기 위해서다. 블랙홀이라는 말은 누구나 한번쯤 들어보았겠지만, 독자들의 궁금증을 속 시원히 풀어주는 책은 드물다. 특히 태양보다 100만 배 이상 무거운 거대 블랙홀은 지난 10년간 천문학계에서 매우 흥미롭고 주요한 주제로 떠오른 반면, 인터넷이나 서점에는 이런 내용을 반영한 글이나 번역서, 저작들이 거의 없다. 이 책은 블랙홀에 대해 과학자들이 발견한 새로운 내용들, 그리고 실제로 내 연구에 밑거름이 되는 따끈따끈한 내용까지도 담고 있다. 그것들을 잘 요리해서 대중들이 맛있게 먹을 수 있도록 했다. 물론 더 나아가서는 한국의 교양 과학 수준이 높아졌으면 하는 오랜 바람도 있다. 교양 과학의 수준 향상을 위해 내가 이바지할 수 있는 부분은 없는지에 대해 늘 고민하고 있다."

이 글을 쓰다 말고 방금 도착한 이메일을 열어보니 우종학이 이끄는 서울대 거대블랙홀 연구실에서 박사 후 연구원을 모집한다는 내용이었다. 현장 천문학자가 직접 쓴 책이 여전히 드문 현실에서 『블랙홀 교향곡』은 정말 반가운 존재다. 더구나 블랙홀 연구자가 쓴 블랙홀 책이니 말이다. 천문학자가 쓴 천문학 책에 대한 나의 강한 편견과 짝사랑을 섞어서 이 책의 존재 자체만으로 우선 90점을 주고 싶다.

"퀘이사의 전파나 제트가 과연 어떻게 만들어지는가는 벌써 20년도 넘은 숙제랍니다. 다른 특성들은 매우 비슷한데 어떤 퀘이사는 전파를 강하게 내고 어떤 것은 전파를 매우 약하게 내는 것은 참 이상하지요. 어떤 학자들은 블랙홀의 질량이 큰 퀘이사들이 전파를 낸다고 주장하기도 했습니다만, 제가 연구한 바에 의하면 꼭 그렇지는 않은 것 같습니다. 전파를 내는 퀘이사나 전파를 내지 않는 퀘이사나 블랙홀의 질량에는 큰 차이가 없는 것으로 보이거든요. 몇 가지 후보가 될 만한 답이 있습니다. 가령, 블랙홀의 회전 속도나 블랙홀이 물질들을 잡아먹는 속도가 관련된다는 주장들이 있지요. 하지만 아직 명확하게 검증된 것은 없습니다. 여러분이 과학자가 되어서 풀어야 할 숙제를 벌써 얻은 셈이네요."

이런 이야기는 아무나 할 수 있는 것이 아니다. 우종학이기 때문에 쓸 수 있는 문장이다. 나의 좁은 편견이 사라지도록 이런 문장이 넘쳐나는 천문학자들이 쓴 천문학 책이 마구 쏟아져 나왔으면 좋겠다.

우종학은 『블랙홀 교향곡』의 내용 중에는 "완전히 새로운 것은 없다"고 하면서 자신의 역할은 "과학자 사회에서 이미 알려지고 새로운 과학을 위한 기반이 되는 내용들을 대중들에게 전하는 것뿐이다"라고 적시하고 있다. "맛있는 블랙홀 이야기"를 내놓겠다는 것이다.

"과학자들의 연구를 먹고 자란 음식 재료는 다 준비되어 있는 셈이며, 필자는 음식 재료를 골라 쇼핑을 하고 대중들이 먹을 수 있는 깔끔한 요리로 만들어내려고 노력했다. 물론 과학자 입장에서 음식 재료를 이해하는 일은 상대적으로 쉬운 일이다. 반면 대중들의 입맛에 맞는 맛난 요리를 만드는 일은 과학을 하면서 보낸 10여 년의 세월로도 부족했다. 요리하는 일, 즉 대중을 위한 글쓰기는 새로 배워야 하는 기술이라는 것을 이 작업을 통해 깨달았다. 음식 재료를 만드는 일만큼이나 요리 자체도 어려운 일이다."

맛있는 요리를 내놓기 위해서 다채로운 메뉴를 준비했다. 『블랙홀 교향곡』은 우종학의 분신일 것 같은 연일대학교 '한별 박사'가 그의 고마운 선생님 이해경의 화신일 것 같은 '조혜경 선생님'이 이끄는 과학반 학생들 앞에서 강의하는 형식을 빌렸다. 과학반 학생들은 그의 어린 시절의 추억일 것이고 연일대학교는 그가 공부했던 연세대학교와 예일대학교에 대한 애정의 표시일 것이다.

별 아저씨 한별 박사의 강의 내용 중간 중간에 보충 설명을 넣어서 독자들의 이해를 돕고 있다. 학생들이 이메일로 질문한 내용에 답하는 형식으로 블랙홀에 대한 일반인들의 구체적인 궁금증에 즉각적인 답을 주려고도 시도하고 있다. 블랙홀에 대한 이해를 돕기 위한 보충 설명도 모아서 친절하게 내놓고 있다. 화자의 어투가 때로는 '다'로 끝나다가 상황과 분위기에 따라서 '입니다'로 변하기도 한다.

다양한 메뉴로 먹음직스럽게 잘 차려진 한정식 같은 느낌이다. 맛있었다. 그의 바람대로 '맛있는 블랙홀 이야기'가 담긴 요리 한 상이었다. 이 반찬도 맛있었고 저 반찬도 맛깔스러웠다. 그런데 이 요리에 나머지 10점을 모두 줄 수는 없을 것 같다. 뭔가가 좀 아쉽다. 그래서 일단 10점 중 8점을 적어놓기로 한다.

몇 해 전에 전라북도 김제에 간 적이 있었다. 작은 시골 초등학교에 교장 선생님으로 계신 어느 아마추어 천문학자 한 분과 인터뷰를 하는 자리였다. 인터뷰를 마치고 김제 벽골제 근처를 산책하고 저녁을 먹으러 간 곳은 어느 허름한 시골집이었다. 간판에는 상호도 없이 그냥 '붕어찜'이라고만 써져 있었다. 주문도 따로 받지 않았다. 많은 사람들 틈에서 겨우 두 자리 얻어서 앉았는데 좁아서 좀 불편했다. 한참을 기다린 후에야 요리가 나왔는데 달랑 밥 한 공기와 찐 붕어 한 마리 그리고 작은 접시에 담긴 김치 몇 조각이 전부였다.

넉넉하고 수북하게 담긴 하얀 쌀밥을 한 숟가락 떠서 입에 넣는 순간 나는 더 이상 말을 잇지 못했다. 정말 오랜만에 맛보는 하얀 쌀밥의 순수한 그 맛 때문이었다. 계속해서 밥만 몇 숟가락 떠서 오물조물 씹어 먹었다. 오래도록 그 맛과 느낌을 간직하고 싶었다. 작은 접시에 담아서 내놓은 붕어찜은 작은 붕어 한 마리 위에 어설프게 뿌려진 고춧가루와 파 몇 덩어리가 전부였다. 살점을 한 점 뜯어서 입 안에 넣었다. 양념이 살짝 밴 껍질의 맛이 채 가시기도 전에 부드러운 속살의 맛이 풍겨져 왔다. 반찬으로 나온 김치에는 손길도 가지 않았다. 차린 것은 단출했지만 맛은 넘치고 풍부했다. 내 생애 최고의 식탁 중 하나였다.

때로는 형식과 내용의 다양함이 무색해지도록 단순한 것이 아름다울 때가 있다. 재료가 싱싱하고 좋고 요리사가 내공이 있다면 쌀밥 한 공기만으로도 최고의 요리가 될 수 있을 것이다. 김제평야에서 수확한 쌀로 지은 밥 한 공기처럼 말이다.

『블랙홀 교향곡』을 집어 들면서 내가 우종학에게 기대하고 바랐던 것이 바로 이런 것이 아니었나 싶다. 그의 말대로 최고의 재료들이 있고 그것을 이해할 수 있는 천문학자가 있었다. 요리사는 다양하고 맛깔 나는 한 상을 차렸고 나는 정말 맛있는 식사를 했다. 그런데 유행이 지난 어느 광고 문구에서처럼 '2퍼센트가 부족하다'는 아쉬움을 지울 수가 없다.

우종학의 내공을 보여주기에는 형식의 다양함이 오히려 거추장스러워 보인다. 이 책의 다양한 구성은 어느 정도 읽는 재미를 주었지만 다소 산만해져서 정작 저자의 내공을 맛볼 기회를 방해했다. 그냥 단순하게 이야기를 이끌었어도 좋았다. 요리사의 고집으로 쌀밥 한 공기와 붕어 한 마리만 내놓았으면 더 맛있는 성찬이 되었을 것이라고 생각한다. 재료도 싱싱하고 요리사도 무림의 고수인데 장식이 많은 요리로 만들어 버리기에는 너무 아깝다는 말이다. 내가 오래전부터 아는 우종학은 그런 요리를 만들 자격과 능력이 있는 요리사다.

맛있는 요리를 먹었으니 덕담을 해야 할 시간이다. 그런데 아직 2%가 부족하니 이번에는 덕담 대신 애정 어린 딴죽을 좀 걸어 보겠다.

눈에 잡힌 오타가 몇 개 있다. 70쪽의 "중요한 공헌을 한두 사람의 과학자를"은 "중요한 공헌을 한 두 사람의 과학자들"로 고쳐야 할 것이다. 89쪽에 "아홉 개의 행성"이라고 한 것은 이제 "여덟 개의 행성"으로 적어야 한다. 193쪽에서 "개자리의 가장 밝은 별인 시리우스"라고 적은 부분에서 "개자리"는 널리 통용되는 별자리 이름인 "큰개자리"로 적어야 할 것이다.

"이 내용은 우리가 나중에(7장) 공부할 겁니다." 또는 "아인슈타인의 이론은 다음 시간에 더 자세히 살펴보겠지만 여기서 간단히 살펴봅시다." 같은 문장이 여러 곳에 등장한다. 그냥 그 자리에서 자세히 설명하고 넘어가면 되지 않을까 하는 생각이 든다. 물론 내용을 길게 설명할 필요가 있고 그 설명을 더 필요로 하는 부분에서 설명하는 것이 효과적일 수도 있을 것이다. 하지만 이런 문장의 반복은 몰입도를 떨어뜨린다. 자연스러운 흐름이 되도록 책 내용의 구성에 더 신경을 써야 할 것이다.

맛있는 요리를 먹은 배부른 사람의 투정일지도 모르겠지만, 블랙홀에 대해서 더 맛깔 나는 요리를 해줄 수 있는 그에게 '블랙홀 한 공기'만 담은 단순한 진수성찬을 내일의 메인 요리로 다시 주문하려고 한다. 그의 손맛을 느끼고 싶다.

'문과 수학'으로 우주 이해하기

박석재, 『우주를 즐기는 지름길』

> "컴퓨터 프로그램 짜고 화면 디자인도 하는 회사에서 일하고 있는 직장인인데요… 제가 문과라서… 이과 출신 동료들이 프로그램 짤 때 미분 어쩌구 하면 무슨 소린지 도통 모르겠고… 그래서 과학을 잘 하려면 어떻게 해야 하는지… 미분 같은 걸 문과생도 배울 수 있는지… 궁금해요."

지난 연말에 열렸던 어느 과학책 북콘서트에 참가했던 한 직장인이, 대담자들이 질문 시간을 주자 느닷없이 던졌던 질문이다. 오죽 답답했으면 천재 물리학자 두 명에 대해서 이야기하는 북콘서트에 와서 그런 질문을 했을까 싶다가도 '또 그놈의 문과 타령' 하면서 괜히 심술이 났다. 그래도 '공대생인데 이런 책은 뭣 하러 읽으라고 하세요' 하면서 내 마음에 상처를 주던 녀석들보다는 훨씬 낫다고 자위했었다.

유행처럼 융합을 해야 한다고 난리다. 창조적 융합을 해야 살아남는다고 호들갑이다. 애당초 인위적으로 문과니 이과니 하고 강제로 구분을 해놓고는 이제 와서 무슨 융합을 한다고 호들갑인가. 깊이 생각할 것도 없이 원인을 무효화시키면 많은 문제들이 해결될 것이다. 그래야 우선 자신을 이과니 문과니 하면서 낙인찍는 강박에서 벗어날 수 있을 것이다. 그런 말이 없어졌는데 어디에 핑계를 댈 것인가. 물론 문과와 이과를 고등학교 때부터 구분 지으려는 더 심오한 철학과 복잡한 사정이 있을 수도 있다. 하지만 내 눈엔 그 전부터 그래 왔으니까 그냥 그렇게 하자는 관성으로밖에는 안 보인다. 일단 그냥 없애버리고 어떻게 되는지 보면 될 일이다. 최소한 '나는 이과니까' 또는 '문과라서' 이런 말은 없어질 것이다. 그때가 창조적 융합의 시발점이 될 것이다.

이렇게 심술을 부리면서 퉁퉁거리고 있는 사이에 질문 시간은 끝났고 대담도 모두 마무리 지어졌다. 나는 재빨리 질문을 던졌던 그녀에게 다가갔다. 어느 책 읽는 모임에서 일반 상대성 이론을 수학적으로 풀어보고 싶다는 욕구가 생긴 (분명히 자신들을 문과 출신이라고 불렀을) 일반인들을 위한 수학 강의가 있었고 수학적으로 접근한 일반 상대성 이론 강의도 있었다는 사실을 알려주었다. 『한겨레』 신문의 '사이언스 온'에 그 내용이 연재되고 있다고도 귀띔을 해주었다. 그리고 한마디 더 해주려고 했는데 생각이 나질 않았다.

그녀가 행사장을 떠나고 나서야 내가 그녀에게 『우주를 즐기는 지름길』(박석재 지음, 천문우주기획 펴냄)을 읽어보라고 권하려고 했었다는 것을 깨달았다. 나는 천문올림피아드에 참가한 학생들에게 늘 이 책을 읽어보라고 권해왔다. 비유와 은유가 넘쳐나는 대중 과학책의 해설 방식에 슬슬 싫증을 나타내는 지인들에게 강력하게 추천하는 책이기도 하다.

박석재가 이 책을 쓰게 된 동기는 서문에 해당하는 '책머리에'에 직설적으로 서술되어 있다. 여러 분야를 한 맥락에서 보여주는 '꿈의 교과서'를 만들고 싶었고, 우주를 즐기는 지름길은 있다고 믿기 때문이고, 문과와 이과 사이의 장벽을 허무는 일에 기여하고 싶기 때문이며, 실용적인 관점에서도 '꿈의 교과서'는 절실하기 때문이라고 적고 있다.

이 책은 기본적으로 수학이라는 도구를 통해서 과학(특히 천문학)의 참맛을 느낄 수 있도록 디자인된 책이다. 먼저 좌표계와 벡터에 대한 기본적인 수학적 개념을 익힌 후 운동, 중력과 전자기력, 역학 같은 물리학적 개념을 익히고 양자역학과 상대성 이론을 거쳐서 우주론에 이르기까지 수학을 바탕으로 이야기를 전개해 나가고 있다. 그 출발은 박석재가 명확하게 밝힌 것처럼 '고등학교 문과 수학'에서 출발하고 있다.

그는 과학자가 될 꿈을 가진 고등학생, 우주와 관련된 전공을 하고 있는 대학생, 재충전이 필요한 중등 과학 교사들, 그리고 무엇보다도 '고등학교 문과 수학을 이해하고 있으면서 우주를 즐기고 싶은 일반인'들에게 이 책의 통독을 권하고 있다. 질문을 던졌던 그녀에게 지금 꼭 필요한 책일 것이다.

몇 년 전에 한 대학교에서 운영하는 주말반 과학 영재 학교에 참가한 중학교 2학년(혹시 1학년이었을지도 모른다) 학생들에게 일반 상대성 이론 강의를 한 적이 있었다. 3시간 동안 진행된 강의에서 내가 사용한 교재는 바로 『우주를 즐기는 지름길』이었다. 249쪽에서 254쪽에 실린 일반 상대성 이론 내용을 응용해서 강의를 했다.

먼저 평평한 공간에 그려진 직각 삼각형에서의 피타고라스 정리를 살펴보았다. 그러고는 이를 3차원 공간으로 확장시켰고 또 시간 차원을 더

해서 4차원 시공간에서의 거리와 시간 사이의 관계(즉 시공간 내의 길이)를 살펴보았다. 그런 후 이 과정을 평평한 공간이 아닌 굽은 공간에 적용시켜서 시공간 내의 길이에 대해서 탐구를 했다. 이 과정에서 자연스럽게 굽은 시공간을 다루는 일반 상대성 이론이 전개되었다.

학생들의 반응을 살피면서 차근차근 한 걸음씩 나아가면서 강의를 했는데, 의외로 잘 이해하면서 따라와 주었다. 내친 김에 블랙홀의 크기를 계산하는 식까지 유도하고 예를 들어서 계산해 보기까지 했다. 간단한 기하학적인 개념으로부터 시작된 수학을 바탕으로 한 이날의 일반 상대성 이론 강의는 나름대로 성공적이었다고 자평한다.

먼저 중학교 정도의 수학 실력을 갖고 있는 (물론 과학 영재반 학생들이니 선행 학습을 통해서 고등학교 수학에 익숙해져 있었을 가능성도 있기는 하다) 학생들에게 수학을 기반으로 한 일반 상대성 이론을 강의할 수 있는 가능성을 확인했다는 점에 주목하고 싶다. 그리고 무엇보다도 학생들이 잘 이해하면서 따라왔다는 것이 무척 신기하고 고마웠다. 강의가 끝나고 학생들에게 물어보니 다소 생소하고 어려웠지만 수학을 사용하니 실체적으로 이해하는 데 큰 도움이 되었다는 답변이 많았다.

과학도 다른 모든 학문 분야와 마찬가지로 어렵다. 어떤 과학적 내용을 초등학생도 이해할 수 있도록 수학은 빼고 한마디로 요약해서 설명해 달라는 기자들의 요구를 받으면 정말 난감하다. 그런 질문을 하는 기자들이 정말 야속하고 밉다. 그런 답이 세상에 어디에 있겠는가. 다만 쉽게 설명해 보려고 비유와 은유를 들면서 노력해 보는 것뿐이다. 그런 질문을 하는 기자들에게 진짜 하고 싶은 말은 『우주를 즐기는 지름길』을 읽고 공부해서 황홀한 과학에의 수학적 접근법을 체험하고 익혀보라는 것이다. 그 중학생의 말처럼 실체적 이해에 큰 도움이 될 것이다.

과학은 어렵다. 하지만 그 어려운 과학의 세계에 대해서 하나씩 하나씩 익히면서 나아갈 때 느끼는 희열은 말로 표현할 수 없는 또 다른 감흥이다. 그 길을 가는데 좋은 동반자가 되어주는 친구가 수학이다. 중학생들의 고백처럼 수학을 통하면 세상의 과학적 실체에 더 가깝게 다가갈 수 있을 것이다.

『우주를 즐기는 지름길』은 그 길로 가려고 하는 우리들에게 기꺼이 동반자가 되어주겠다고 손짓하고 있다. 그러니 망설이지 말고 이 책과 함께 과감하게 닫힌 문을 열고 '우주를 즐기는 지름길'로 넘어오시라. 고달프지만 황홀한 새로운 세상이 펼쳐질 것이다.

만화로 배우는
매혹적인 우주 이야기

펠릭스 페라니, 『우주』

"만화책에서 그 이야기를 처음 접했어요. 아마 그것에 대한 개념 정립도 만화책을 통해서 얻었을 거예요. 사실 만화를 통해서 많은 것들을 배웠지요."

네덜란드에서 유학하던 때의 일이다. 가끔씩 한국인 연구원과 학생들이 같이 모여 식사를 하면서 이야기를 나누곤 했다. 하루는 이런저런 이야기를 하다가 만화에 대한 이야기가 나왔다. 위의 말은 어느 사회학 박사가 한 말이었지만, 많은 사람들이 그의 말에 동의했다. 그의 이름도 그것이 무엇이었는지도 잊어버렸다. 하지만 그날 모두들 숨겨놓았던 애인을 공개하듯 '만화를 통한 자신만의 학습기'에 대해서 털어놓던 기억만은 선명하다.

화제가 별과 우주에 이르렀을 때 많은 사람들이 우주에 대한 개념이 형성된 것은 만화 덕분이라고 말했던 것으로 기억한다. 사실 약간은 의아하고 충격적이었다. 과연 그럴 만한 만화책이 있었는지 회의적으로 되묻게 되었었다. 너무 교육적인 면만 강조하거나 고압적으로 계몽하는 만화책들만 떠올랐었다.

시간이 좀 지나서 영국에서 공부하고 있던 선배가 책 한 권과 그 책을 번역한 원고를 우편으로 보내왔다. 스티븐 호킹에 대해서 이야기하고 있는 얇은 만화책이었다. 영문판 첫 장을 넘기자마자 나는 그 만화책에 매료되고 말았다. 강렬한 흑백의 대비를 이루고 있는 그림도 좋았지만 툭툭 튀어나오는 짧은 글들도 핵심을 담아내고 있었다. 이렇게 멋진 만화책이 있다니, 하면서 혼자 기뻐서 날뛰던 기억이 난다. 훗날 기회가 된다면 만화 작가와 함께 '멋진' 우주 만화책을 만들어보고 싶다는 욕망을 자극했었다.

나중에 서점에서 선배가 번역한 스티브 호킹에 대한 만화책을 만났다. 반가워서 책을 집어 이리저리 훑어보았다. 언뜻 보니 같은 시리즈 내에 그 책 말고도 재미있는 제목들이 눈에 여럿 띄었다. 그중에서도 내 눈에 제일 먼저 들어온 것이 총서 시리즈 제1권인 『우주』(펠릭스 페라니 지음, 크리스틴 로슈 그림, 김영신 옮김, 이두 펴냄)였다. 『우주』를 펼치자마자 나는 또 다시 매혹의 세계로 빠져들었다.

큰 별 네 개가 떠 있는 하늘을 배경 삼아 길게 누워 있는 사람이 내뱉은 듯한 "무엇이 존재하는가?"라는 글자가 첫 장에 박혀 있었다. 도발적이고 시니컬하면서도 핵심을 찌르는 흑백 그림이 마음에 들었다. 두 사람이 툭툭 던지는 대화로 분위기를 절정으로 몰아가는 방식도 신선했다. 매혹적이었다. 이어지는 짧지만 명확한 설명도 잘 어울렸다. 있어야 할 곳에 있어야 할 것이 있다고나 할까. 내용도 형식도 미학도 모두 매혹적이었다. 나는 그 자리에 선 채 『우주』를 다 읽어버렸다.

"캐롤린…이것 봐, 이것이 혹시…남자의 그거 아닐까…."

"아이 바보 같아. 그건 아녜요, 윌리엄." (무식하군.)

『우주』 속에는 이렇게 수수께끼처럼 이어지는 장난스러운 대화가 자주 나온다. 무슨 이야기를 하고 있는 걸까. 여러분들도 그림을 보면 동감하면서 피식 웃을 것이다.

"1920년대 말에 허블이 우주가 팽창하고 있다는 사실을 발견했어."

"은하들이 서로로부터 멀어져 가고 있단 말이지요?"

"은하들이 서로로부터 더 멀리 떨어져 있을수록…."

"더 빨리 멀어져 간단 말이지요!"

"그러니까 은하들이 서로 멀어져 가고 있다는 건, 우리은하가 우주의 중심에 있다는 걸 뜻하나요?"

"우주의 중심 같은 것은 없어. 서로 멀어지고 있는 것으로 보이는 것은…."

"다른 은하에서도 똑같이 그렇게 보인다는 말이군요."

이처럼 마치 교과서를 요약해 놓은 것 같은 정교한 대화도 있다. 몸을 뒤로 좀 제치고 말을 툭툭 던지는 두 사람의 모습이 대화에 꼭 어울린다.

"…우주 배경 복사라고?"

"그건 다시 돌아오는 오페라 가수 같은 거야, 밥."

이렇듯 멋진 시적 비유들도 넘쳐난다. 물론 이 말을 이해하기 위해서는 보충 설명을 읽어야 할 것이지만.

물론 아쉬운 점도 있다. 번역자의 용어 선택이 좀 어색하다. 천문학에서 널리 쓰이는 용어와 어긋나서 생경한 느낌을 주는 말들이 여러 번 눈에 띄었다. 예를 들면 분광사진기는 분광기로, 접시형 전파 수신기는 접시형 전파 망원경으로 쓰면 더 좋을 것이다. 오역도 눈에 좀 보인다. 예를 들면, 30쪽에 실린 "지구가 우주 안에서 하나의 위성의 위치에 자리 잡고 있을 뿐이라는…" 중에서 '위성'은 '행성'의 명백한 오역이다(물론 원본의 오류일 가능성도 있다).

『우주』는 결코 쉬운 책이 아니다. 마치 긴 서사시 한 편에 온갖 우주 이야기를 넣은 것 같은 느낌이 드는 압축의 결정판 같은 만화책이다. 따라서 많은 보충 설명이 필요한 책이다. 실제로 『우주』를 대학교 교양 천문학 교재로 사용한 적이 있다. 한 학기 내내 이 책에 적혀 있는 구절과 그림을 해설하는 식으로 강의를 했다. 그렇게 해설하면서 학생들과 같이 읽어나가기에도 적합한 책이 바로 『우주』이다.

지인들이 읽을 만한 우주에 대한 책을 소개해 달라고 하는 경우가 종종 있다. 그럴 때면 나는 먼저 그 사람이 우주에 대해서 얼마나 관심이 있는지 어느 정도 지식 체계가 잡혀 있는지를 알아보려고 노력한다. 내가 초보자에게 권하는 책은 보통 칼 세이건의 『코스모스』(홍승수 옮김, 사이언스북스 펴냄)로 귀결되곤 한다. 이미 읽어본 사람들에게도 다시 읽어볼 것을 권하면서 약간의 보충 설명을 곁들인다. '우주'라는 서정적이고 서사적인 한 편의 드라마를 보는 느낌을 주고 싶어서이다.

정말 우주에 대한 열정이 있고 나름대로 책도 많이 읽고 지식 체계가 갖춰져서 스스로 내공이 있다고 생각하는 사람에게는 주저하지 않고 이 책『우주』를 권한다. 그런 사람들은 분명히 압축된 만화책『우주』속에서 내가 느꼈던 그 희열을 다시 느낄 것이라 생각하기 때문이다. 다만 이 책이 나온 것이 1993년의 일이니 그동안의 천문학의 새로운 발전을 감안해서 읽으라고 사족을 단다.

『우주』가 출판된 후 천문학은 혁명적인 변화를 겪었고 따라서 이 책에서 말하고 있는 내용 중에는 틀린 것도 있고 좀 더 분명해진 것도 있고 새롭게 밝혀진 것도 있다. 이런 상황을 고려해서 읽었으면 하는 바람에서 꼭 긴 설명과 함께 사족을 달곤 한다.

허블상수 값이 큰 논란이라고 적혀 있지만(52쪽), 이는 더 이상 논란이 아니라 작은 오차와 함께 그야말로 상수가 되어 있는 형국이다. 우주의 시작에 대한 과학적 논의는 엄두를 내지 못했지만(55쪽), 지금은 아주 활발하고 다양하게 전개되고 있다. 우주의 나이도 100억 년과 200억 년 사이에서 논쟁 중이(60쪽) 아니라 137억 년으로 굳어졌다. 우주의 미래에 대해서는 오리무중이(129쪽) 아니라 가속 팽창하며 영원히 커져가는 것으로 밝혀지고 있다. 올해 노벨 물리학상의 주제이기도 하다.

『우주』가 1993년과 2011년 사이의 천문학적 혁명의 간극을 메우면서 다시 쓰이고 그려졌으면 좋겠다. 원작자의 시도가 없더라도 각주로라도 보완되었으면 좋겠다.『우주』는 오래되었다고 버려지거나 잊혀져 버리기에는 너무나 멋지고 잘 짜여 있고 충실하고 아름다운 책이기 때문이다. 증보 보완판을 기대해 본다.

내가 사랑하는 만화책『우주』의 매력은 마지막 장에서까지 우리가 간과하기 쉽지만 어쩌면 너무나 당연한 것을 새삼스럽고 멋진 멘트와 여전히 시니컬한 그림으로 보여주고 있는 그 도도함에 있는지도 모르겠다.

"우리가 현재 우리가 된 것은,
우주가 현재의 우주이기 때문이다…
…결코 그 반대가 아니다."

* * *

이 글을 다 쓴 후,『우주』가 출판사를 옮겨서 새로운『우주』(펠릭스 피러니 지음, 크리스틴 로슈 그림, 이충호 옮김, 김영사 펴냄)로 다시 출판되었다는 사실을 알게 되었다. 바로 책을 사서 달라진 것이 있는지 살펴보았다. 얼른 보니 2006년에 지은이가 일부 내용을 보완한 것으로 되어 있었다. 쪽수가 몇 쪽 늘었고 그림과 텍스트가 좀 더 깔끔하게 처리되어 있었다.

먼저 위에서 지적했던 내용이 고쳐졌는지 살펴보았다. 우선 다소 어색하던 용어 선택이 훨씬 자연스러워졌다. 접시형 전파 수신기는 전파 망원경으로 바로잡혔다. 오역이라고 지적했던 "지구가 우주 안에서 하나의 위성의 위치에 자리 잡고 있을 뿐이라는…" 중 '위성'이라는 단어는 사라지고 대신 "지구가 평범한 위치에 있다고 말하는 것은"으로 번역되어 있었다(34쪽).

번역자가 바뀐 만큼, 텍스트의 변화도 보인다.

"캐롤린… 이것 봐, 이것이 혹시… 남자의 그거 아닐까…"

"아이 바보 같아. 그건 아녜요, 윌리엄."

이두 판 『우주』에서 이렇던 것이 김영사 판 『우주』에서는 아래와 같이 바뀌었다. 원문의 변화인지 번역자의 재치인지는 모르겠다.

"캐롤라인, 설마 이게…"

"맞아, 오빠. 이건 새로운 천체야!"

인용했던 한 군데를 더 살펴보자.

"…우주 배경 복사라구?"

"그건 다시 돌아오는 오페라 가수 같은 거야, 밥"

이렇던 것이 요렇게 바뀌었다.

"이거 시민 라디오 방송이야?"

"내 생각엔 또 그 오페라 가수 같은데, 윌슨."

위의 글에서 1993년부터 2011년 사이의 천문학적 발견을 반영했으면 하는 바람을 적었다. 2003년의 개정판에서 많은 부분이 반영된 것 같다.

허블상수 값은 현재 받아들여지고 있는 값이 제시되었다(54쪽). 우주의 시작에 대해서는 여전히 거리를 두고 있지만(59쪽), 다중 우주나 끈 이론 같은 새로운 이론들도 소개하고 있다(153쪽, 162쪽). 우주의 나이도 137억 년으로 적혀 있다(64쪽). 우주의 미래에 대해서도 가속 팽창하며 영원히 커져가고 있다고 밝히고 있다(133쪽). 가속 팽창의 원동력으로 생각하고 있는 암흑 에너지에 대해서도 이야기하고 있다(145쪽).

증보 보완판을 기대해 보겠다던 내 바람이 이루어진 것 같아서 너무 기쁘고 설렌다. 새롭게 번역된 『우주』의 마지막 멘트와 함께 '기쁜' 마음으로 쓴 사족을 닫으려 한다.

> "우리가 이런 방식으로 존재하는 것은 우주가 이런 방식으로 존재하기 때문이지……그 반대가 아니다."

외계 생명체를
만나기 위한 첫걸음

마크 코프먼, 『퍼스트 콘택트』

'외계 생명체'가 제목에 붙은 강연을 할 때마다 제일 많이 받는 질문이 외계인과 UFO에 대한 것이다. 질문하는 사람들의 나이나 관심사에 따라서 이런 질문들의 세부적인 내용은 다양하게 분화되지만 결국은 지능이 발달한 외계인이 UFO를 타고 지구에 왔는지가 궁금한 것이다. 그 대답을 그래도 전문가라고 할 수 있는 '천문학자'의 입을 통해서 듣고 싶은 것일 것이다. 어쨌든 일반인들에게 '외계 생명체=외계인'이라는 생각이 보편적으로 인지되어 있는 것 같다. 하지만 내 대답은 늘 건조하게 흘러가고 만다. 과학적인 접근 방법의 입장에서 'UFO를 타고 온 외계인'에 대해서 논평하는 식이다. 물론 나도 한때 초등학교 시절에 아담스키형 UFO에 열광했었다는 이야기도 사족 삼아 덧붙인다.

2005년 무렵부터 이런저런 이유와 인연으로 외계 생명체에 대한 독립적인 강연과 강의를 본격적으로 시작하게 되었다. 강연의 내용이나 방식은 시간에 따라서 또 새로운 발견이 튀어나올 때마다 바뀌었지만 내가 전달하고자 하는 것들은 비슷하게 이어지고 있는 것 같다. 강연을 시작하면서 첫 화면으로 자주 사용하는 사진이 있다. 한참 전에 네팔에 갔을 때 찍은 흑백 필름 사진인데 내 뒤에는 히말라야 산맥이 펼쳐져 있고 그 상공에 검은 UFO 하나와 하얀 UFO 3~4대가 찍힌 사진이다. 물론 이 검은 점과 하얀 점들은 외계인이 타고 온 우주선이 아니다. 어떤 이유에서 인위적으로 생긴 얼룩이다. 이 얼룩들의 정체가 궁금하다면 언젠가 내가 하는 외계 생명체 강연을 들어보길 권한다. 이 사진을 사용해서 사람들이 제일 궁금해하는 '외계인이 타고 온 UFO'에 대한 과학적 논평을 하곤 한다. 가끔씩 진짜 강연 내용은 이야기하지도 못하고 이 사진 한 장으로 전체 강연 시간을 다 보낼 때도 있다. 사람들의 질문이 계속 이어졌기 때문이다.

본격적인 외계 생명체 강연에 들어가면서 자주 사용하는 사진이 또 하나 있다. '앨런힐스 84001'이라는 이름이 붙은 운석 사진으로, 화성에서 날아와서 남극 대륙에서 발견된 것이다. 이 운석을 분석한 조사에서 화성의 고대 생명체의 흔적이 존재한다는 결과가 발표된 후 그 진위 여부에 대한 큰 논쟁이 일어났다. 결과적으로 이 사건을 거치면서 현대적인 우주생물학이 태동하게 되었다. 이 운석을 둘러싼 화성 고대 생명체 흔적에 대한 논쟁은 현재 진행형이다. 나는 주로 우리가 지구에 가만히 앉아서 이미 외계 생명체의 흔적을 목격하고 있을 가능성에 대해서 이야기한다. 화성이나 다른 행성들과 지구가 운석의 교환을 통해서 생명의 태동 단계에서 교류했을 가능성에 대해서도 진지한 질문을 던지고 내 의견을 말하곤 한다.

그다음에는 보통 태양계 내에서 생명체가 살 수 있는 환경을 갖춘 행성이나 위성으로 관심을 돌린다. 어떤 후보들이 있는지, 그렇게 생각하는 근거는 무엇인지, 현재 과학적 탐색은 어디까지 와 있는지에 대해서 주로 설명을 한다. 하지만 여기서 내가 이야기하는 외계 생명체는 외계인이 아니다. 기껏해야 미생물이나 박테리아 같은 생명체를 이야기하는 것이다. 거의 대부분의 과학자들은 태양계 내 일부 행성이나 위성에서 미생물 정도의 생명체가 살고 있고 곧 발견될 것이라는 데 동의하고 있다. 반면 대부분의 과학자들이 태양계 내에 우리 이외의 지적 능력을 갖춘 생명체가 존재할 가능성에 대해서는 회의적인 결론을 내리고 있다.

화성 이야기는 따로 떼어내서 좀 더 자세하게 다룬다. 과학적으로도 정서적으로도 화성은 외계 생명체 발견의 첫 장소로 주목받고 있기 때문이다. 주로 생명의 번성에 꼭 필요한 물에 대한 이야기에 집중한다. 특히 액체 상태의 물이 중요하다. 지구의 바다를 연상해보면 직관적인 동의를 할 것이다. 화성에는 과거에 물이 흘렀던 흔적이 많이 남아 있다. 얼음 상태의 물은 이미 발견되었다. 문제는 땅속에 있을 것으로 추정되는 액체 상태의 물을 확인하는 것이다. 아주 좋은 소식도 같이 이야기를 한다. 화성에서 주기적으로 대량의 메탄가스가 발견되고 있다는 사실이다. 아마도 화성의 땅속 촉촉한 지역에서 미생물이 만들어낼지 모르는 메탄가스를 우리가 관측하고 있을 가능성에 대해서 꼭 이야기를 하고 넘어간다. 현재 화성에서 활동 중인 큐리오시티의 활약상을 중계하는 것도 내 강연에 꼭 포함되는 사항이다.

요즘 가장 활발한 천문학 또는 우주생물학 분야 중 하나가 외계 행성 탐색이다. 태양계 밖 다른 곳에 존재하는 행성을 찾는 작업이다. 별이 있으면 그 주위에는 행성들이 있을 것이다. 지구와 비슷한 조건을 갖춘 행성을 찾는다면 그곳에 생명체 특히 지적 생명체가 존재할 개연성이 커질 것이라는 기대를 할 수 있다. 주로 케플러 우주망원경과 다른 지상망원경이 찾아낸 외계 행성의 특성에 대해서 이야기를 한다. 강연은 보통 지구와 비슷한 유사지구를 찾는 작업은 어디까지 와 있는지에 초점을 맞춘다. 현재까지의 관측 결과를 보면 놀랍게도 우리 은하 안에만, 물론 계산에 따라서 다소 달라지겠지만, 500억 개가 넘는 유사지구가 있을 것으로 추정되고 있다.

내 강연에서는 이런 이야기들을 마친 후 비로소 외계 지적 생명체 즉 외계인 이야기를 시작한다. 시간이 부족하면 그냥 외계 행성 부분에서 강연을 그치기도 한다. 강연 첫 장면에서 UFO 이야기를 하고 넘어가는 것이 사실은 이런 일이 생길 때를 대비한, 어느 정도는 의도된 예방 작업이기도 하다. 외계 지적 생명체에 대한 이야기에서는 그런 작업을 하는 과학자들의 철학과 외계 지적 생명체 탐색 작업의 원리를 소개하는 데 대부분의 시간을 보낸다. 그런 후 그동안의 탐색 작업의 결과를 소개하고 현재 진행 중인 프로젝트와 미래의 계획과 전망에 대해서 이야기를 한다.

이런 이야기를 할 때쯤이면 사람들이 제일 궁금해하는 질문이 튀어나온다. 외계인을 발견했는지의 여부를 묻는 질문 말이다. 이런 질문이 나오면 나는 느닷없이 확률과 통계 이야기를 시작한다. 그런 다음 나는 어떤 전파신호가 외계 지적 생명체가 보낸 인공적인 신호인지 아닌지를 2035년이면 통계학적으로 확실하게 말할 수 있을 것이라는 알쏭달쏭한 대답을 한다. 물론 그렇게 말하는 이유를 친절하지만 다소 장황하게 설명하기는 한다. 보통 성인을 대상으로 한 1시간 반이나 두 시간 정도의 강연은 이런 얼개를 갖고 진행된다.

외계 생명체에 대한 강연이나 강의를 하면서 늘 아쉬웠던 것이 있다. '왜' 외계 생명체를 찾으려고 하고 '무엇'을 통해서 탐색 작업을 하는지, 그 과학적 근거는 무엇인지에 대해서는 강연 시간 중에 어느 정도 핵심적인 내용을 요약해서 이야기할 수가 있다. 좀 더 깊고 넓게 그 주제에 대해서 알고 싶은 사람들을 위해서 몇 권의 책과 다큐멘터리를 소개하곤 한다. 그런데 이 모든 작업을 수행하는 과학자들에 대한 이야기와 과학적 탐색 작업이 수행되는 과정에 대한 생생한 이야기를 해주고 싶은 욕심이 있다. 겉으로 드러난 결과론적인 현상보다는 그 결과에 이르는 과정 자체가 어쩌면 더 과학적인 면모를 드러내기에 좋은 소재라고 생각하기 때문이다.

하지만 문제는 늘 '시간'이다. 강연은 언제나 아주 제한된 시간 동안 특정 청중을 향해서 해야 하기 때문에 마땅히 해야 할 숱한 이야기들에 밀려서 과학적 탐색의 수행 과정이나 과학자들에 대한 이야기들은 그저 에피소드 정도로 한두 군데서 언급할 수 있는 것이 고작이다. 참고하라고 권할 만한 책이나 다큐멘터리도 찾기가 힘든 것이 사실이다. 대부분이 '왜' 그리고 '무엇'을 '어떻게' 진행해서 그런 결과가 나왔는지에 대해서는 많은 이야기를 하지만 그 과정에 대한 진지한 서술은 부족한 편이다. 마땅히 권할 만한 자료가 없는 것이 늘 안타까웠다.

『퍼스트 콘택트』(마크 코프먼 지음, 민영철 옮김, 한길사 펴냄)는 내가 찾고 있던 바로 그런 종류의 책이다. 이 책은 과학자가 아니라 기자인 지은이가 우주생물학의 과학적 탐색이 진행되고 있는 현장을 직접 방문해서 바로 그 현장에서 많은 우주생물학자들을 직접 만난 생생한 기록물이다. 우주생물학의 연구 결과물이 생산되고 있는 현장에서 과학자들과 대화를 나누고 기자의 눈으로 관찰한 것을 기록해 놓았다. 따라서 『퍼스트 콘택트』 속에는 요리가 되기 이전의 살아 숨쉬는 과학자들의 열정이 그대로 온기를 간직한 채 전해지고 있다. 때로는 논문 뒤에 가려져서 좀처럼 드러나지 않던 그들의 좌절을 여과 없이 전달하기도 한다. 과학도 사람이 하는 일이라는 것을 적나라하게 보여주는 좋은 현장보고서다. 때로는 과학적 논리와는 거리가 멀어 보이는 과학자들 사이의 경쟁과 분열과 반목에 대해서도 기자의 시각에서 꼼꼼하게 지적하고 있는 것이 바로 이 책 『퍼스트 콘택트』다. 이제 강연 때마다 꼭 이 책을 읽어보길 권할 생각이다. 내 고민의 일부를 해결해준 고마운 책이다.

'외계 생명체=외계인'이라는 보편 심리를 갖고 있는 사람들은 『퍼스트 콘택트』라는 제목을 보면 바로 UFO를 타고 온 외계인과의 조우를 떠올릴 수도 있을 것이다. 하지만 아쉽게도 이 책은 그러한 기대를 충족시킬 수 있는 책이 아니다. 이 책의 대부분은 미생물이나 박테리아에 대한 이야기로 채워져 있다. 우리는 은연중에 우주 공간은 지구에 비해서 척박한 곳이라고 생각하고 있다(물론 이런 생각이 지극히 지구 중심적인 사고의 결과이기는 하다). 그래서 외계 생명체에 대한 힌트를 얻기 위해서 과학자들이 관심을 갖고 탐색하고 있는 곳이 지구에서 극한 환경을 갖고 있는 곳이다. 남극의 빙하 속이나 화산이 터지고 있는 곳이나 심해저 같은 곳이 그들의 관심 지역이다. 언뜻 보기에는 생명이 살 것 같지 않은 곳에서 생명을 찾아보자는 것이다. 그런 곳에서 생명의 존재를 확인한다면 더 척박한 (다시 한 번 강조하지만 지구 중심적인 사고라고 인정할 수밖에 없지만) 우주의 환경에서도 생명이 살 수 있을 것이라는 개연성 있는 기대를 할 수 있다는 것이다. 그런 곳에서 미생물이나 박테리아를 찾는 과학자들에 대한 이야기가 『퍼스트 콘택트』의 대부분을 차지하고 있다.

1977년 말이나 1978년 초쯤이었을 것으로 기억한다. 당시 중학생이었던 나는 한 과학자의 강연회에 갔었다. 화성탐사선 바이킹호에 장착되었던 일종의 생명 탐색 장치를 만들었던 과학자가 우리나라에 와서 하는 강연회였다. 내 기억이 맞는다면 그의 이름은 길버트 V. 레빈일 것이다. 자세한 강연 내용은 기억이 나지 않지만, 공식적인 결과는 화성에서 생명체를 아직 발견하지 못했다는 것이지만 자신은 여전히 희망의 끈을 놓지 않고 있다는 취지의 발언을 그가 했던 것은 기억하고 있다. 그가 고안했던 이른바 '표식 붙은 배출 실험'에 대한 미국 NASA의 공식 입장은 '화성에서 생명체의 흔적을 발견할 수 없었다.'는 것이다. 우리는 그냥 그렇게 알고 있다. 하지만 레빈이 왜 바이킹호 10주년 기념 모임에서 '바이킹 표식 붙은 배출 실험이 생명을 발견했다는 것이 아마도 맞을 것입니다.'라고 NASA의 공식 입장과는 반대되는 견해를 표출했는지, 또 바이킹호 30주년 공식 기념식에서 어쩌면 바이킹호 생명 탐색 장치의 대부여야 할 레빈이 왜 강연을 하도록 초청받지 못했는지 같은 이야기가 『퍼스트 콘택트』에 자세하고 생생하게 적혀 있다.

과학은 그 자체로는 늘 객관적이어야 하겠지만 과학 또한 과학자가 수행하는 것이니만큼 진화의 산물인 인간의 본능적인 행동 양식을 벗어날 수는 없을 것이다. 바이킹호를 둘러싼 논쟁이 무엇인지, 어떻게 흘러가고 있는지, 그 과정에서 과학자들은 어떤 행태를 보였는지를 이 책은 생동감 있게 전하고 있다.

> "현대의 우주생물학이 시작된 것은 1990년대 말, NASA의 연구원들이 남극에 떨어진 고대의 화성 운석에서 생명의 징후를 발견했다는 발표를 하면서부터였다. 그러한 결론을 뒷받침하는 증거에 대하여 많은 과학자들이 이의를 제기했지만, 화성이나 다른 곳에서 날아온 운석들에 대한 연구는 여하튼 크게 꽃피우게 되었다. 그 후로 연구자들은 점점 더 정교해진 장비들을 사용하여 운석들에 숨겨져 있던, 이제는 널리 알려진 비밀들을 끈질기게 파고들었다.
>
> 매우 구체적인 이러한 모든 발견과, 우주공간은 생명을 유지시킬 수 있는 탄소 기반의 화합물들로 가득 차 있고 이들은 우리 지구나 다른 천체들로 끊임없이 쏟아져 내리고 있다는 사실은, 이 우주에서 지구가 생명이 탄생한 유일한 곳일 수 없음을 전 세계 과학자들에게 확신시켜 주었다."

『퍼스트 콘택트』에는 앞서 언급했던 운석 '앨런힐스 84001'과 관련된 과학적 논쟁이 자세히 서술되어 있다. 이 책의 미덕은 그 서술이 과학적 논쟁을 보여주는 데 머물지 않고 그 과정에서 마땅히 진화심리학적으로 발생할 수밖에 없는 인간으로서의 과학자들의 모습을 잘 기록하고 있다는 점이다. 어떤 면에서는 과학적 담론 또한 일정 부분 구성되어진다는 것을 부정하기 힘들기 때문이다. 그런 면에서 『퍼스트 콘택트』에서 코프먼이 기록하고 있는 것들 또한 중요한 1차 과학 사료로 인정해야 할 것이다. '앨런힐스 84001'에서 화성 고대 생명체의 흔적을 발견했다고 주장하는 (얼마 전에 고인이 된) 데이비드 맥케이가 겪었던 과학적 인간적 고통에 대한 서술은 내가 막연하게 가십거리로 알고 있던 것보다 더 충격적이었다.

> "화성이 현재 살아 있거나 이전에 살아 있었음을 보여주는 지금까지의 최고의 표시는, 메탄가스가 특정한 위치 특정한 시간에 존재한다는 것이다."

『퍼스트 콘택트』를 쓴 코프먼은 마이클 머마가 화성의 메탄가스를 관측하고 있던 천문대에도 직접 방문했다. 머마는 화성에 메탄가스를 생산해내는 생물학적 공급원인 '메탄 생성 미생물들'이 존재할 것으로 확신하고 있다. 코프먼은 어떤 관측적인 증거들이 머마로 하여금 그런 확신을 갖게 하는지에 대하여 그와 함께 관측을 하고 생활하면서 때로는 직관적으로 때로는 객관적인 기자의 입장에서 기록하고 있다.

몇 년 전 화제를 불러일으켰던 이른바 '비소 박테리아' 사건의 주인공인 펠리사 울프 사이먼에 대한 진지한 접근과 기록도 이 책의 미덕 중 하나라고 할 수 있다. 논쟁적인 사건일수록 더 선정적으로 흐르기 쉬운데 잠시 편견을 물리고 『퍼스트 콘택트』의 서술을 따라가다 보면 왜 과학자가 아닌 기자가 쓴 우주생물학 책이 필요한지 실감할 수 있을 것이다. 이 책은 과학은 과학자들만의 것이 아니라는 평범한 진리를 다시 깨닫게 해주고 있다.

『퍼스트 콘택트』는 제목이 주는 일반적인 기대와는 달리 미생물과 박테리아 그리고 그것을 쫓는 과학자들에 관한 이야기를 담은 책이다. 물론 외계 행성을 탐색하는 현장에도 코프먼은 가 있었고 그 과정을 생동감 있게 한 단원에서 묘사하고 있다.

『퍼스트 콘택트』가 선보인 또 다른 미덕은 그동안 우주생물학 책이나 외계 지적 생명체에 대한 책에서 다루지 않았던 외계 지적 생명체 탐색 프로젝트의 최근의 연구 결과나 활동들을 담아내려는 노력을 했다는 점이다. 특히 최근에 '프로젝트 도로시'를 주관하면서 관심을 끌고 있는 일본의 천문학자 나루사와 신야의 이름이 등장하고 그가 하고 있는 작업에 대한 이야기가 자세히 나온 책은 처음 보는 것 같다.

1960년 미국의 전파천문학자 프랭크 드레이크는 전파망원경을 사용해서 태양과 비슷한 특성을 갖고 있는 고래자리 타우별과 에리다누스자리 입실론별을 관측했다. 목적은 이 별들 주위에 있을지도 모르는 행성에 살고 있는 외계 지적 생명체가 보냈을 인공적인 전파신호를 포착하는 것이었다. '프로젝트 오즈마'라고 이름 붙여진 첫 번째 과학적인 외계 지적 생명체 탐색 프로젝트였다.

'프로젝트 오즈마'가 수행된 지 50년이 되던 2010년, 이를 기념하기 위해서 전 세계 15개국의 25개 기관이 참여해서 1960년 드레이크가 관측했던 별들을 다시 관측하는 '프로젝트 도로시'가 나루사와 신야의 제안에 의해서 수행되었다. 이 프로젝트의 첫 관측은 2010년 11월 5일에 진행되었다. 나도 국립과천과학관의 이강환 박사와 함께 그곳의 7.2미터 전파망원경을 사용해서 이 프로젝트에 참여했다. 여러 가지 기계적인 문제 때문에 의미 있는 결과를 얻지는 못했지만 국제적인 외계 지적 생명체 탐색 프로젝트에 동참할 수 있었던 것은 큰 영광이자 행운이었다.

한편으로는 당시 국내에 가동할 수 있는 훌륭한 다른 전파망원경이 있었음에도 '프로젝트 도로시'에 이들 전파망원경을 사용해서 참여하지 못한 것은 큰 아쉬움으로 남는다. 다른 나라에서는 그 나라의 대표적인 전파천문학자들이 앞장서서 가장 좋은 전파망원경을 사용해서 이 역사적이고 상징적인 프로젝트에 기꺼이 참가했다. 우리나라에서는 천문학계 특히 전파천문학계 내부의 몇몇 사람들의 강력한 반대에 부딪혀서 우리나라를 대표하는 전파망원경을 사용해서 이 프로젝트에 참여하려던 계획이 좌절되고 말았다.

> "우주생물학이 최소한 증명한 것이 있다면, 그것은 생명이 한번 시작되면 상상을 넘는 집요함을 가지고, 가장 극단적인 환경에도 적응할 수 있음을 분명하게 보여준 점이다."

『퍼스트 콘택트』는 이 글에서 다룬 몇몇 에피소드뿐만 아니라 훨씬 더 다양한 주제에 대해서 훨씬 더 풍부한 이야기를 하고 있는 책이다. '과정'과 '과학자'와 '디테일'이 있어서 더 풍성한 책이다. 물론 이 책에서의 '퍼스트 콘택트'는 외계 미생물이나 외계 박테리아와의 첫 만남을 의미하는 것일 것이다. 하지만 그 발견의 시작은 궁극적으로는 외계 지적 생명체와의 조우를 멈출 수 없게 하는 시발점이 되고야 말 것이다. 그런 의미에서 외계 생명체와의 첫 만남은 우리에게는 '두 번째 생명체'와의 만남이 될 것이다. 하나와 둘의 차이는 하나와 모든 것의 차이만큼이나 클 것이다. 하나밖에 없는 것과 둘이 있는 것은 유일함과 다양성의 문턱을 넘어서기 위해서 반드시 거쳐야 할 통과의례 같은 과정이기 때문이다.

나는 『퍼스트 콘택트』를 그런 의미에서 내가 추천하는 우주생물학 관련 '세컨드 북'이라고 부르고 싶다. 과학자가 쓴 원리와 현상이 중심이 된 '퍼스트 북'과 함께 우주생물학에 대한 우리들의 관심을 풍성하게 해줄 바로 그런 '세컨드 북' 말이다.

우주에 얼마나 많은 외계인이 있을까?

스티븐 웹, 『모두 어디 있지?』

"서울에는 얼마나 많은 피아노 조율사가 있을까?"

내가 외계 생명체 강의를 하면서 가끔씩 학생들에게 던지는 질문이다. 우리 은하 안에 지적인 능력을 갖추고 있으면서 전파 통신을 할 수 있는 외계 지적 생명체가 얼마나 되는지를 가늠해 보는 드레이크 방정식을 설명하기 전에 워밍업 삼아서 내보는 퀴즈다. 학생들은 좀 황당해하기도 하고 투덜거리기도 하면서 나름대로 추론을 해서 답을 내놓는다.

물론 나의 독창적인 질문은 아니다. 물리학자 엔리코 페르미가 학생들에게 던졌던 질문들 중 하나를 흉내 내어 본 것이다. 전 세계 해변에 있는 모래알의 수는? 까마귀는 쉬지 않고 얼마나 날 수 있을까? 시카고에는 얼마나 많은 피아노 조율사가 있을까? 이런 것들이 전형적인 '페르미 문제'로 알려져 있다. 학생들이 세상에 대한 이해를 바탕으로 답의 크기를 어림짐작하는 방식을 통해서 문제의 핵심에 접근하는 법을 터득하게 하기 위한 페르미의 깊은 의도가 담긴 것으로 유명하다.

"모두 어디 있지?"

아마 이 질문이 페르미의 숱한 질문 중에서도 가장 유명한 것이 아닐까 싶다. 『모두 어디 있지?』(스티븐 웹 지음, 강윤재 옮김, 한승 펴냄)는 페르미의 이 유명한 질문에 대한 다양한 해답을 모아서 엮은 책이다.

피아노 조율사 이야기로 돌아가 보자. "시카고에는 얼마나 많은 피아노 조율사가 있을까?"라는 페르미의 질문에 대한 스티븐 웹의 추정은 이렇다. 그는 연감을 보지 않고 페르미의 의도대로 어림짐작으로 피아노 조율사의 수를 추론해 보았다.

(1) 시카고의 인구는 약 300만 명이라고 가정하자.

(2) 피아노를 소유하고 있는 것은 개인보다는 가족이라고 가정하자. 기관에 속한 피아노는 무시하기로 하자.

(3) 평균 가족 수가 5명이라고 가정하면, 시카고에는 60만 가구가 있는 셈이다.

(4) 20가구 중 1가구가 한 대의 피아노를 소유하고 있다고 가정하자.

(5) 그러면 시카고에는 3만 대의 피아노가 있는 셈이다.

(6) 피아노 조율은 평균 1년에 한 번 한다고 가정하자.

(7) 그러면 매년 시카고에서는 피아노 조율이 3만 회씩 이루어진다.

(8) 피아노 조율사가 하루에 2대의 피아노를 조율할 수 있고 1년에 200일 일한다고 가정하자.

(9) 따라서 한 사람의 피아노 조율사는 1년에 400대의 피아노를 조율한다.

(10) 필요한 전체 조율 횟수를 충족시키기 위해서 필요한 시카고의 피아노 조율사의 수는 30,000/400=75명이다.

(11) 우리가 원하는 것은 정확한 값이 아니라 추정치이므로 최종적으로 반올림해서 100명이라는 값을 얻을 수 있다.

어떤가? 그럴듯해 보이지 않는가. 여러분들도 이런 추론 과정을 따라서 서울에는 얼마나 많은 피아노 조율사가 있을지 가늠해 보시라. 몇 명인가? 인터넷을 뒤지지 말고 오로지 추정만으로 답을 찾아보시라.

1950년 여름 어느 날 페르미는 미국 로스앨러모스에서 에드워드 텔러, 허버트 요크, 그리고 에밀 코노핀스키와 함께 점심 식사를 하고 있었다. 당시 그들은 일상적인 대화를 하고 있었는데, 그중에는 당시 범람하던 UFO 목격담에 대한 이야기도 포함되어 있었다. 대화를 하던 중에 페르미가 갑자기 "모두 어디 있지?" 하고 물었다. 모두들 그가 외계 지적 생명체의 방문에 대한 질문을 던지고 있다는 것을 알아차렸다.

정작 페르미 자신은 "모두 어디 있지?"에 대한 페르미 식의 추론을 통한 해답을 내놓은 적이 없다. 하지만 이 문제에 흥미를 느낀 사람들이 해답을 찾기 시작했다.

"낙관주의자들이 믿고 있는 것처럼 우리은하에 많은 외계 문명이 있다고 가정해 보자. 우리 은하의 나이는 엄청나게 많기 때문에, 외계 문명이 우리 문명보다 수백만 년 또는 수십억 년 앞서 있을 수 있다. (…) 분명 외계 문명은 자신의 고향에서 우리은하로 그 영역을 확장하고자 할 것이다. 그렇지만 문제의 핵심은 기술이 고도로 발달한 외계 문명은 몇 백만 년이 지나지 않아 우리은하를 식민지로 만들 수 있다는 점이다. 그들은 이미 여기에 있어야 하는 것이다! 우리은하는 생명으로 들끓고 있어야 하는 것이다. 그럼에도 불구하고 우리는 아직까지 외계 문명이 존재한다는 어떤 증거도 얻지 못하고 있다. 질렛은 이것을 페르미 역설이라고 불렀다."

페르미 식 추론 과정을 통해서 "모두 어디 있지?"라는 문제를 따져 보니, 그들은 반드시 존재해야만 하는데 아직까지 발견하지 못했다는 것이다. 따라서 역설이 된다는 것이다. 이것이 유명한 '페르미 역설'이다.

이런 추론은 타임머신이 존재하지 않는다고 주장하는 사람들이 즐겨서 쓰는 논증이기도 하다. 만약 미래인들이 타임머신을 발명했다면 그걸 타고 현재로 시간 여행을 왔을 것인데 우리는 미래인을 발견하지 못하고 있으니 타임머신은 발명되지 않을 것이라는 논리다.

물론 모든 사람이 이런 논리에 동의하는 것은 아니다. "모두 어디 있지?"에 대한 해석과 관점이 다양한 만큼 그동안 나름대로의 해답이 숱하게 제시되었다. 스티븐 웹은 '페르미 역설'에 대한 해답을 수집하는 취미가 있었다고 한다. 그가 "모두 어디 있지?"라는 질문에 대한 해답을 모으고 해설을 덧붙인 것이 바로 『모두 어디 있지?』다.

그는 페르미 역설과 외계 생명체에 대한 다양한 해답을 아래와 같이 서로 다른 관점별로 분류를 하고 50가지 풀이로 정리를 해서 『모두 어디 있지?』에 실어놓았다.

(1) 외계 생명체가 있다(있었다)는 생각에 기초한 대답

(2) 외계 문명이 존재하지만 우리가 아직 그들이 존재한다는 증거를 발견하지 못했다고 주장하는 대답

(3) 인류가 우주 또는 최소한 우리 은하에서 외톨이인 이유를 설명하려는 의도를 지닌 대답

우리가 상상할 수 있는 거의 모든 해답이 이 책 속에 정리되어 있다. 그런 면에서 내 자신의 상상력과 비교하면서 읽는 재미가 쏠쏠했다. 한편, 여러 사람들의 견해를 수집한 후 정리한 것인 만큼 조금 산만하게 편집된 느낌이 들기도 했다. 때로는 이야기가 반복되어서 좀 지루하기도 했다. 하지만 이 책만큼 '페르미 역설'에 대해서 해박한 견해를 담은 책도 없다는 점에서 일단은 높은 점수를 주고 싶다.

마지막 '풀이 50'에서 스티븐 웹은 '페르미 역설'에 대한 자신의 견해를 명확하게 밝혔다. 하지만 『모두 어디 있지?』를 읽는 내내 그의 신념에 기반한 견해를 반복해서 들어야만 했던 것은 유감이다. '풀이 49'까지는 자신의 신념을 숨기고 객관적인 해설과 중계에만 집중하다가 '풀이 50'에서 극적으로 자신의 신념을 밝히는 전략을 썼더라면 하는 아쉬움이 있다. 그랬다면 가독성도 훨씬 높아졌을 것이고 책을 읽는 긴장감도 더했을 것이다.

"모두 어디 있지?"에 대한 스티븐 웹의 견해는 당혹스러울 정도로 단순 명확하다.

"외계인들의 부재라는 관찰 결과와 일치하면서 동시에 나의 선입견을 뒷받침해주는 유일한 선택지—나에게 설득력을 지니는 페르미 역설에 대한 유일한 해답—는 우리는 외톨이라는 것이다."

"나는 페르미 역설이 우리에게 인류가 우리 은하에서 영리하고, 지력을 지닌 유일한 종임을 말해주고 있다고 믿는다. 그렇다고 우리 은하가 불모지일 필요는 없다. 내가 그리고 있는 우리 은하는 단순 생물체는 드물지 않고, 고등 다세포 생명은 훨씬 드물지만 전혀 없을 정도는 아닌 그런 곳이다. 저 밖 우리 은하에는 수억 개의 대단히 흥미로운 생물권이 있을 수 있다. 그러나 오직 한 행성—지구—에만 지적 생물체가 존재한다."

"인류가 지구상의 다른 모든 종들과 심오한 차이점을 지니고 있음을 부정할 수는 없다. 우리는 홀로 언어, 높은 수준의 자의식, 도덕 관념을 지니고 있다. 우리는 특별하다. 그러나 우리의 유일성은 단순한 우연성, 진화의 맹목적이고 임의적인 더듬거림에 의해 생길 수는 없는 것인가? 글쎄, 왜 그러면 안 되는 것인가?"

결론적으로 '우리뿐'이라는 것이다. 따라서 아무도 없으니 '페르미 역설'도 해결되었다는 것이다. 하지만 나는 왜 우리가 '특별'해야만 하고 '유일'해야만 하는지에 대해서 그의 신념에 찬 결론은 들을 수 있었지만 명확한 논리적 해답을 들을 수는 없었다.

우리가 외톨이라는 결론으로 그를 이끈 중요한 근거 중 하나는 생명이 거주할 수 있는 행성의 수가 많지 않을 것이라는 그의 강한 믿음인 것 같다.

> "개인적으로 나는 드레이크 방정식의 fp항이 초기 직관주의자들이 믿었던 것보다 작은 값으로 판명될 것이라고 생각한다. 그러나 그것 자체로 페르미 역설에 대한 해답이 되기에는 여전히 fp항의 값이 매우 높을 것이다. 다행스럽게도 이것이 신념의 영역에 남아 있을 날도 멀지 않은 것 같다. 관측천문학의 눈부신 발전에 힘입어 수년 내에 태양계 밖에 있는 행성계의 수와 형태를 분명하게 이해할 수 있게 될 것이다."

> "나에게는 이 역설이 마치 큰 두 수—엄청난 생명 서식 가능 지역의 수 대 엄청난 우주의 나이—의 경쟁처럼 보였다."

최근의 케플러 우주망원경 관측 자료 분석을 토대로 외계 행성의 수는 엄청나게 많고 지구와 꼭 닮은 행성의 수도 우리 은하 안에만 수억 개에서 수조 개에 달할 것이라는 연구 결과들이 쏟아져 나오고 있다. 그 숫자는 아직 수렴 중이지만 생각했던 것보다 훨씬 더 많은 지구형 행성이 존재하는 것만은 분명해 보인다.

갑자기 궁금해졌다. 2002년 『모두 어디 있지?』를 쓰던 당시의 스티븐 웹의 기대와는 달리 '생명 서식 가능 지역'에 속한 지구형 행성들이 엄청나게 많다는 관측 사실 앞에서 그는 '우리뿐'이라는 자신의 신념을 바꿀 수 있을 것인지.

외계에서 누군가 우리에게 신호를 보낸다면…

칼 세이건, 『콘택트』

지난 주말 미국 캘리포니아 주 산타클라라에서는 '외계 지적 생명체 탐색'(Search for Extraterrestrial Intelligence · SETI · 세티) 50주년을 기념하는 축제가 열렸다. 일반인을 위한 강연에서 세티연구소의 세스 쇼스탁은 2035년 전에 외계 지적 생명체의 존재를 확인할 것이라고 공식적인 견해를 밝혔다. 쇼스탁은 사적인 자리에서는 주로 2025년을 언급해왔다.

작년에 바티칸 교황청에서 외계 생명체를 주제로 한 학술회의가 열렸다. 물론 처음 있는 일이다. 바티칸에서는 외계 지적 생명체의 존재가 그들의 교리와 어긋나지 않는다고 논평했지만 립서비스일 가능성이 크다. 빅뱅 우주론이 과학자들 사이에서 인정받기 시작했을 때에도 그것을 하느님의 창세기 말씀의 증거로 곡해시킨 전력이 있기 때문이다.

올해 초에는 영국왕립학회에서 외계 생명체, 특히 외계 지적 생명체를 주제로 한 학술회의가 두 차례나 열렸다. 이번 가을에 두 차례의 학회가 더 예정되어 있다. 영국왕립학회 350년 역사상 이 주제로 학회가 열리는 것은 처음 있는 일이다. 가장 보수적인 두 단체에서 외계 지적 생명체를 주제로 연이어서 학회를 열었다는 것은 흥미로운 조짐이다.

이야기는 여기서 그치지 않는다. 정통 세티 과학자들이야 그동안 외계 지적 생명체의 존재 가능성에 낙관적 견해를 꾸준히 밝혀 왔지만 다른 곳에서도 작지만 의미 있는 파동이 감지되기 시작했다. 외계 지적 생명체와의 조우를 피해야 한다는 스티븐 호킹의 다소 '과격한' 발언이 세인의 관심을 집중시키고 있다.

영국왕립학회장인 천체물리학자 마틴 리스는 우리들의 인식 범위를 넘어서는 형태로서의 외계 지적 생명체가 이미 우리 주위에 존재할 가능성까지 공개적으로 제시했다. 올해 들어서 폴 데이비스, 세스 쇼스탁, 덕 바코치, 폴 슈크를 비롯한 세티 과학자들도 앞다퉈 새로운 세티 관련 책을 내놓고 있다.

내 생각은 이렇다. 최근의 외계 생명체 연구 결과 때문에 과학자들도 조금씩 흥분하기 시작한 것 같다는 생각을 떨칠 수가 없다. 합리적 개연성이 현실로 실현될 단계에서 생기는 이성적 떨림이라고나 할까. 과학자들은 2018년이면 화성 탐사선 엑소마스(ExoMars)가 화성의 땅을 파서 물에 젖은 흙 속에서 메탄을 뿜어내는 미생물을 발견하리라는 기대에 부풀어 있다.

또 케플러 우주망원경의 첫 43일 간의 관측 결과에 대한 비공식 발표를 통해서 이미 드러났듯이, 지구와 꼭 닮은 태양계 밖 행성의 존재도 우리를 흥분시키기에 충분하다. 태양계 밖에 그런 존재가 한두 개도 아니고 발견된 750여 개 외계 행성 후보 중 140여 개에 이르다니.

내년 2월 공식 발표에서 지구와 거의 똑같은 외계 행성의 존재가 기

정사실이 될 가능성이 아주 크다. 그런 곳에서는 지구 생명체와 비슷한 생명체가 존재할 개연성이 높고, 더 나아가 지적인 능력이 있는 생명체도 기대할 수 있다. 외계 지적 생명체의 인공적인 전파 신호를 찾는 전용 망원경인 앨런 텔레스코프 어레이(Allen Telescope Array · ATA) 시스템을 100% 가용해서 이들 지구형 행성의 관측에 전념한다면 쇼스탁의 기대보다 더 빨리 외계 지적 생명체의 존재를 확인할 수도 있을 것이다.

상황이 이러니 어찌 떨림이 없겠는가. 누구나 한마디 말을 덧붙일 수밖에 없으리라. 최근의 외계 지적 생명체와 관련된 학회와 발언은 어쩌면 이런 떨림에서 오는 것이리라. 오랜만에 칼 세이건의 『콘택트』(전2권, 칼 세이건 지음, 이상원 옮김, 사이언스북스 펴냄)를 다시 집어 들었다. 그 속에는 떨림을 배반하지 않는, 빛바래지 않은 오래된 미래가 있었다. 작가는 이렇게 말했다.

> "이 분야의 눈부신 발전으로 말미암아 이 책이 시대에 뒤떨어진 형편없는 것이 되길 간절히 바라는 것이 내 마음."

하지만 1980년대 그의 비전과 통찰은 현재 시점에서도 여전히 유효하고, 이 책의 내용도 현재 진행형이다. 그만큼 그의 미래 예측이 정확하다는 것이기도 하고, 그의 상상력이 과학을 앞서 나갔다는 말이기도 하다. 예를 들자면, 『콘택트』의 예언이 실현된 게 한두 가지가 아니다.

외계 지적 생명체 탐색 프로젝트를 진행하는 아르고스연구소는 현실 속에서 세티연구소로 실현되었다. 아르고스연구소 소장 엘리 애로웨이 박사는 현실 속 세티연구소 소장 질 타터를 닮았다. 뉴멕시코 주의 사막에 설치된 131대의 전파망원경은 캘리포니아 주에 건설된 42대의 ATA로 구현되었다.

"저 외계에서 누군가 우리에게 신호를 보내고 있다고 상상해 봐요. 그런데 지구에서는 아무도 듣지 못하는 거요. 이건 말도 안 되는 일이죠. 들을 능력이 있는데도 의지가 없어 듣지 못한다면 어떻게 우리 문명을 부끄러워하지 않을 수 있겠어요?"

현실에서는 아직 외계 지적 생명체의 인공적인 전파 신호를 포착하지 못했지만 21세기를 코앞에 둔 소설 속 시점에서는 엘리의 바람대로 직녀성 근처에서 날아온 외계 지적 생명체의 '기계 장치 설계도'를 발견하는 극적인 사건이 일어난다. 우여곡절 끝에 기계 장치가 완성되고 엘리를 비롯한 다섯 명이 외계 지적 생명체를 만나는 탐험에 나선다.

외계 지적 생명체는 그들이 가장 사랑하는 대상의 모습으로 그들 앞에 나타나 자신들이 알고 있는 제한된 지혜를 이야기한다. 현실에서는 지구와 닮은 외계 행성에서 날아오는 인공적인 전파 신호가 2035년 이전에 ATA에 의해서 포착되리라 기대하고 있다. 하지만 그것은 아마도 간단한 반복 신호일 것이다. 그래서 칼 세이건의 이야기는 여전히 우리들의 미래다.

"평생 우주를 연구했지만 그 안의 가장 분명한 메시지는 놓쳐버린 셈이었다. 우리와 같은 자그마한 생명체는 오로지 사랑을 통해서만 광대함을 받아들일 수 있다는 점이다."

오랜 미지에의 꿈인 외계 생명체의 발견이 임박한 특별한 시점에 살고 있다는 것은 우리에게는 또 하나의 행운이다. 그런데 발견의 순간이 다가와 그 떨림이 더해갈수록 어쩐 일인지 주변의 소중한 것들에 대한 미련이 더해온다. 늘 먼 시차적 관점으로 우주를 바라보다가 정작 내게 정말 소중한 이들의 마음은 놓친 것은 아닌지 되묻게 된다.

혹시 그들이야말로 내 주변의 외계 지적 생명체는 아닐까? 오랜만에 집어든『콘택트』가 이번에는 새삼 이런 의문을 던져준다. 몇 년 전에 칼 세이건의 지적 동반자였던 앤 드루얀을 만난 적이 있었다. 우주여행 이야기가 나오자 그는 "그 사람이라면 몰라도" 자기는 소중한 사람을 놓아둔 채 지구를 벗어나지 않으리라고 말했다.

"이 우주에 살아 있는 한, 수학에 평균적인 재능만 가지고 있는 한 조만간 발견할 수 있는 것이다. 외계 지적 생명체는 이미 여기 있었다. 모든 것 안에 존재하고 있었다. 그걸 발견하기 위해 자기가 사는 행성을 떠날 필요는 없다."

이 말에 전적으로 동의하지만 그래도 칼 세이건 '그 사람이라면' 지구를 떠나고 싶어 하지 않았을까? 한여름 밤 직녀성은 변함없이 높이 떠 있고 문득 가까운 지인들이 사무치게 그리워진다. 당장 그들 안의 외계 지적 생명체를 찾아 나서야겠다.

2부

한국 과학자가 쓴 과학책

'과학울렁증' 독자를 위한 첫 번째 책

윤소영, 『종의 기원, 자연선택의 신비를 밝히다』

처음 만나는 자리에서 천문학을 전공했다고 나 자신을 소개하면 거두절미하고 내일 날씨가 어떨지를 물어보는 사람이 의외로 많다. 아마 조선시대에 관상감이 있어서 천문과 기상 업무를 같이 맡았기 때문인 것 같다. 그런데 이렇게 쓰고 보니 사람들은 도대체 이런 과학사적인 내용을 어떻게 알게 되었을까? 진짜 알고 물어보는 것일까? 하는 의문이 생겼다. 이 부분이 갑자기 궁금해졌다.

하지만 그건 그렇고 일기예보에 대해서는 전혀 아는 바가 없는 나는 천문학과 기상학이 어떻게 다른지를 설명하는 것으로 그 질문을 피해가곤 했다. 그런데 그렇게 구구절절 설명하는 것도 쉬운 일은 아니었다. 그래서 어느 때부터인지는 기상학을 전공한 친구들한테 주워들은 내용을 내 나름대로 해석해서 그냥 눈 딱 감고 날씨 전망을 말해주곤 했다. 일기예보 전문가도 틀리기 일쑤인 날씨 전망이니 내가 하는 일기예보가 틀린다고 한들 별 대수냐 싶어서였다. 물론 마음 한구석엔 어색하고 미안한 마음도 있지만 똑같은 설명을 반복하기에 지치기도 해서 한때 그렇게 한

적이 있었다.

별자리 점이나 점성술에 대한 질문을 받는 경우도 많았다. 예전에는 역시 천문학과 점성술이 어떻게 다른지 설명하기 위해서 애를 썼다. 질문을 한 당사자는 내가 '차이' 어쩌고 하는 이야기를 꺼내는 순간 벌써 흥미를 잃고 의례적으로 내 이야기를 듣곤 했다. 그래도 이왕 시작한 것이라 나는 늘 천문학과 점성술의 '차이'에 대한 완결된 이야기를 다 하고서야 내 말을 멈추곤 했다. 한때는 그냥 내가 아마추어 천문가 시절을 거치면서 알고 있던 쥐꼬리만 한 별자리 지식을 활용해서 마음대로 별점을 쳐주곤 했었다. 번거로움을 벗어나보자고 좀 장난스럽게 했던 일이지만 내 말을 진지하게 받아들이던 몇몇 사람들을 생각하면 지금도 너무 미안한 마음을 감출 수 없다.

날씨나 점성술에 대한 질문을 받았을 때 앞으로는 어떻게 대처를 해야 할지 솔직히 잘 모르겠다. 그런데 요즘에는 또 다른 힘든 질문을 많이 받는다. 바로 책에 대한 질문이다. 천문학에 대해서 알고 싶은데 어떤 책을 보면 되겠냐는 질문을 자주 받는다. 몇 차례 고백을 한 적이 있지만 내가 천문학 대중서를 본격적으로 읽기 시작한 게 사실 얼마 되지 않는다. 주로 서평을 쓰기 위해서 선택된 제한된 책들을 읽어왔다. 체계적인 조사를 바탕으로 체계적으로 독서를 한 것이 아니기 때문에 시중 나와 있는 천문학 대중서에 대한 균형 잡힌 데이터베이스가 내 머릿속에는 없다. 그동안 서평을 쓰고 책과 관련된 일을 자주 하다 보니 대략적인 그림은 그려지기 시작했지만 그냥 스케치를 시작한 정도의 수준이다.

처음 천문학에 관심을 보이는 사람에게 (그리고 어떤 책부터 읽기 시작하면 좋겠느냐는 질문을 내게 하는 사람에게) 내가 권하는 책은 벌써 십 수 년째 칼 세이긴의 『코스모스』(홍승수 옮김, 사이언스북스 펴냄)다. 천문학 대중서의 현황 파악에 대한 나의 인지적 한계가 일부 작용한 탓이다. 물론 『코스모스』가 여전히 내겐 감동적이고 이를 대체할 만한 책을 아직 발견하지 못한 것도 그 원인일 것이다. 서평을 쓰기 위해서 천문학 대중서를 읽을 때마다 내가 최우선 순위에 올려놓는 화두 중 하나가 과연 이 책을 첫 번째 천문학 책으로 다른 사람에게 소개할 수 있을 것인가 하는 것이다.

천문학뿐 아니라 다른 과학 분야의 책들을 소개해 달라는 요청도 자주 받는다. 그동안은 내 전공 분야가 아니라는 이유를 내세워 고사해 왔지만 서평에 천문학 이외의 다른 분야의 과학책들도 다루기 시작하면서 더 이상 이런 변명은 통하지 않고 궁색해지기 시작했다. 언제부터인지 다른 사람에게 권할 수 있는 그 분야의 '첫 번째 책' 찾기에 몰두하고 있는 자신을 발견하고 놀라곤 한다.

책들은 넘쳐나고 좋은 책들도 곧잘 눈에 보인다. 하지만 '첫 번째 책'으로 권하기에는 이런저런 이유가 마음에 걸린다. 균형감 없거나 너무 흥미에만 치우쳤거나 기본 개념 설명보다는 현상 소개에 그친 책들을 '첫 번째 책'으로 권할 수는 없는 노릇이다. 독자 입장에서 기초적이고 핵심적인 개념이 명확하게 설명되어 있는 책. 현란하지 않으면서 가독성이 좋은 책. 그 분야의 다른 책을 읽어보고 싶은 욕망을 불러일으키는 책. 이런 책이 내가 찾고 있는 어떤 분야의 '첫 번째 책'이다. 솔직히 소박한 바람이다. 물론 격조 있고 동시에 소박한 경지를 유지한다는 것이 어렵다는 것은 알지만.

『종의 기원, 자연선택의 신비를 밝히다』(윤소영 풀어씀, 사계절 펴냄)가 바로 내가 위에서 이야기한 조건들을 만족시키는 책이다. 진화 이론에 대해서 다른 사람에게 내가 권하는 '첫 번째 책'이 바로 『종의 기원, 자연선택의 신비를 밝히다』이다.

> "많은 사람들이 진화라는 말을 입에 담는다. 그리고 진화에 대해 잘 알고 있다고 생각한다. 하지만 정말 그런가. 정작 다윈은 『종의 기원』에서 '진화'라는 말을 사용하지 않았다. 끊임없이 '변이'와 '자연선택'에 대한 신념, 그 신념을 키워 준 관찰과 생각을 이야기했을 뿐이다. 신중하고 겸손하게."

진화 이론의 열쇳말이라면 종, 생명의 나무, 자연선택, 적응, 부산물, 변이, 성선택, 형질, 유전, 이보디보, 다양성, 복잡성 같은 단어들일 것이다. 이 책의 미덕은 이런 열쇳말들을 자연스럽게 책 속 이야기에 녹여내고 있다는 것이다. 열쇳말들이 정의1, 정의2 같은 방식으로 고압적인 태도로 찾아오는 것이 아니라 봄볕이 따사로운 오후에 선생님이 옹기종기 모여 앉아 있는 학생들에게 들려주는 감미로운 이야기처럼 하나하나가 자연스럽게 책 속에 등장하고 있다. 책을 읽어가면서 자연스럽게 진화 이론의 개념들이 명확해지는 것을 느낄 수 있었다. 계몽적이지 않지만 명확하고 간결하게 기초 개념을 전달하고 있다는 점은 높이 살 만하다.

『종의 기원, 자연선택의 신비를 밝히다』는 현대 과학이 얼마나 진화 이론을 잘 증명하는지 구태여 현란하게 현상 설명을 하지 않는다. 꼭 필요할 것 같은 자리에 꼭 필요한 사례를 들고 있다. 물론 이 책이 청소년용으로 기획되었고 분량의 한계가 있다고는 하지만 쏟아져 나오는 정보의 홍수 속에서 균형을 유지하는 것도 쉬운 일이 아니다. 담백하면서도 정확하게 개념을 전달하고 있는 흔하지 않은 책이다. 결국 이런 점들이 모여서 『종의 기원, 자연선택의 신비를 밝히다』를 가독성 높은 책으로 만든 것 같다.

『종의 기원, 자연선택의 신비를 밝히다』는 다윈의 『종의 기원』을 풀어서 설명하는 형식을 취하고 있다. 역시 지은이의 균형 감각이 돋보였다. 다른 책을 해설하는 책이 가질 수밖에 없는 태생적인 한계를 잘 극복하고 있는 듯하다. 다윈 시대에는 아직 밝혀지지 않고 알려지지 않았던 진화 이론을 적절한 곳에 잘 반영했다. 유전학을 접하지 못했던 다윈의 고민을 잘 녹여내면서 현대 과학이 밝혀낸 새로운 사실들이 어떻게 진화 이론을 강화시키고 있는지 균형감 있게 설명하고 있다. 이쯤에서 다윈의 『종의 기원』이 인용되었으면 하고 생각하고 있을 때면 어김없이 꼭 필요한 구절이 인용되고 있었다.

『종의 기원, 자연선택의 신비를 밝히다』는 사계절 출판사의 주니어클래식 시리즈의 첫 권으로 기획되었다. 이 책을 읽으면서 이 시리즈의 다른 책들도 읽어보고 싶다는 욕망이 생겼다. 다른 책을 읽어보고 싶다는 생각이 들게 하는 책이야말로 좋은 책이 아니겠는가. 칼 세이건의 『코스모스』나 스티븐 호킹의 『시간의 역사』 같은 책들도 이 시리즈를 통해서 풀어서 쓰면 좋겠다는 생각이 들었다.

사실 나는 『종의 기원』을 거의 열 번의 시도 끝에 완독하고 정독할 수 있었다. 중학생 때 처음 『종의 기원』을 손에 잡았지만 반복되는 비둘기

이야기에 지쳐서 내던져버린 후 지적 허영심을 채우기 위해서 여러 차례 읽기를 시도했었다. 번번이 반복되는 비둘기와 개의 품종 개량 이야기 때문에 흥미를 잃고 좌절했었다. 돌이켜 생각해보니 번역도 좀 엉터리가 많았던 것 같고 오래전에 쓰인 책이니만큼 그 문체 자체도 어린 학생이 감당하기에는 무리가 있었던 것 같다. 심지어는 여러 다른 종류의 비둘기를 모두 다 그냥 비둘기로 번역했던 책도 있었던 기억이 난다.

학생들에게 『종의 기원』을 소개하고 읽혀야 하는 강의를 시작하면서 어쩔 수 없이 『종의 기원』을 정독해서 읽었다. 수도 없이 욕을 하면서 읽었다. 이번에는 그 내용에는 어느 정도 익숙해져 있었기 때문에 주로 번역 문제 때문에 화가 났었다. 어쨌든 나는 정말 어렵게 『종의 기원』을 의무감에서 완독했다. 그러면서 생각했던 게 있다. 실력을 갖춘 번역자가 반드시 『종의 기원』을 다시 번역해야 한다는 것과 오래된 책인 『종의 기원』에 (더 넓게는 진화 이론에) 입문하는 사람들을 위한 일종의 해제 같은 해설서가 필요하다는 것이었다.

그동안 새로운 『종의 기원』 번역본이 나왔다. 내가 기대하고 있는 번역자의 『종의 기원』도 출판을 준비하고 있다. 번역 문제는 어느 정도 해결될 것으로 기대한다. 『종의 기원, 자연선택의 신비를 밝히다』는 『종의 기원』에 대한 훌륭한 해제이자 해설서이다. 하지만 거기서 머무르지 않고 '다윈 이후'를 잘 정리해서 설명해주고 있다. 독자의 입장에서 또 과학책 서평을 쓰는 서평가의 입장에서 나는 『종의 기원, 자연선택의 신비를 밝히다』를 진화 이론의 '첫 번째 책'으로 추천하는 데 주저하지 않을 생각이다. 기쁜 마음으로 읽었다.

이보다 더 친절할 수 없는 중력 이야기

조진호, 『어메이징 그래비티』

2009년은 무척 행복한 시기였다. 나는 세계 천문의 해 한국조직위원회에서 문화 분과 위원장으로 활동했는데 다양한 분야의 문화예술인들을 만나서 별과 예술에 대해서 이야기를 나눌 수 있었다. 힘을 합쳐서 많은 융합 행사를 진행하기도 했다. 만화가들과는 보현산 천문대에서 2박 3일 동안 워크숍을 가졌다. 강연도 하고 별도 관측하고 밤이 지새도록 술잔을 기울이면서 별과 예술에 대해서 토론을 하기도 했다.

나는 사실 동네 만화방에서 많은 시간을 보냈던 만화 마니아는 아니었다. 『소년중앙』이나 『어깨동무』 같은 어린이 잡지에 연재되던 만화 정도를 즐겨보던 평범한 소년이었다. 중 · 고등학교 시절에도 자발적인 만화 독자가 아니었다. 친구 집에 놀러갔을 때나 그곳에 굴러다니는 만화책을 주워서 보는 수동적인 독자였다.

내가 대학생 때는 만화방에서 연애하는 문화가 있었는데 그때 나도 데이트 장소로 만화방을 골랐고 남들이 다 읽는 이현세나 박봉서의 만화를 좀 본 것이 전부였다. 어른이 되어서는 출장에서 돌아오는 길에 기차 출발 시간에 여유가 좀 있으면 기차역 근처 만화방에 들르곤 했다. 손에 잡히는 대로 아무 만화나 집어 들고 시간을 보냈던 것이 만화와의 인연의 전부였다.

보현산 천문대 워크숍으로 만화가들을 만나러 가기 전에, 정말 전투적으로 그 워크숍에 참가하는 만화가들의 만화를 거의 다 찾아서 봤다. 어릴 때 만화방에 처박혀서 살던 친구들의 희열이 느껴지는 것 같았다. 다양한 만화가의 다양한 이야기는 충격적이고 즐거웠다. 만화 속에 이렇게 다양한 삶의 모습이 담겨 있다니. 과학에 관심을 갖고 있는 만화가들이 많다는 사실도 그때 알았다. 워크숍에서 만화 이야기가 나올 때면 경청을 하면서 내숭을 떨었지만 내가 급하게 읽었던 만화 이야기가 나오면 내심 뿌듯하고 기뻤다.

워크숍이 끝난 후에도 만화가들과의 교류는 계속되었다. 더 많은 만화가들을 만나게 되었고 몇몇 작가들과는 더 깊은 관계를 맺기 시작했다. 작은 공동 작업도 하기 시작했다. 이제는 매일 밤 12시면 웹툰 보기 여행을 떠나는 딸아이와 함께 웹툰을 챙겨 보는 고정 독자가 되었다. 만화책도 구입한다. '프레시안 북스' 회의를 할 때도 만화책이 보이면 먼저 살펴보게 되었다. 아무래도 과학 만화책에 눈길이 한 번 더 가는 편이지만 만화 자체에 대한 관심과 애정이 커진 것도 사실이다.

그러다가 결국 사고가 터졌다. 작년에 한 출판사와 만화책 출판 계약을 맺은 것이다. 내가 글을 쓰고 친한 만화가가 그림을 그려서 우주 개발에 대한 만화책을 내기로 했다. 여전히 자료를 모으고 시나리오를 구상하고 있는 단계지만 한편 신이 나기도 하고 다른 한편 두렵기도 하고 그렇다. 기회가 되는 대로 참고할 만한 과학 만화책을 보려고 하는데 생각보다 마음에 드는 책을 찾기가 힘든 것 같다.

몇몇 지인들이 래리 고닉의 과학 만화책을 추천했다. 마침 『세상에서 가장 재미있는 미적분』(전영택 옮김, 궁리 펴냄)이 화장실 앞 책꽂이에 꽂혀 있어서 오다가다 틈나는 대로 살펴보는 중이다. 이제 겨우 45쪽 정도를 살펴봤지만 고닉의 다른 과학 만화도 보고 싶다는 공감을 일으키는 책이었다. 그러다 이 책 옆에 나란히 꽂혀 있던 조진호의 『어메이징 그래비티』(궁리 펴냄)가 눈에 띄었다. 제목처럼 어메이징한 만화책이었다. 어메이징하게도 글을 쓰고 그림을 그린 작가는 한국인 조진호였다.

> "중력의 역사에서 수학은 중요한 도구였다. 특히 근현대의 중력의 발견은 수학으로 일궈낸 성과라고 말해도 무리가 없다. 하지만 내가 수학보다 더욱 흥미를 느꼈던 부분은 중력의 원리와 개념을 발견해나간 사람들의 상상력이다. 중력의 역사는 기술의 발전과 보조를 맞춰간 다른 부분의 과학 역사와 달리 대부분이 인간의 상상력만으로 이루어졌다. 중력을 발견한 역사의 주역들은 이런저런 상상의 세계를 수없이 넘나들며 잘못된 길에 들어서기도 하고 구렁텅이에 빠지기 일쑤였다. 바로 이런 혼돈과 실패! 이런 방황의 역사를 찾아보자고 한 것이 『어메이징 그래비티』를 쓰게 된 출발점이었다."

만화책 『어메이징 그래비티』의 화두는 물론 '중력'이다. 부제에서도 '만화로 읽는 중력의 원리와 역사'라고 친절하게 설명해주고 있다. 그런데 조진호는 중력 이야기를 하기는 하겠지만 그 자체에 대한 탐구 이전에

'중력'을 발견하기까지의 우리 조상들의 찬란하고 처절한 상상의 역사를 먼저 그려보겠다고 천명하고 나서고 있는 것이다.

이런 접근 방식은 결과론적으로 효과적일 것으로 생각된다. 인류가 중력이라는 실체에 대해서 의식하기 시작하면서부터 어떻게 그 인식이 바뀌어 왔는지를 살펴보는 과정에서 자연스럽게 우주에 대한 가치관이 드러날 것이다. 그러면 우주의 시작, 생명의 기원을 둘러싼 탐구의 역사 이야기가 이어질 수밖에 없을 것이다. 그런 과정에서 꼭꼭 숨어 있던 '중력'이라는 실체가 견디지 못하고 수면 위로 떠오르고야 말 것이다. 그때 낚아채듯 중력의 원리에 대한 이야기를 꺼낸다면 맥락 있게 '중력'에 대해서 이해할 수 있을 것이다.

몇 년 전에 참가했던 천문학 교육에 관한 학회에서 과학사를 통한 현대 과학의 핵심 개념 교육이 효과가 있다는 논문 발표를 들었던 적이 있다. 강의나 강연을 할 때 핵심적인 개념이 나오게 된 과학사적 배경을 설명하는 시도를 해봤는데 상당히 큰 효과가 있었다. 느닷없이 생소하게 튀어나오는 개념은 생뚱맞지만 그 역사적 뿌리부터 이야기하면 새로운 개념 자체도 개연성 높은 인과관계 속에 존재하기 때문일 것이다.

『어메이징 그래비티』는 중력의 역사, 아니 중력에 대한 인류의 상상과 관측의 역사를 통해서 그 실체와 본질에 접근하고 있는 어메이징한 과학 만화책이다. 국내 저자의 작품이라는 것이 정말 반가운 일이기도 하다. 과학사를 통한 중력 인식의 역사 이야기는 이 책을 과학책 이전에 한 권의 이야기책으로 만들어주었다. 인간은 이야기를 통해서 감동하고 동감한다. 과학 원리를 설명하기 전에 우리로 하여금 이미 그 모든 것을 받아들일 수 있도록 무장을 해제시켜버리는 책이 바로 『어메이징 그래비티』다. 물론 조진호의 스토리텔링이 담백하면서도 강한 흡입력을 갖고 있기 때문에 가능한 일이다.

이 책의 진짜 미덕은 이야기에만 그치지 않는다는 것이다. 지은이는 작가 서문에서 이야기를 통해 궁극적으로 도달하려는 종착역은 중력의 본질에 대한 소개와 성찰이라고 분명히 해놓았다. 중요한 것은 그가 그런 목표를 달성하고 있다는 것이다. 『어메이징 그래비티』는 이야기로만 끝나지 않는 과학책이다. 이야기를 늘어놓으면서 독자들을 충분히 유혹하고 훈련시키면서 슬쩍 중력의 원리를 진지하게 설명하기 시작한다. 그 수준이나 설명 방식의 적절함에도 높은 점수를 주고 싶다. 그 변곡점이 자연스러운 것도 이 책의 미덕 중 하나라고 할 수 있다. 『어메이징 그래비티』는 어메이징한 과학책이다.

아쉬운 점이 있다면, 중력에 대한 현대 과학의 패러다임인 일반 상대성 이론을 다룬 부분이 상대적으로 적었다는 사실이다. 우리는 현대를 살고 있고 과거의 역사가 현재를 만드는 것은 사실이지만 조금 더 현재에 무게를 두는 책 구성이 아쉬웠다. 오히려 일반 상대성 이론 이야기를 먼저 꺼내고 과거로 거슬러 올라가는 구성이었으면 어땠을까 하는 생각도 해봤다.

'현재'에 가장 큰 비중을 둬야 한다는 개인적인 소신에서 비롯된 아쉬움의 토로였다. 한 가지 더 적자면 중력에 대한 최신의 프런티어 이론들에 대해서도 만화적 상상력을 가미해서 더 자세히 소개했으면 어땠을까 하는 생각도 해봤다. 과욕일까. 300쪽 그림에서 버스를 타려고 기다리고 있는 사람들의 맨 앞이 아인슈타인이 아니라 중력 이론의 프런티어에 있는 과학자 중 한 명이었으면 더 어메이징하지 않았겠느냐는 아쉬움이 남는다.

『어메이징 그래비티』는 지은이의 다음 작품이 벌써부터 기대되는 어메이징한 과학 만화책이다.

일요일·공휴일이 한 번도 안 겹치는 '꿈의 달력'

이정모, 『달력과 권력』

새해가 시작되면 제일 먼저 하는 일 중 하나가 달력을 펼쳐놓고 한숨을 쉬는 일이다. 공휴일이 일요일과 (요즘은 토요일도) 겹치기라도 하면 한숨이 저절로 나온다. 수업이 있는 날이 마침 공휴일이면 입가에 저절로 미소가 지어진다. 올해(2012년) 달력을 보니 신정 첫날부터 일요일이고 설날 연휴 첫째 날도 일요일이다. 어린이날은 토요일이고 추석 연휴는 최악이어서 토요일부터 월요일까지다.

공휴일을 다 찾아먹을 방법은 없을까? 그럴 때마다 등장하던 대체 공휴일 이야기도 잠깐 나오다가 말았다. 그렇다면, 아예 달력을 바꾸면 어떨까. 공휴일이 절대로 일요일과 겹치지 않는 그런 '꿈의 달력'을 만들면 어떨까. 우리들의 꿈은 이렇게 소박하지만, 사실 달력을 새로 만들어야 한다는 목소리는 달력이 만들어진 순간부터 제기되기 시작했다.

지구는 하루에 한 번 자전을 한다. 달은 지구 주위를 한 달에 한 번 공전한다. 지구는 해 주위를 1년에 한 번 공전한다. 달력은 결국 지구와 달과 해의 이런 반복적인 움직임을 우리 나름의 언어로 기록한 것이라고 할 수 있겠다. 당연히 하루, 한 달, 한 해가 기본 단위가 되어야 할 것이다. 그런데 문제는 (달의 공전 주기로서의) 한 달이 가장 기본적인 단위인 하루의 정수배가 아니라는 것에서부터 출발한다.

한 달은 약 29.53일 정도 된다. 그러니 한 달의 길이를 딱 떨어지게 29일이나 30일로 정할 수가 없다. 더구나 (지구의 공전 주기로서의) 한 해도 365.24일로 365일이나 366일로 딱 떨어지지 않는다. 따라서 달력은 한 달의 길이가 29일이나 30일이고 한 해의 길이가 365일이나 366일이 되도록 교묘하게 디자인한 근사적인 표현물이 될 수밖에 없다. 설상가상으로 이런 자연과 달력의 숙명적인 엇박자에 종교적 문화가 개입을 하면서 7일을 한 묶음으로 하는 '한 주'라는 지극히 작위적인 주기가 끼어들어 더 엉망이 되어버렸다.

우리가 현재 사용하는 흔히 양력이라고 부르는 달력은 1582년에 채택된 그레고리력이다. 이 달력은 그동안 사용되어 오던 권력과 종교적 간섭에 엉망진창이 된 달력을 그대로 계승하면서 자연과 일치하지 않는 부분을 조금 보완한 달력이다. 여전히 한 달의 길이가 28일에서 31일까지 불규칙하다. 매년 날짜와 요일이 일치하지 않는다. 그래서 공휴일과 일요일이 겹치는 경우가 생긴다. 한 주일이 두 달에 걸치는 경우도 다반사다. 자연의 주기와의 오차도 날이 갈수록 심화될 수밖에 없는 구조를 갖고 있다.

규칙성이 파괴되어서 불편하기 짝이 없는, 500년 전에 교황이 칙령으로 정한 그레고리력을 우리가 지금껏 사용해야 할 이유가 있을까. 사실 그레고리력을 고집할 논리적이고 합리적인 아무런 이유가 없다고 해도 과언이 아니다. 그런데도 관성처럼 그냥 사용하는 것뿐이다. 긴 세월 동안 미우나 고우나 그 속에 문화가 쌓였고 애환이 녹아들면서 그레고리력은 거대한 문화적 상징이 되어버렸다. 이제 더 이상 합리성이나 실용성을 내세워서 이 달력을 고치기가 어렵게 된 것이 현실이다. 여전히 '7일'의 신화에 집착하는 거대 종교가 권력을 잡고 있다는 점도 달력 개혁의 큰 방해 요소가 되고 있다.

그럼에도 불구하고 합리성과 이성을 바탕으로 새 달력을 만들고자 하는 인류의 도전은 실패에 실패를 거듭하면서도 계속되고 있다. 지난 1월에도 천문학자 리처드 콘 헨리와 경제학자 스티브 행키가 '행키-헨리 영구 달력'을 디자인해서 발표했다. 이 달력의 가장 큰 특징은 날짜와 요일이 항상 일치한다는 것이다. 따라서 한번 달력을 만들면 사소한 보완만 해서 계속 사용할 수 있다.

종교적 저항을 고려해서 7일을 한 주로 하는 주기는 그대로 유지했다. 이들이 제안한 달력은 3, 6, 9, 12월은 31일, 나머지 달들은 30일로 구성되어 있다. 윤일을 처리하기 위해서 5년이나 6년마다 12월의 마지막에 일주일을 더 추가했다. 내가 보기에는 이들의 달력도 그동안 제안되었던 '합리적인' 다른 달력과 크게 다르지 않아 보인다.

안타깝게도 이들이 제안한 새 달력은 별다른 반향을 일으키지는 못하고 있는 것 같다. 어쨌든 이런 노력이 계속된다는 것은 인류 문명의 발전을 위해서는 반가운 일이다. 어쩌면 달력 개혁이 인류 문명의 새로운 바로미터가 될지도 모르겠다는 생각도 든다.

이정모가 쓴 『달력과 권력』(부키 펴냄)에는 이런 불합리하고 불완전한 달력과 관련된 더 많은 이야기가 담겨 있다. 특히 달력과 얽혀 있는 권력과 종교 그리고 문화에 대한 흥미로운 이야기가 이 책을 가득 채우고 있다. 나는 천문학을 전공했지만 사실 달력에 대해서는 아는 것이 별로 없다. 교과서에 실린 달력과 관련된 몇몇 단원들을 공부했었고 수업 시간에 달력을 만드는 컴퓨터 프로그램을 짜본 것이 전부였다. 『달력과 권력』을 읽으면서 새로운 사실도 많이 알게 되었다. 무엇보다 이 책은 내가 접한 가장 긴 달력 이야기였다.

『달력과 권력』은 지은이가 명확하게 밝힌 것처럼 '1582년 10월 5일부터 10월 14일까지 로마에서는 도대체 무슨 일이 일어났는가?'라는 의문에서 시작되었다. 그리고 그 의문에 대한 답을 찾기 위해서 (그 답은 이 책 속에 명확하게 기술되어 있다) 도서관을 뒤진 끝에 이정모는 이 책을 쓰고야 말았다.

"본에 거주하는 사람이라면 누구나 이용할 수 있는 대학 도서관이 자전거로 10분 거리에 있고 무료로 이용할 수 있는 시립 도서관은 도처에 널려 있다. 달력에 관한 책을 한 권 읽고 미진한 부분을 해결하기 위하여 참고 도서를 찾으면 어김없이 도서관에 있었다. 수메르와 로마의 달력에 관하여 1800년대에 출판된 책들이 글자체만 현대적으로 바뀌어 재출판된 것을 비롯하여 달력에 관한 수십 종의 책을 동네의 조그만 시립 도서관이 갖추고 있는 것이다. 본에 없는 책은 사서에게 부탁하면 다른 도시에서라도 구해서 가져다주었다. 생태 생화학을 연구하는 필자가 전공과는 아무런 상관도 없는 '달력'에 관한 책을 낼 수 있었던 것은 순전히 독일의 우수한 도서관 때문이라고 말할 수 있다."

결국 이 책은 전공자가 아닌 이정모가 독일의 본에 있는 도서관을 전전하면서 이 책 저 책의 내용을 짜깁기해서 만들어낸 '짜깁기 책'이라는 이야기가 된다.

내가 이정모를 처음 만난 것은 그가『달력과 권력』이 출판된 후 귀국하여 그의 대표작이 된『해리포터 사이언스』(정창훈 · 이정모 지음, 휘슬러 펴냄)를 구상하고 있던 시절이었다. 첫 만남에서 나는 그가 놀라운 짜깁기 능력을 갖고 있다는 것을 눈치 채고 무척 부러웠다. 그리고 우리는 그날 바로 친구가 되었다. 내 느낌은 이정모가 거미 같다는 것이었다. 통통한 겉보기 모습과는 달리 섬세하게 이야기의 실을 뿜어내면서 거미줄처럼 그 이야기를 짜깁기해 나가는 실력이 보통이 아니었다.

그런 그의 실력이 유감없이 발휘된 것이 바로『달력과 권력』이 아닌가 한다. 그의 손을 거치면서 달력에 대한 단편적인 정보들은 역동적인 이야기 거미줄이 되었다.

물론 사용하는 용어가 다소 어색한 부분도 있다. 통상적으로 '그레고리력'이라고 사용하는 것을 이 책에서는 줄곧 '그레고리우스 달력'이라고 쓰고 있다. 이 문제에 대해서 고천문학자 안상현에게 문자로 물으니 바로 페이스북에 길게 답을 남겼다(좋은 세상이다). 그대로 옮기면 이렇다.

"우리가 통상 '-력'이라고 번역할 때, 원문을 보면, almanac인 경우가 있고, calendar인 경우가 있고, calendrical method인 경우가 있습니다. 가령 그레고리력이라면 보통 Gregorian calendar를 뜻하는데, 그 역법이 좀 간단하기 때문에 흔히 그레고리 역법이란 말은 잘 안 쓰는 것 같습니다. 반면에 대통력이나 시헌력은 태양계 천체의 위치를 계산하는 복잡한 역법(calendrical method)입니다. 그것에 의해서 계산된 소위 천체력이 역서 또는 책력이라 부르는 것인데 영어로는 astronomical almanac 또는 그냥 almanac이라고 합니다. 또 일상용 달력 즉 날짜와 요일만 나온 것은 흔히 달력이라고 하는데, 이것은 서양의 calendar와 같은 것입니다. 그런데 그레고리력은 천체력도 아니고 역법이라고 할 것도 없이 4로 나누어떨어지면 윤년이고 100으로 나누어떨어지면 윤년이 아니며, 2월의 날짜 수만 조절하면 되지요. 그러므로 그레고리 달력이라고 번역하면 '그레고리 교황 시대에 제작된 달력'을 뜻하게 될 것 같습니다. 그러나 그런 것은 없는 것 같으니, 그레고리력으로 불러야 할 것 같습니다."

작은 오류도 몇 군데 보인다. 예를 들면, 204쪽에 '은하수의 동쪽 독수리 별자리의 알타이어(α) 별과 서쪽 거문고 별자리의 베가(β) 별이 그렇다.' 라고 써놓았는데, 알타이어가 α별이고 베가가 β별이 아니라 알타이어는 독수리자리의 α별이고 베가는 거문고자리의 α별이다. 27쪽에 '성일'이라고 적어놓은 것은 '항성일'로 고치면 그 뜻이 더 명확해질 것이다.

이 책의 또 다른 특징은 이정모가 주로 독일 자료를 사용해서 글을 썼다는 것이다. 우리가 쉽게 접할 수 없는 포맷임에 틀림이 없다. 참고한 영문 자료가 하나도 없다는 것도 밝혀둔다. 한 가지 아쉬운 점은 (그가 독일에서 이 책을 썼다는 점을 감안하더라도) 독일 자료에 비해서 한글 자료는 주로 신문 기사나 웹 사이트 기사여서 독일 자료와의 밸런스가 잘 맞지 않는다는 것이다. 그동안 좋은 연구 결과가 많이 나왔고 자료들도 축적되었을 것이니 이를 활용해서 『달력과 권력』의 개정판을 내놓아야 할 때가 된 것 같다.

『달력과 권력』은 이정모의 뛰어난 짜깁기 실력이 돋보였던 작품이다. 10년이 넘는 작가로서의 경륜과 여유를 바탕으로 새로운 사실들을 반영한 개정판이 나왔으면 하는 바람이 있다. 그 책에는 분명히 이정모의 성찰도 들어갈 터이니 한국의 콜린 윌슨의 탄생을 기대할 수도 있을 것 같다는 꿈을 꿔본다. 사실 『아웃사이더』의 작가 콜린 윌슨이야말로 영국의 도서관을 전전하면서 그 많은 역작을 쏟아냈던 짜깁기의 대왕이 아닌가.

더 철저하게 더 뻔뻔스럽게 짜깁기한 『달력과 권력』 개정판을 보고 싶다. 한국의 콜린 윌슨을 보고 싶다.

말이 필요 없는 한국 과학책의 고전

『정재승의 과학 콘서트』

『정재승의 과학 콘서트』(어크로스 펴냄) 10주년 기념 개정 증보판이 이번 여름에 나온다는 이야기는 정재승으로부터 여러 차례 듣고 있었다. 길게 쓰는 '10년 늦은 커튼콜'을 기대하라는 호언까지 들었다. 출판사를 옮겨서 출간된다는 소문이 여기저기 돌면서 『정재승의 과학 콘서트』 10주년 기념 개정 증보판의 출간이 임박했음을 알려오고 있었다.

진작부터 이 책이 나오면 내가 서평을 써야겠다고 마음먹고 있었다. 여러 가지 이유가 있었지만 솔직히 고백하면 이전의 『정재승의 과학 콘서트』도 아직 정독하지 못했기 때문이기도 했다. 전체적으로 속독하면서 훑어보기는 했지만 게으름 탓에 정독은 못했다. 이번 기회에 서평을 핑계로 차분하게 읽어볼 속셈이었다.

'프레시안 북스' 편집회의에서도 이미 『정재승의 과학 콘서트』 서평은 내가 쓰겠다고 이야기해둔 상태였다. 그런데 다시 생각해 보니 이 책이 갖고 있는 여러 맥락에서의 중요성과 역사성을 감안하면 서평 대신 인터뷰나 대담으로 그 이야기를 담아내면 어떨까 하는 생각이 들었다.

편집회의에서 이에 대한 논의가 있었는데 이야기가 내 예상과는 좀 다르게 전개되었다. 처음에는 이런 이야기들이 오갔다. 편집위원 몇 사람의 의견이었다. 나도 동감하고 있었다.

"이미 대중에게 노출이 많이 된 정재승과의 단독 인터뷰는 좀 식상하다."

"내가 사회를 보고 정재승과 그에 필적하는 다른 과학 저술가 한 명을 같이 초청해서 『정재승의 과학 콘서트』를 중심으로 하되 그동안 출판된 국내 저자가 쓴 대중 과학책에 대한 전반적인 평가를 하는 대담을 해보면 좋겠다."

그런데 편집위원 중 한 명에게서 『정재승의 과학 콘서트』에 대한 다른 평가가 나오기 시작했다. 정재승에 대한 자신의 개인적인 애정과는 별도로 책에 대해 평가하는 것이라는 단서를 달았다. 요약하면 이렇다.

"출판사를 옮겨서 출간한 10주년 개정 증보판 자체가 과연 우리에게 어떤 의미가 있는가? 크게 다루어야 할 명확한 이유를 찾지 못하겠다."

"『정재승의 과학 콘서트』는 과학 저널 『네이처』의 요약판이라는 세간의 평가도 있다."

"이 책은 문화방송(MBC)의 책 읽기 프로그램의 선정도서가 되면서 그 프리미엄으로 원래 가치에 비해서 더 많이 팔렸다."

"오히려 독자들은 『정재승의 과학 콘서트』를 넘어서는 정재승의 다음 저작을 기다리고 있다."

다른 편집위원은 이 책과 꼭 관련을 지어서 이야기한 것은 아니지만, 물리학자들이 물리 이론을 내세워서 경제를 분석하는 방식에 대한 거부감을 드러내기도 했다. 또 다른 편집위원은 이 책을 직접 지칭한 것은 아니지만 대중 과학책이 단순히 지식만을 전달하는 것이 옳은지 과학의 의미를 전달하는 것이 옳은지에 대한 원론적인 문제를 다시 상기시켰다. 좀 확대 해석하자면 『정재승의 과학 콘서트』의 위치를 과학 지식을 전달하는 책으로 규정지은 것으로도 볼 수 있는 대목이었다. 이번 개정 증보판이 원래 책과 비교해서 별로 변한 것이 없어 보인다는 점도 부언했다.

나는 잠시 발끈했다. 책에 대한 의견은 사람마다 다를 수밖에 없다. 사실 『정재승의 과학 콘서트』 10주년 개정 증보판에 대한 출판사와 서점들의 찬사가 넘쳐나는 상황에서 비판어린 충고는 꼭 필요하고 심지어 고맙기도 할 것이다. 그런데 내가 평소 존경하고 합리적이라고 생각하고 있던 사람들이 『정재승의 과학 콘서트』에 대한 일상적인 편견, 더 나아가서는 대중 과학책에 대한 은연중의 편견을 그들 자신도 모르게 표출한 것이 아닌가 하는 의심에 마음이 안타까웠던 것이었다. 그들의 프로페셔널하고 진심어린 비판을 모르는 것은 아니지만 그때는 그랬다.

나는 발끈해서 생각나는 대로 『정재승의 과학 콘서트』에 대한 이런저런 변호를 했지만 그 자체가 허망한 것이었다. 왜냐하면 사실 나는 이 책을 정독하지 않았기 때문이었다. 더구나 편집위원들 중 몇 사람은 이 책을 이미 정독했다고 하니 더 이상 내가 무작정 우길 수가 없었다. 결국 원래 생각대로 내가 서평에세이를 쓰겠다고 선언했다.

책장을 뒤져보니 군데군데 접혀 있는 『정재승의 과학 콘서트』 2판 3

쇄본(2003년 11월 13일 발행)이 보였다. 새로 나온 책과 비교해보니 그림과 사진이 좀 바뀌었고 편집이 좀 더 세련돼 보였지만 기본적으로 내용은 그대로였다. 대신 45쪽에 이르는 '10년 늦은 커튼콜'이 새롭게 등장했다. 처음 욕심은 두 권의 책을 모두 읽어보면서 비교해보려는 것이었는데 굳이 그럴 필요는 없어 보였다.

마음과는 달리 『정재승의 과학 콘서트』를 고통 속에서 읽었다. 마침 눈에 다래끼가 생겼기 때문이었다. 며칠 방치해 두었더니 너무 커져버려서 결국은 안과에 가서 마취를 하고 째는 시술을 받는 처지가 되었던 것이다. 눈이 불편하니 책을 읽기도 어려웠다. 그래도 이번에는 정독을 하겠다고 마음을 먹었는데 설렁설렁 읽을 수는 없는 노릇이었다.

안과에 가는 날도 책을 들고 가서 내 차례를 기다리는 동안 책을 꼼꼼하게 읽어 내려갔다. 시술 후에 지혈을 위해서 눈에 붙였던 거즈를 제거해주고 맡겨두었던 내 안경과 책을 돌려주면서 간호사가 내게 이렇게 말했다. "과학은 '정말' 싫어요." 여전히 조금은 발끈해 있던 나는 이것이야말로 정재승과의 '단독 인터뷰'가 여전히 유효하다는 증거가 아니겠느냐, 하고 생각하면서 마음속으로 혼자 우기다가 피식 웃고야 말았다.

안과에 다녀오고 나서도 며칠이 더 지나서야 이 책 읽기를 마칠 수 있었다. 눈이 아파서 하루에 읽을 수 있는 양이 제한되기도 했지만 꼼꼼하게 정독하려는 욕심이 앞섰기 때문이기도 했다. 정독을 하고 보니 내 목소리로 할 말이 좀 생겼다.

정재승은 "도대체 세상은 얼마나 복잡한 것일까? 우리는 결코 이 세상이 어떻게 돌아가는지 이해할 수 없는 걸까?" 하는 의문에 대한 물리학적 담론을 소개하기 위해서 이 책을 썼다고 이야기하고 있다.

"이 책은 복잡한 사회 현상의 이면에 감춰진 흥미로운 과학 이야기들을 독자들과 나누기 위해 쓰였다. 나는 독자들이 이 책을 읽고 경제, 사회, 문화, 음악, 미술, 교통, 역사 등 다양한 분야에서 전혀 상관없어 보이는 사회 현상들이 서로 밀접하게 연관돼 있으며, 카오스와 프랙털, 지프의 법칙, 1/f 등 몇 개의 개념만으로 그 모든 현상들이 그럴듯하게 설명된다는 사실에 깜짝 놀라길 바란다. 그리고 그것이 우리 삶에 어떤 물음을 던지는지 함께 토론하고 고민하길 원한다."

정재승은 다른 대부분의 물리학자들과 마찬가지로 우리가 살고 있는 이 사회를 전형적인 '카오스 시스템'으로 생각하고 그의 전공인 복잡계 물리학의 창을 통해서 세상을 바라보는 방식을 우리들에게 알려준다. 카오스 시스템이란 복잡하고 무작위적으로 보이지만 사실은 몇 개의 간단한 비선형 방정식으로 기술될 수 있는 시스템을 말하는데 초기 조건에 너무 민감하기 때문에 정확한 예측이 불가능하다. 그는 아직은 부족하지만 사회적인 현상 역시 카오스적인 자연의 법칙으로부터 자유로울 수 없기 때문에 과학적인 접근이 우리가 사회를 이해하는 데 큰 도움을 줄 수 있다는 희망을 갖고 있는 듯하다.

정재승은 『정재승의 과학 콘서트』를 통해서 이런 자신의 바람을 어느 정도 이룩한 것 같다. 그가 지휘한 '복잡한 세상에 대한 과학자들의 길고 긴 연주'는 끝났지만 그의 바람대로 '콘서트가 끝난 후에도 그들의 연주를 흥얼거리는' 사람들이 넘쳐났다. 그렇게 10년이 흘렀다. 이 책이 교사들이 추천하는 권장 도서 목록에 오르고 MBC에서 방송된 책 관련 프로그램에서 이 책을 선정하는 바람에 판매에 날개를 달았던 것은 사실이지만 책 자체가 갖고 있는 매력과 생명력이 없었다면 10년의 세월을 버텨내지는 못했을 것이다.

『정재승의 과학 콘서트』가 10년의 세월을 버텨내고 스테디셀러로 자리 잡을 수 있었던 바탕에는 평범하지만 중요한 핵심 요소가 숨어 있다. 탄탄한 콘텐츠와 독특하고 재미있는 스토리텔링이 바로 그것이다.

"그들은 폴록의 제스처에 주목했지만, 그의 그림에서 들리는 '자연의 리듬'에는 그다지 주목하지 않았던 것 같다"면서 당시로서는 최신의 과학적 정보를 중심으로 물리학자들의 세상 보기의 새로움에 대해서 이야기를 늘어놓았다. 물리학자들의 새로운 시도를 달갑지 않게 생각하는 행태에 대해서도 적절한 비판을 가하면서 물리학이 어떻게 세상을 보는 눈을 풍성하게 할 수 있는지를 역설하기도 했다.

> "복잡계 경제학은 끊임없이 변화하는 경제 현상의 패턴을 이해하고 설명하는 학문이다. 주류 경제학자들이 복잡계 경제학을 쉽게 받아들이지 못하는 가장 큰 이유는 작은 변화에도 민감하고 격변과 혼란으로 가득 차 있는, 그래서 아무것도 정확히 예측할 수 없는 '경제학'을 인정하지 않으려 하기 때문이다. 이 세계가 끊임없이 변화하며 무수히 많은 패턴으로 자체 조직화하면서 진화한다면, 그래서 우리가 아무것도 예측할 수 없다면, 우리가 하는 일을 어떻게 감히 '과학'이라 부를 수 있느냐고 경제학자들은 되묻는다.

그렇다면 다윈이 100만 년 후에 인간이 어떻게 진화할지 예측하지 못했다고 해서 그의 학문이 과학이 아니란 말인가? 천문학자들이 별의 생성을 예측하지 못한다고 해서 그들의 연구가 비과학적이란 말인가? 그렇지 않다. 우리가 무언가 예측할 수 있다면 참으로 좋은 일이다. 그러나 과학의 본질은 자연의 근본적인 원리를 드러나게 해주는 '설명'에 있다. 물리학자들은 주류 경제학을 부정하고 뒤엎으려 하지만, 그들의 연구는 우리에게 더욱 풍성한 경제학을 선사할 것이다."

이 책이 『네이처』의 요약판이라는 세간의 비판은 좀 과장된 면이 있다. 그가 『네이처』뿐만 아니라 여러 서적과 논문, 그리고 인터넷 매체로부터 다양한 자료를 취하면서 탄탄한 콘텐츠를 마음껏 활용하는 글쓰기를 선보인 것은 분명한 사실이다. 이전의 글쓰기와는 달리 그 출처를 명확하게 밝힌 것도 크게 살 만한 일이었다.

하지만 정작 주목할 점은 그가 흩어져 있는 다양한 콘텐츠를 모두 삼켜서 소화시킨 뒤 치밀한 네트워킹 과정을 거친 후 자신의 목소리를 통해서 전혀 새로운 이야기를 다시 토해냈다는 데 있다. 그러기에 『정재승의 과학 콘서트』에 나오는 에피소드 하나하나와 그에 대한 복잡계 물리학적 해석이 진정성과 설렘으로 다가올 수 있었을 것이다. 정재승 식 과학 글쓰기의 탄생이라고 할 수 있다.

이 책이 단순한 과학 지식만을 전달하는 계몽주의적인 책이 아니냐는 우려도 기우인 것 같다. 정재승은 이 점에 대해서도 명확하게 적고 있다.

"과학의 탈을 쓰고 우리 앞에 찾아온 이야기는 그럴듯해 보여서 쉽게 우리 근처에 머문다. 우리에게 필요한 것은 과학 지식이 아니라 논리적이고 합리적으로 생각할 수 있는 능력이 아닐까 한다."

이처럼 더 나아가서 사회 현상의 물리학적 해석에 대한 자신의 견해를 분명하게 밝혀놓고 있다. 이미 인문학적인 성찰이 녹아 있는 것이다. 과학의 창을 통해서 세상을 보고 그 세상의 바탕이 되는 과학이 어떻게 우리들의 삶과 밀접하게 얽혀 있는지를 담담하게 고백하고 있는 것이다.

"머피의 법칙은 세상이 우리에게 얼마나 가혹한가를 말해주는 법칙이 아니라, 우리가 그동안 세상에 얼마나 많은 것을 무리하게 요구했는가를 지적하는 법칙이었던 것이다."

"이 세상은 명확한 법칙으로 예측할 수 없는 사건들로 가득하며, 따라서 우연적인 사건을 기술하는 확률과 통계에 익숙하지 않으면 안 된다. 그렇지 않으면 확률적으로 충분히 일어날 수 있는 사건이 재수나 인연이라는 이름으로 둔갑하거나, 확률에 관한 오해가 살인자를 세상으로 내보내는 어리석음을 범할 수도 있기 때문이다."

"파레토의 법칙은 경제적 불평등이 거부할 수 없는 자연의 법칙이자 인간의 숙명인 양 주장하는 것 같아 씁쓸하다. 시스템의 동역학적 특성을 연구하는 물리학자들은 '파레토의 법칙'이 경제적 불평등을 정당화하는 논리가 아니라 시스템을 재정립하도록 경각심을 불러일으키는 사이렌 역할을 했다고 믿는다. 이제 그들이 해야 할 일은 파레토의 법칙이 성립하게 된 원인을 규명하고, 어떻게 시스템을 변화시켜야 경제적으로 평등하고 정의로운 분배가 이루어질 수 있을지 연구하는 일이다. 인간의 법칙은 변할 수 있는 법칙이기 때문이다."

지난 10년 동안 대중들의 사랑을 받으며 버텨온 『정재승의 과학 콘서트』의 비결은 위에서 이야기했던 평범한 요소들이 카오스적으로 네트워킹되면서 증폭하고 마침 대중들이 정재승의 글쓰기에 공감한 것에 있지 않았나 하는 생각이 든다. 내가 사회를 보았던 정재승과 소설가 김탁환의 좌담회에서 김탁환이 한 말이 생각난다. "과학자 정재승의 합리적인 사고의 논리 속에는 작은 떨림이 있다." 이 책의 명쾌하고 합리적인 이야기 속에 숨은 그 작은 떨림에 우리 모두가 설레게 되었던 것 같다.

개정 증보판이라는 말이 무색하게 내용에는 큰 변화가 없는 것을 보고 좀 불만이었다. 그런데 책을 정독하고 나서는 생각이 바뀌었다. 『정재승의 과학 콘서트』는 그 자체로 여전히 세련된 아름다운 소품이라는 생각이 들었다. 2000년을 전후한 시절의 이야기를 잘 담아놓은 흩어버리기 아까운 바구니 같다고나 할까. 이 책을 읽는 동안 대중적인 성공 때문에 오히려 그 완성된 아름다움의 가치가 숨겨져 있던 예쁜 소품을 만나는 기쁨을 누렸다.

그래서일까. 정재승도 최신의 과학적 성과를 보완하거나 내용을 대폭 개정하는 대신 45쪽에 이르는 '10년 늦은 커튼콜: 세상의 모든 경계엔

꽃이 핀다'를 들고 나왔다. 지난 10년 동안 복잡계 물리학이 '복잡계 네트워크 과학'으로 확대되면서 벌어진 여러 이야기를 후일담처럼 소개하고 있다.

'10년 늦은 커튼콜'에서는 지난 10년 동안의 복잡계 네트워크 과학의 눈부신 성과에 대해서 이야기하고 있다. 정재승 자신의 흥미로운 복권 실험 에피소드도 재치 있게 기록되어 있다. "입자들로 가득 찬 물리학자들의 머릿속에 비로소 '인간들'이 들어와야 하는 것이다" 하면서 물리학자들의 반성을 촉구하기도 했다. '과학에 대한 확신'을 경계하면서 '과학에 대한 믿음의 종말'에 대한 성찰도 담고 있다. 하지만 역시 커튼콜은 커튼콜인 것 같다. 10년 전에 썼던 본문의 감흥을 재현하지는 못하고 있는 듯하다.

작은 발끈함에 대한 설명 때문에 글이 다소 길어지고 이 글이 그 발끈함에 대한 자위나 투덜거림이 된 측면도 부인할 수 없는 사실이다. 하지만 내겐 더 큰 소득이 있었다. 『정재승의 과학 콘서트』 10주년 개정 증보판의 의미를 진정으로 깨닫게 된 것이다.

사실 10주년이라는 숫자 자체가 무슨 큰 의미가 있겠는가. 오히려 숨겨져 있던 완성된 소품으로서의 『정재승의 과학 콘서트』를 10주년 개정 증보판의 출간을 계기로 재발견한 것이야말로 내겐 크나큰 행운인 것이다. 이 책을 그 자체로서 즐길 수 있는 여유가 생겼고 발끈함도 없어졌다.

정재승의 말을 빌려서 『정재승의 과학 콘서트』의 열 살 생일을 축하하고 앞으로의 10년을 기대해본다. 지금은 이것이 최선인 것 같다.

"과학 콘서트, 척박한 우리 과학 지성계에서 지난 10년을 잘 버텨와 주어 고맙다. 더 깊이 있는 과학, 더 성숙한 통찰력으로 2021년의 너를 기다리마. 생일 축하한다."

그리고,

"앞으로 10년 동안 세상에 등장할 과학자들은 끊임없이 알고 있는 것들을 융합하고, 여러 분야를 넘나들며, 우리에게 인간 사회에 대한 유쾌한 통찰력을 제공해주리라 믿는다."

영화도 보고
과학도 읽고

김상욱, 『영화는 좋은데 과학은 싫다고?』
정재승, 『물리학자는 영화에서 과학을 본다』

욕심이 과하면 그 일이 실현되지도 않을뿐더러 그 일을 시작하면서 원래 갖고 있던 알차고 소중한 소망조차 이루지 못하게 되는 경우가 많은 것 같다.

정재승의 『뇌과학자는 영화에서 인간을 본다』(어크로스 펴냄)가 출간된다는 소식을 듣고 새로운 글을 보충해서 다시 나온 『물리학자는 영화에서 과학을 본다』(정재승 지음, 어크로스 펴냄)와 함께 엮어서 서평을 써보면 어떨까 하는 생각을 했었다. 속내는 이 기회에 정재승의 책을 읽어보자는 것이었다. 전에 나왔던 『물리학자는 영화에서 과학을 본다』(정재승 지음, 동아시아 펴냄)도 읽어볼 기회가 없었기 때문이었다.

그런데 욕심이 생기기 시작했다. 책꽂이 한쪽에 묻혀 있던 『영화는 좋은데 과학은 싫다고?』(김상욱 지음, 한승 펴냄)도 같이 읽고 물리학자가 쓴 '영화 속 과학 이야기' 책에 대한 서평을 쓰면 좋을 것 같다는 생각이 들었다. 평소 자주 만나고 지내는 이들 물리학자들은 영화를 도대체 어떻게 보고 있을까 궁금해지기도 했다.

두 사람은 같은 영화를 또 어떤 다른 시각으로 보고 있을까. 이렇게 없던 궁금증도 호기심도 막 피어오르기 시작했다.

그러고 보니 내 책꽂이에는 읽지 않은 '영화 속 과학 이야기' 책들이 몇 권 더 있었다. 이 책들을 다 읽고 그야말로 '영화 대 과학' 또는 '영화 속 과학' 같은 주제로 긴 서평을 한번 써보는 것도 좋을 것 같다는 생각이 들었다. 마치 진짜로 그렇게 할 수 있을 것 같은 느낌이 들었다. 그런 마음에 붙잡혀서 포로가 되자 이성을 잃고 말았다. 그렇다면 시중에 나와 있는 모든 '영화 속 과학' 책들을 읽자는 과한 욕심이 비온 다음날 아침의 죽순처럼 마구 솟아올랐다.

『영화는 좋은데 과학은 싫다고?』를 먼저 꺼내들었다. 쉽게 잘 읽혔다. 신문에 연재했던 글들을 모은 것이라 글 한 편 한 편의 분량이 좀 짧은 것이 아쉬웠다. 하지만 그 제한된 지면 속에 영화를 좋아하는 팬으로서의 감상과 물리학자의 눈으로 본 영화 속 과학 이야기를 절제된 문장으로 균형감 있게 넣어 놓은 솜씨가 돋보였다. 깔끔한 서울깍쟁이 아가씨 같은 『영화는 좋은데 과학은 싫다고?』는, 질펀한 넋두리도 있는 김상욱의 더 긴 영화 속 과학 이야기를 읽고 싶다는 욕망이 생기게 하는 책이다.

'영화 속 과학' 책 읽기 대장정의 두 번째 시도로 『뇌과학자는 영화에서 인간을 본다』를 읽기 시작했다. 금세 다 읽었다. 내친 김에 『물리학자는 영화에서 과학을 본다』도 조조할인 동시상영 에로영화를 보듯이 순식간에 읽어 내려갔다. 정재승의 글의 매력은 역시 풍부하고 적절한 인용에 있는 것 같다. '과연 그게 그럴까' 하는 일말의 의심이 생기기 시작할 바로 그 순간, 그는 해당 분야의 최신 연구 결과를 떡 하고 제시하곤 했다. 충분히 긴 글 속에 충분히 많은 영화 속 과학 이야기를 담아내고 있었다.

여기까진 좋았다. 책을 읽어가는 대장정의 발걸음도 가볍고 힘찼다.

다음 책을 읽기 위해서 내가 갖고 있던 '영화 속 과학' 책들을 뒤적이기 시작했다. 그런데 고민이 생겼다. 서너 권의 책들이 모두 마음에 잘 와 닿지 않는 것이었다. 한두 쪽 읽다가 다른 책으로 옮겨가고 다시 원래의 책으로 옮겨오기를 반복하고 있는 자신을 발견했다. 심지어는 혹시 또 다른 책들이 있는지 인터넷 서점을 뒤지는 행동을 하고 있었다.

서평을 쓰는 가장 기본적인 자세는 지은이에 대한 예의를 갖추는 것이라고 생각한다. 그 책에 대한 나 자신의 호불호를 떠나서 충분한 시간을 투자해서 정독한 후 쓰는 것이 내가 할 수 있는 지은이에 대한 최소한의 예의라고 생각해왔다. 다시 말하면 좋든 싫든 서평을 쓰려면 그 책을 정독하고 완독해야 한다는 것이다. 때로는 이 작업이 무척 고통스럽다. 특히 마음에 잘 맞지 않는 책을 대할 때는 더더욱 그렇다. 일단 정성을 들여 읽어야 하는데 그 자체가 쉽지가 않은 것이다. 당연히 고통이 따랐다.

지난 추석 연휴 전에 김상욱과 정재승의 책들에 대한 서평을 올릴 계획이었다. 하지만 나의 무모한 대장정 욕심 때문에 다른 책들을 뒤적거리느라 여러 날을 소비했고 결국 두 사람의 책에 대한 서평을 쓰겠다던 소박한 소망마저 이루지 못하는 일이 벌어졌다. 그 서평은 이렇게 끝을 맺을 예정이었다. '이번 추석 연휴 동안 이 책들과 함께 영화를 보는 사치를 누려보면 어떨까.'

시간이 많이 흘렀고 대장정의 꿈은 그저 아스라한 추억이 되어버렸다. 다른 '영화 속 과학' 책들을 다시 책꽂이에 꽂았다. 주문하려고 장바구니에 담아두었던 또 다른 '영화 속 과학' 책들도 모두 장바구니에서 비워버렸다. 이와 함께 내 마음 속 고통도 없어졌다. 작은 소망이나마 이루자는 현실주의자로 돌아왔다.

같은 학교 같은 연구실 선후배 사이이기도 한 영화를 사랑하는 두 물리학자는 왜 영화 속에서 과학을 찾아 나섰을까.

> "박사학위 논문을 쓰느라 머리가 깨질 듯이 아프면 슬며시 기숙사 방으로 돌아와 영화를 보며 틈틈이 이 책을 쓰면서 삶의 위안을 얻었다. 그때는 책을 낸다는 기쁨만으로 글 쓰는 고통을 이겨내며 책을 썼다. 박사 논문이 학계에 던지는 실험 보고서라면, 이 책은 세상에 던지는 상상 보고서였다." 『물리학자는 영화에서 과학을 본다』

> "때로 과학자들은 세상과 유리되어 살아가는 존재로 여겨진다. 그들만의 방식으로 생각하고 자기들끼리 공유하는 문화가 있다. 한마디로 모든 것을 과학적으로 생각하는 것이 얼마나 쉽고 재미있는 일인지 보여주고 싶다." 『영화는 좋은데 과학은 싫다고?』

물론 그들이 기본적으로 영화의 광팬이기도 했겠지만 '영화 속 인물에 공감하기도 하고, 때론 적대감을 표출하기도 하지만, 무엇보다 우리가 얻게 되는 건 연민과 동정의 눈물이다.'(『물리학자는 영화에서 과학을 본다』)라고 고백한 것처럼 이 책들은 그들 자신의 소중한 경험을 토로해내는 자기 고백이기도 하다. 그들이 여기서 한 걸음 더 나아가서 그런 소중한 경험을 물리학자의 눈을 빌려서 '가장 저렴하면서도 쉽게 접할 수 있는 대중적인 문화 코드'인 영화 속 과학 이야기로 풀어낸 것은 자연스러운 시대적 흐름이었던 것 같다.

지은이들이 원하는 또는 제시하는 이 책들의 관전 포인트는 이렇다.

> "과학을 즐기려면 우선 과학을 알아야 한다. 이 책이 과학 지식을 습득하는 데에는 큰 도움이 되지 못하리라 생각한다. 하지만 시작이 반이라고, 알고 싶다는 동기만 부여된다면 그다음은 독자 스스로 공부하지 않을까 하는 소박한 희망을 품어 본다." 『영화는 좋은데 과학은 싫다고?』

> "영화를 보는 순간에도 과학의 시선을 버리지 않는 것, 과학의 눈으로 미래를 떠올려보고 내가 알고 있는 과학적 지식과 합리적 추론으로 감독의 상상력과 뜨겁게 만나는, 바로 그 경험이 중요하다." 『물리학자는 영화에서 과학을 본다』

영화 이야기를 하지만 그들은 어쩔 수 없는 과학자들이다. 영화를 보면서도 과학 생각을 하고 독자들도 그러기를 바라고 있다. 물론 지은이들의 의도를 곧이곧대로 따를 필요는 전혀 없다. 그냥 영화도 즐기고 이 책들도 즐겁게 읽으면 그만이다. 하지만 과학의 창을 통해서 본 영화는 그 너머의 경이로운 세상을 보여주고 있다. 두 해설자가 '과학의 창'이라는 안경을 쓰고 영화를 입체적으로 보라고 유혹하고 있다. 선택은 각자의 몫이다. 감독의 과학적 의도와 과학자들의 판정 및 해설을 즐겨보는 것도 또 다른 관전 포인트가 될 수 있을 것이다.

『영화는 좋은데 과학은 싫다고?』와 『물리학자는 영화에서 과학을 본다』 그리고 『뇌과학자는 영화에서 인간을 본다』에는 여러 분야를 가로지르는 숱한 과학 이야기와 더불어 당연히 많은 영화들이 소개되고 있다. 두 물리학자의 시선 차이 때문인지 이들 책이 쓰인 시간의 간극 때문인지 두 지은이가 함께 다루고 있는 영화는 의외로 많지 않았다. 〈아웃브레이크〉〈살인의 추억〉〈메멘토〉〈콘택트〉 그리고 〈스타워즈〉 정도였다.

> "과연 우주에 인간 이외의 지적인 생명체가 존재할까? 이런 질문을 가장 진지하게 하는 사람들이 바로 SETI 계획에 참여하고 있는 과학자들이다. 영화 〈콘택트〉는 SETI 계획의 홍보 영화라 할 만하다. 외계의 지적 생명체에 대한 논의는 단순히 과학의 문제뿐 아니라 윤리, 종교, 철학의 여러 문제를 제기한다. 지금 보아도 손색이 없는 특수 효과와 긴장감 넘치는 줄거리로 인상 깊지만, 필자가 아는 가장 진지한 공상 과학 영화가 아닐까 생각한다."
> 『영화는 좋은데 과학은 싫다고?』

> "영화 〈콘택트〉는 찰리 채플린의 〈모던 타임스〉와 함께 '내가 가장 아끼는 SF 영화' 중 하나다. 내가 〈콘택트〉를 좋아하는 이유는 '인간과 우주에 대한 경이로움'이 담겨 있기 때문이다. SF 영화가 우리에게 줄 수 있는 가장 큰 감동이란 무엇인가. 그것은 우리 인간은 작고 보잘것없는 존재지만 우리를 둘러싼 이 우주와 자연은 만물을 탄생시키고 생명을 잉태할 만큼 위대하며, 그

것을 깨달으며 그 속에 살고 있는 인간 또한 더불어 '위대한 존재'라는 사실을 일깨워주는 데 있다." 『물리학자는 영화에서 과학을 본다』

내가 제일 좋아하는 SF 영화도 〈콘택트〉다. 위의 두 글에서도 단적으로 나타나듯이 지은이들이 이 책들을 통해서 이야기하고 있는 것은 단순히 영화도 과학도 아니고 바로 우리들의 삶이라고 할 수 있겠다. 내가 권하는 또 하나의 관전 포인트는 두 물리학자가 같은 영화를 어떻게 봤고 또 어떤 다른 (또는 같은) 이야기를 써놓았는지를 비교하면서 보는 것이다. 참, 요즘에는 '공상 과학 영화'라는 용어는 쓰지 않는다. SF 작가들 앞에서 이 용어를 썼다가는 다른 많은 선의에도 불구하고 진의를 의심 받을 수 있다. 그들이 주로 사용하는 SF 영화, SF 소설, 과학 소설, 이런 용어를 같이 사용하는 것이 예의일 것 같다.

"진심으로 바라건대, 이 책을 읽다가 도저히 못 참고 책에 소개된 영화를 뒤적여 보거나, 봤던 영화를 한 번 더 찾아보는 독자들이 생겼으면 한다." 『뇌과학자는 영화에서 인간을 본다』

그동안 여러 다른 기회에 다른 목적으로 〈콘택트〉를 봤었다. 그런데 오랜만에 또다시 〈콘택트〉가 보고 싶어졌다. 그리고 또 〈톰과 제리〉에 꽂혔다. 정재승의 바람대로 영화가 보고 싶어졌지만, 보고 싶은 영화는 (만국의 과학자들의 마음을 사로잡은 〈콘택트〉는 빼고) 김상욱이 선보였던 〈웰컴 투 동막골〉이었다. 두 물리학자, 1승 1패로 무승부. 흩날리듯 날아가는 팝콘

이 보고 싶다. 치아 교정 전의 강혜정의 앳된 모습을 다시 보고 싶다.

오늘 '불금'은 〈콘택트〉와 〈웰컴 투 동막골〉과 함께 불살라야겠다. 여러분들의 선택은?

과학의 시작과 끝은 질문

『인간과 우주에 대해 아주 조금밖에 모르는 것들』

과학 잡지 『사이언스』 2005년 7월 1일자에 '125 Questions: What don't we know?'라는 제목의 기사가 실렸다. 『사이언스』 125주년을 맞아서 과학의 최전선에서 이슈가 되고 있는 125가지 질문들을 모아놓고 간략한 설명과 전망을 붙여놓은 것이었다. 어떤 질문들은 예나 지금이나 앞으로도 누구나 흔히 던질 수 있는 정말 궁극적인 질문들이었다. 또 다른 질문들은 그 답이 알 듯 말 듯 우리 눈앞에 와 있는 것들이었다. 아주 엄격한 수학적인 질문들도 있었다.

몇 가지 질문들을 옮겨 적어보면 이렇다.

- 생체 시계는 어찌 이렇게 정확할까?
- 어떻게 기억을 저장하고 불러내는가?
- 의식의 생물학적 토대는 무엇인가?
- 잠자고 꿈꾸는 이유는 무엇인가?
- 유전자 조절로 건강을 관리할 수 있을까?

- 줄기세포로 모든 암을 치료할 수 있을까?
- 도덕성은 뇌에 각인되어 있을까?
- 성격은 유전자와 얼마나 연관이 있을까?
- 서로 돕는 행동은 어떻게 진화되어 왔을까?
- 통일 이론은 가능할까?
- 우리 우주는 유일한가?
- 광활한 우주는 무엇으로 채워져 있나?
- 복잡계를 설명하는 일반 이론을 발견할 수 있을까?

질문을 더 적어보면 이렇다.

- 우주의 생물체는 우리만일까?
- 이 지구에서 생명체는 언제, 어떻게 생겨났을까?
- 블랙홀의 본질은 무엇인가?
- 행성들은 어떻게 형성되는가?
- 태양계에서 지구 말고 다른 곳에 생명이 존재하는가, 혹은 존재했을까?

또 다른 몇 가지 질문을 더 적어보자.

- 정치적 자유와 경제적 자유는 밀접하게 연관되어 있는가?
- 정부의 엄청난 적자는 국가의 금리와 경제성장률에 어떤 영향을 끼치는가?
- 민족이란 무엇이고, 어떻게 발전되었는가?

- 언어와 음악의 진화론적 뿌리는 무엇인가?
- 무엇이 현대 인간의 행동을 낳았는가?
- 어떤 나라들은 발전하고, 또 다른 나라들은 침체하는 이유는 무엇인가?

『사이언스』가 제시한 125가지 과학적 질문들 중 일부 질문에 대해서 강봉균, 이정모, 이현숙, 정재승, 최기운이 글을 쓰고 김용석, 강신주, 정재승이 대담을 한 것을 묶은 『인간과 우주에 대해 아주 조금밖에 모르는 것들』(낮은산 펴냄)이 출판되었다.

"이 질문들을 보면서 묘한 호기심이 다시 발동했다. 과연 대한민국 최고의 석학들은 이 질문에 대해 어떤 답을 가지고 있을까? 그들에게 이런 질문들은 과연 어떤 의미일까? 이런 엉뚱한 호기심에서 시작되어 이 책은 세상에 나오게 됐다."

이 책을 기획한 정재승이 '책을 내며'에 써놓은 것처럼 이 책은 기본적으로 질문에 대한 책이다. 『사이언스』가 제시한 125가지 과학 질문들로부터 이 책의 기획이 시작되었고, 기획자는 국내 과학자들은 이런 질문에 어떤 답을 갖고 있을까 궁금했었고, 국내 학자들에게 이 질문에 답할 수 있는지 질문을 던졌다. 이 책은 이런 일련의 질문의 결과라고 할 수 있다.

몇 년 전 서울 삼청동의 작은 카페에서 있었던 모임에 간 적이 있었다. 출판사의 편집자, 이 책에는 참여하지 않은 철학자, 정재승 그리고 내가 참가한 일종의 『인간과 우주에 대해 아주 조금밖에 모르는 것들』에 대한 기획회의였다. 과학과 철학을 넘나드는 유쾌한 토론이 이어졌던 즐거운 기억이 떠오른다. 내가 만약 이 책의 필진으로 참여했다면 위에 나열한 질문들 중 두 번째 질문 리스트에 대해 답을 하는 글을 썼을 것이다. 그 모임 후 이런저런 사정으로 글을 쓰지 못하고 있다가 갑작스럽게 병으로 쓰러지는 바람에 이 책과의 인연은 안타깝게도 멀어져 버렸다. 마음속에 늘 미안함이 남아 있었다. 『인간과 우주에 대해 아주 조금밖에 모르는 것들』을 보면서 큰 짐에서 벗어난 것 같아서 무척 기뻤다.

『인간과 우주에 대해 아주 조금밖에 모르는 것들』을 읽는 법 한 가지를 제안하려고 한다. 물론 책 읽기는 지극히 개인적인 작업이고 그 방법도 취향의 문제이니 자기 마음대로 읽으면 그만이다. 내가 이 책을 받아들고 처음 했던 일은 표지를 보는 평범한 일이었다. 그다음 동작은 2~3초 동안 왼손으로 책을 받치고 오른손 엄지손가락으로 책을 휙 넘기는 것이었다. 그러고는 보통 목차를 보는데, 이번에는 책 끄트머리에 있는 '우리가 조금밖에 모르는 125가지 과학 난제'라는 제목이 붙은 일종의 부록이 눈에 먼저 들어왔다.

이렇게 125가지 질문들을 찬찬히 살펴보면서 이런저런 궁리를 하는 것으로 이 책 읽기를 시작했다. 그런 후 목차로 옮겨갔고 그런 다음에야 서문 격인 '책을 내며'를 읽었다. 그러고는 다시 책을 덮었다. 질문에 대한 답을 그냥 듣기보다는 혼자서 좀 생각을 해보고 싶었기 때문이었다. 물론 나의 지적 능력과 지식의 한계로 명확한 답을 얻을 수는 없었다. 하지만 어렴풋한 답에 바로 따라붙는 질문을 만난 것은 큰 즐거움이었고 수확이었다.

비로소 본문을 읽게 된 것은 책을 덮은 지 일주일이 지났을 무렵이었다. 이 책은 누가 뭐라고 해도 '질문'이 화두인 책이니, 책 뒤쪽에 모아둔 125가지 질문부터 읽는 것은 나쁘지 않은 접근법인 것 같다.

『인간과 우주에 대해 아주 조금밖에 모르는 것들』은 훌륭한 책이다. 글 첫머리에 적어놓은 첫 번째 질문 묶음이 이 책에서 선택하고 답을 하려고 한 질문들이다. '생체 시계는 어찌 이렇게 정확할까?'라는 질문에 대한 정재승의 글을 보면 이 질문에 대한 현대 과학의 모범답안이 잘 정리되어 있다. 그런데 글 끝머리에 다시 질문이 등장한다.

> "진화적 차원에서 보자면, 인간을 포함해 동물들은 왜 일주기 리듬을 갖게 됐을까? 그것이 생존에 더 도움이 됐기 때문일까? 아침형 인간과 저녁형 인간으로 나뉘는 이유는 무엇일까? 무엇이 그것을 결정할까? 그것은 타고난 것일까, 습관과 노력으로 변형 가능한 것일까? 좀 더 거시적으로 보자면, 시계라는 개념은 인간이 편의상 만든 개념이 아니라, 자연이 만든 발명품일까? 시간이란 실제로 존재하는 물리량일까, 그저 운동만이 이 우주에 존재할 뿐이며 시간이란 물체의 운동을 관통하는 가상의 개념일 뿐일까? 신경세포 간의 동기화 현상은 시교차 상핵이라는 생체 시계를 둘러싼 이 모든 질문에 근사한 해답을 얻는 데 우리에게 중요한 실마리를 제공할 것이다."

사실 질문을 던질 수 있다는 것 자체가 이미 답을 어느 정도 알고 있다는 것이 아닐까. 그 답의 문제점도 알고 있다는 것이 아닐까. 그래서 과학에서는 하나의 답을 알면 열 개의 새로운 질문이 생겨나기 마련이다. 그러니 과학의 시작과 끝은 곧 질문이라고 할 수도 있겠다. 그래서 이 책의 제목도 『인간과 우주에 대해 아주 조금밖에 모르는 것들』일 것이다.

'어떻게 기억을 저장하고 불러내는가?'에 대한 설명 글에서 강봉균도 역시 질문으로 글을 마무리하고 있다.

> "최근 서술기억 저장에 중요한 일을 하는 해마에서 새로운 뉴런들이 만들어진다는 놀라운 발견이 이루어졌다. 왜 하필 해마에서 뉴런들이 만들어질까? 혹시 새로 만들어진 뉴런들이 새로운 기억 저장에 관여하는 것은 아닐까? 물론 앞으로 풀어야 할 숙제는 많지만, 해마와 뉴런 생성이 기억의 비밀을 풀 열쇠일지도 모른다."

'우리 우주는 유일한가?'에 대한 최기운의 글도 마찬가지다.

> "그러나 우주 상수 문제의 해답이 어떤 근본 원리로부터 나올 가능성을 아직 완전히 배제할 수는 없다. 따라서 유일한 우주의 가능성도 아직 남아 있는 것이다. 아마도 우주의 유일성에 관한 논쟁은 인류가 존재하는 마지막 시간까지 살아 있을 것이다."

『인간과 우주에 대해 아주 조금밖에 모르는 것들』은 훌륭한 책이다. 질문에 주목했다는 것 자체가 탁월한 선택이라고 할 수 있겠다. 이들 질문에 대해서 국내 과학자들의 목소리로 답을 들려주려고 한 점은 높이 평가할 만하다. 당연히 가독성이 뛰어난 책이다. 지금 과학계에서는 어떤 일이 벌어지고 있는지 우리말로 생생하게 중계방송을 하고 있는 것 같은 느낌을 받았다. 그 모범답안이 낳은 질문을 또다시 던져주는 친절하고 훌륭한 책이다. 현재를 인식하고 가까운 미래를 예측할 수 있는 현안을 갖게 해주는 책이다.

하지만 『인간과 우주에 대해 아주 조금밖에 모르는 것들』은 모범답안에도 또 다른 질문이 생기듯이 아쉬움도 남는 책이다. 더 많은 질문에 대한 답을 담지 못한 것에 대한 아쉬움은 '다들 질문이 너무 도전적이어서 답하기 곤란하다며 정중히 거절하셨다'는 기획자의 말을 받아들이면서 넘어가기로 하자.

'복잡계를 설명하는 일반 이론을 발견할 수 있을까?'에 대한 설명 글에 정재승이 다른 곳에 썼던 글을 보완해서 다시 실은 것은 무척 아쉽다. "『과학콘서트』에 실었던 글이 마침 이 난제에 대해 잘 얘기하고 있어, 그 글을 수정 보완하였습니다"라고 글 끝머리에 친절하게 밝히고 있지만 정재승의 재기발랄한 새로운 글을 보고 싶어 하는 독자로서 아쉬운 마음까지 감출 수는 없다.

'위험한 좌담'이라고 스스로 칭한 철학자 김용석, 강신주와 과학자 정재승의 대담은 좀 싱거웠다. 대담의 내용 자체만을 놓고 보자면 나름대로 경쾌하고 발랄했다고 생각한다. 그 내용도 모범답안 같은 이야기들로 꽉 찬 알찬 내용들이었다. 하지만 『인간과 우주에 대해 아주 조금밖에 모르는 것들』은 질문에 대한 답을 하고 또 새로운 질문을 던지는 책이 아니었던가. 대중들에게 가장 접근한 철학자 두 명과 대중들에게 가장 친근한 과학자 한 명이 펼쳐놓은 대담치고는 너무 약했다는 생각을 떨칠 수 없었다. 예쁜 소품이랄까. 전혀 위험하지 않고 너무 안전했다.

이 정도 라인업이면 뭘 못 하겠는가? 훨씬 더 도전적이고 디테일한 대담일 수 있었다는 아쉬움이 남는다. 예를 들면, 글 첫머리에 적어놓은 세 번째 질문 목록에 대한 각론으로서의 대담 정도는 있어야 하는 것이 아닌가? 아니면 적어도 이 책에 실린 글 각각에 대한 철학적 담론이 넘쳐나기라도 해야 하는 것이 아닌가? 스페인 축구 대표팀의 맥 빠진 시범 경기 같다는 느낌을 지울 수가 없다. 이 정도 호화 라인업에 늘 듣던 거대 담론이 아닌 디테일하고 화려한 개인기를 기대하는 것이 과한 욕심인가?

『인간과 우주에 대해 아주 조금밖에 모르는 것들』은 읽기 편하고 질문을 마구 던지고 싶은 욕망이 들도록 하는 훌륭한 책이다. 하지만 더 위험했으면 하는 아쉬움도 남는 책이다. 다른 질문들에 대한 답과 또 다른 질문을 담은 (그리고 더 위험한 대담을 담은) 속편은 언제 나오나요?

일기예보는 늘 틀린다

류상범, 『날씨는 우리 생활에 어떤 영향을 미쳤는가』

날씨가 미쳤다. 유난히 더위를 많이 타고 땀을 많이 흘리는 나는 요즈음 정말 죽을 맛이다. 날씨가 추우면 옷을 더 껴입으면 되지만 더우면 더 벗을 옷도 없고 대책이 없다. 하루하루를 시름시름 지내는데 이강백의 「내가 날씨에 따라 변할 사람 같소?」(『이강백 희곡전집 2』, 이강백 지음, 평민사 펴냄)가 떠올랐다. 희곡으로도 읽었고 중학교 3학년 때 지금은 없어진 덕수궁 돌담길 옆 쎄실극장에서 연극으로 처음 만났다. 고3 때 역시 지금은 없어진 운현궁 옆 실험극장에서 다시 봤었다. 다시 또 보고 싶은데 기회가 없었다.

「내가 날씨에 따라 변할 사람 같소?」의 배경은 장마철이었던 것 같다. 몇 주일째 계속 비가 내리고 있는 설정이었다. 연극 내내 빗속에서 지냈으면서도 모든 사람들이 비가 내리는 거리로 손에 손을 잡고 뛰쳐나가는 마지막 장면은 늘 가슴 뭉클하게 남아 있었다. 이 가뭄에 제발 좀 비가 왔으면 좋겠다. 비가 오면 홀라당 옷을 벗어던지고 뛰쳐나가고 싶은 심정이다. 손에 손잡고.

책 한 권이 도착했다. 『날씨는 미쳤는가』라는 제목이 눈에 들어왔다. 역시 날씨가 미치니까 책 제목도 미친 걸 강조하는구나, 그런 생각이 채 가시기도 전에 진짜 제목이 보였다. 『날씨는 우리 생활에 어떤 영향을 미쳤는가』(류상범 지음, 황금비율 펴냄)였다. '우리 생활에 어떤 영향을' 부분이 상대적으로 많이 작은 폰트로 처리되어 있었다. 이중적인 의미를 나타내려는 고도의 전략인가, 그런 생각을 하고 있는데 '날씨는'이라는 제목 글자 위에 역시 더 작은 노란색 글씨로 '우표로 들려주는 날씨 이야기'라는 설명글이 눈에 들어왔다.

정리하자면 『날씨는 우리 생활에 어떤 영향을 미쳤는가』는 우표와 함께 풀어가는, 일반인들을 위한 날씨와 기후 이야기인 것이다. 서평을 쓸 때마다 느끼는 부끄러움이지만 내가 읽은 책이 참 별로 없다는 사실을 새삼 깨달았다. 이 책이 내가 읽는 첫 대중 기상학 책임을 고백해야겠다. 기상학(또는 대기과학)에 대한 지식의 수준으로 치자면 나는 당연히 일반 대중으로 분류되어야 할 것이다.

하지만 내가 입학했던 대학교 학과의 이름이 천문기상학과였고, 일반기상학을 두 학기나 정식으로 배웠으니 그렇게 치부하고 넘어가기에는 원죄가 많다. 그때 그 기회에 좀 더 열심히 공부를 했었다면 하는 후회가 늘 남는다. 천문학을 전공한다는 치기로 기상학 공부를 등한시했었고 간신히 낙제만 면했던 기억이 난다. 그랬다면 날씨 물어보는 친구들한테도 당당하게 답을 했을 텐데 하는 아쉬움도 있다. 어쨌든 『날씨는 우리 생활에 어떤 영향을 미쳤는가』는 대중 기상학 책에 대한 내 첫 경험이었다.

하지만 내가 당시 아무리 열심히 공부를 했어도 날씨에 대해서 뭘 예측한다는 것은 애당초 어불성설일 것이다. 20년 넘게 기상청에서 일하는 동기들도 여전히 일기예보 앞에서는 쩔쩔 매고 있으니 말이다. 학과 동기들 모임이 있을 때도 기상청에 근무하는 친구들은 모임에 오지 못하기가 일쑤였다. 저번에는 태풍 때문에, 이번에는 가뭄 때문에, 요번에는 일기예보가 빗나가서 질책성 비상근무 때문에. 그들은 늘 노력하지만 날씨는 자주 그들을 배신했다.

얼마 전에는 기상청에 근무하던 선배 한 명이 잠을 자던 중 급사했다는 소식을 들었다. 급성심근경색으로 추정된다고 한다. 일기예보 현장에서 다른 사람들보다 더 오랜 시간을 지내고 난 후 그 짐에서 벗어나서 교육 중에 숨을 거두었단다. 날씨의 변덕은 어제 오늘의 일이 아니니 일기예보를 담당하는 사람들의 고충과 격무는 말할 것도 없겠다. 교육 기간 중에 숨을 거둔 그 선배의 죽음을 업무 중 숨진 것으로 볼 것이냐는 논란이 있었는데, 잘 해결되었으면 하는 바람이다.

"오늘날 최첨단의 슈퍼컴퓨터와 수천억 원 하는 기상 위성을 이용하고도 일기예보에 대한 만족도는 그리 높지 않다. 오래전에 한 방송국 저녁 9시 뉴스 바로 뒤에 이어서 방송했던 '날씨와 생활'이라는 날씨 프로그램이 있었다. 당시 시청률이 꽤 높아 광고를 달고 독립적으로 편성되었는데, 3분짜리 날씨 프로그램에서 1년 동안 거둔 수익이 천억 원 정도였다고 한다.

이러한 성과 덕분인지 몰라도 우리나라 날씨 프로그램으로는 처음으로 해외에서 프로그램을 제작하기 위해 프로그램 담당이었던 조문기 기자와 함께 일본에 간 적이 있다. 일본 기상청을 방문하여 일기예보를 생산하는 장면을 스케치하고 거리에서 섭외한 일본인에게 일기예보 만족도를 문의하는 구성이었는데, 인터뷰했던 일본인들이 한결같이 일본 기상청의 일기예보에 불만을 표했다. 당시 조문기 기자가 프로그램 말미에 클로징 멘트를 했던 것이 기억난다.

"한국이나 일본이나 일기예보를 하기에 아주 힘이 듭니다."

지은이가 경험했던 이 일화는 일기예보의 어려움을 단적으로 보여주고 있다.

기상청에서 근무하는 지은이의 취미가 우표 수집이다. 그의 말대로 '전공이며 밥벌이인 기상 연구와 취미인 우표 수집을 묶어 하나의 책으로 만든 것'이 바로 『날씨는 우리 생활에 어떤 영향을 미쳤는가』였다. 이 책에는 날씨와 기후 자체뿐 아니라 이와 관련된 우표가 많이 수록되어 있다. 과학 전반에 걸친 우표들도 여럿 보인다. 그래서 『날씨는 우리 생활에 어떤 영향을 미쳤는가』는 글도 그렇지만 우선 눈이 즐거운 책이다.

개인적으로 아폴로 8호가 찍은 지구 사진이 들어 있는 우표, 다양한 눈송이 모양을 담은 우표 시리즈, 이탈리아산 와인 'Calissano'를 광고하는 봉함엽서, 삼국지는 좋아하지 않지만 적벽에서 연환계로 묶인 위나라 배들을 남동풍으로 불태우는 제갈공명의 모습을 담은 우표, 그리고 그리니치 천문대를 지나는 본초자오선이 그려져 있는 우표가 탐난다.

"그럼 수증기를 많이 포함하고 있는 습윤한 공기의 밀도가 건조한 공기보다 더 클까? 아니다. 산소 분자의 분자량은 32이고, 질소 분자의 분자량은 28인데 반해 수증기의 분자량은 18이다. 따라서 수증기가 공기에서 차지하고 있는 비율이 커질수록 공기의 평균 분자량은 작아진다. 즉 습윤한 공기가 건조한 공기보다 가볍다."

이 책에는 이렇게 착각하기 쉬운 소소한 이야기가 많이 나와서 잔재미를 준다. 처음 섭씨온도가 도입되었을 때는 끓는점을 0도로, 어는점을 100도로 했었다는 이야기도 처음 알았다. 지금과 같은 눈금 체계로 돌려놓은 것은 스웨덴의 식물학자 린네라고 한다.

"아주 오랜 옛날부터 날씨와 기후는 우리의 삶에 결정적인 영향을 끼쳐 왔고 숙명적으로 받아들여야 했던 생존 조건이었다. 날씨와 기후는 우리 생활에서 가장 기본적인 먹고 입고 머무는 것을 결정할 뿐만 아니라 산업, 경제, 건강, 스포츠, 레저 등에도 영향을 미친다. 그리고 역사의 전개에 있어 중요한 전환점이 된 문명의 탄생과 쇠퇴에도 지대한 영향을 미쳤다. 숱한 전쟁과 혁명 역시 날씨와 기후로 인해 흐름이 달라지곤 했다. 또한 동물과 식물의 분포, 사막의 위치뿐만 아니라 민족의 체형, 피부색, 국민성, 국가의 부 등도 날씨와 기후에 영향을 받았다."

이 책에는 소소한 재미를 주는 내용을 뛰어넘어 날씨와 기후와 관련해서 생각할 수 있는 거의 모든 내용이 간략하게 서술되어 있다. 그동안 변덕스러운 날씨로만 생각했던 기상현상이 얼마나 우리 생활 속에 크고 깊게 자리 잡고 있는지 새삼 느낄 수 있게 해주는 책이다. 날씨와 기후와 관련된 신화로부터 역사를 바꾼 기상현상까지. 그리고 지구온난화 문제로부터 날씨와 기후를 정량화하려는 과학자들의 노력이 담긴 관측기기의 발명에 얽힌 이야기까지. 더 나아가서 일기예보를 위한 오랜 국제협력의 모습까지 이 작은 책에 모두 담아내고 있다. 무엇보다 이런 일련의 사건과 관련된 우표를 보는 재미를 놓칠 수 없는 책이다.

『날씨는 우리 생활에 어떤 영향을 미쳤는가』는 가뭄과 더위에 짜증나는 오후, 내 눈을 즐겁게 해주고 오랜만에 옛 친구를 만난 것 같은 기쁨을 주었던 단비 같은 책이다.

하늘로 간
천문학자가 남긴 책

나대일, 『아인슈타인과의 두뇌 게임』

그날 그 책을 처음 만났다. 그리고 그 순간부터 생전 만난 적도 없었던 그가 새삼 그리워졌다.

서늘한 나라에서 여러 해를 보내고 귀국한 지 얼마 되지 않았던 어느 무더운 여름날이었다. 허물없이 지내던 교수님 한 분과 점심 식사를 같이 하기로 되어 있었다. 무슨 생각이었는지 평소 거의 입지 않던 청반바지를 꺼내 입고 집을 나섰다. 교수님 연구실에 들어서니 뜻밖에도 다른 학교에 계시는 교수님 한 분이 와 계셨다. 두 분의 대화 분위기가 심상치 않았다.

옷차림 때문에 몇 번 고사를 했지만 두 분은 괜찮다면서 나를 이끌고 근처에 있는 학교 병원의 장례식장으로 향했다. 어색하게 따라나선 자리여서 영 마음이 편치 않았다. 까만 소복을 입은 젊은 여성 한 사람이 홀로 외롭게 빈소를 지키고 있었다. 직접 만난 적은 없었지만 그가 쓴 논문을 통해서 또 과학 잡지에 기고한 글을 통해서 이름은 익숙했던 나대일 박사의 빈소였다.

두 분 옆에 숨듯 엉거주춤 서서 예를 갖추고 빈소를 빠져나왔다. 옷차림 하나가 행동을 이렇게 불편하고 어색하게 만들 줄이야. 두 교수님과의 늦은 점심 식사 자리가 이어졌다. 나는 묵묵히 고 나대일 박사에 대해서 두 분이 나누는 이야기를 듣고만 있었다. 그가 발표했던 논문에 대한 칭찬에 이어서 순탄치만은 않았던 귀국 후의 연구소 생활 이야기가 이어졌다. 사제 관계로 만났었던, 그리고 그때 그 빈소를 지키고 있었던 고 나대일 박사의 여인 이야기로 화제가 옮겨갔다. 학교로 자리를 옮긴 후 곧바로 병마가 닥쳐온 이야기까지 이어졌다. 두 분 말씀처럼 아까운 젊은 청년 천문학자의 죽음이었다.

하지만 점심을 하는 내내 나의 마음은 정작 부끄럽게도 누런 봉투 속에 든 책 한 권에 가 있었다. 유족들이 빈소를 찾은 조문객에게 나눠준 『아인슈타인과의 두뇌 게임』(나대일 지음, 동아일보사 펴냄), 바로 그 책이었다. 식사를 마치자마자 다른 약속이 있다는 핑계를 대고 곧바로 근처 카페로 뛰어갔다. 자리에 앉자마자 누런 봉투에서 그 책을 꺼냈다. 그러고는 쉬지 않고 끝까지, 그 책을 읽어 내려갔다. 그렇게 나는 그의 책을 처음 만났다.

최근에 오스트레일리아의 레이 노리스 교수가 쓴 보고서 「차세대 천문학」을 보면 다른 몇몇 천문학 분야와 함께 '교육과 홍보'를 차세대 천문학의 가장 중요한 분야로 언급하고 있다. 『아인슈타인과의 두뇌 게임』의 머리글에는 이미 이런 생각이 아주 명쾌하게 서술되어 있다. 그는 "학자들에게 강의 활동이란 연구 활동의 연장이나 다름없는 것이다"라고 생각하고 있었다. 일반 대중을 위한 과학책에 대한 그의 인식은 지금 봐도 날카롭고 정확하다.

"이런 상황에서 하물며 학자가 일반 대중을 위한 훌륭한 책을 쓰기란 하늘의 별을 따기보다 더 힘들다. 재능의 한계도 그러려니와, 대중이란 학생이라기보다는 극장의 관객에 더 가까운 존재이기 때문이다. 관객은 흥미가 없으면 극장에 들어가지 않고, 재미가 없으면 극장을 떠난다. 이런 두려움 때문인지 우리 학계에서는 현대 과학이라는 거대한 명작을 관심 있는 사람들에게 공연해 보이려는 노력이 미흡했던 것 같다."

이런 인식을 바탕으로 그가 "신선한 학계의 공기를 일반 대중과 같이 호흡해 보려는 의도에서 현대 물리학의 최대 발견이었던 상대성 이론과 이를 바탕으로 한 현대 우주론을 되도록 쉽게 써보았다"는 결정체가 『아인슈타인과의 두뇌 게임』이다. 대중을 위한 천문학 책의 저자라고 해봐야 여전히 고 조경철 박사나 한국천문연구원 원장 박석재 박사를 비롯한 몇몇 천문학자밖에 떠올릴 수 없는 현실을 생각하면 고 나대일 박사의 이런 현실 인식은 현재 시점에서도 여전히 유효하다고 하겠다. 작년(2009년)에 현역 천문학자인 이석영 교수(『빅뱅 우주론 강의』)와 우종학 교수(『블랙홀 교향곡』)의 책이 출간된 것이 그나마 위안이다.

연구 활동 외에 강의와 과학문화 활동을 막 시작하면서 혼란에 빠져 있던 나에게 이 책은 큰 공감을 일으켰고 나침반 역할을 했다. 고민을 나누는 동지를 만난 것 같은 느낌이었다. 형이 없는 나에게는 '형님'같이 다가온 책이었다. 마음이 답답하거나 마감이 임박한 글이 잘 써지지 않을 때 이 책을 다시 꺼내드는 습관이 생겼다. 머리글을 다시 읽으며 마음을 가다듬었고 본문을 다시 읽으면서 내가 쓰고 있는 글을 반추해 보는 거울로 삼았다.

그의 현실 인식보다 더 큰 미덕은 이 책의 이야기 방식에 있는 것 같다. "되도록이면 쉽게 써보았다"던 그의 말처럼 이해가 어려운 상대성 이론을 대중에게 설명하기 위해서 그는 스스로 이야기꾼이 되었다. 차분하면서도 호소력 있는 글로 극장의 관객을 위한 공연을 시작한 것이었다. 마치 뜨거운 별빛을 흡수했다가 고스란히 다시 발산하는 흑체처럼 그는 상대성 이론을 온통 흡수한 다음 자신만의 이야기로 바꾸어서 당당하게 그 뜻을 온전히 대중들에게 발산하고 있다.

특수 상대성 이론을 설명하면서 장자의 '나비 꿈'을 들먹인다. '알고 보니 빛은 무죄'이고 '진범은 시간과 공간'이라면서 일반 상대성 이론을 설명한다. '시간은 감각이다'라고 시간의 상대화를 선언하기도 하고 '달리면 무거워진다'고 너스레를 떨기도 한다. 대중적 과학 글쓰기에 정답이야 없겠지만 그의 글쓰기가 하나의 전형이 될 수 있을 것 같다. 1993년 초판이 나왔으니 20년이 다 되어가지만 그의 글은 여전히 현대적인 느낌으로 살아 다가온다.

지난 주말에 미국에서 대학교에 다니는 아들 녀석을 만나러 갔다 왔다. 스무 살 청춘의 격랑을 겪고 있는 아들을 향한 부모로서의 애정 표현이기도 했지만 또 한편 이미 다 커버린 아들을 여전히 품 안에 두고 싶고 그의 문제를 확인하고 공유했으면 하는 조바심이 담긴 여행길이기도 했다. 그런데 또 다른 의미에서는 격랑에 휩쓸린 나 자신을 위한 여행이기도 했다. 최근 들어서 부쩍 늘어난 과학문화 활동의 자기장 속으로 자의 반 타의반으로 계속 빨려들어 가면서도 정작 관객 앞에서 본격적인 '공연'을 하기를 여전히 게을러하고 두려워하는 나 자신을 위한 일상의 탈출이기도 했다.

미국에 가는 비행기 속에서 읽을 생각으로 책이라고는 달랑 『아인슈타인과의 두뇌 게임』 한 권을 챙겼다. 그런데 선뜻 책을 펼칠 수가 없었다. 온갖 상념이 머릿속을 꽉 채우고 책을 접할 여지도 허용하지 않았다. 아들과의 짧은 주말 동거를 마치고 귀국하는 길에 비로소 이 책을 다시 펼쳐볼 수 있었다. 이번엔 책의 내지에 쓰인 글 한 구절이 먼저 눈에 들어왔다.

> "이 책을 행복한 어린 시절과 모든 읽을거리들을 마련해 주셨던 어머님께 바칩니다."

이제야 늘 그가 그리웠고 이 책이 남다르게 푸근하게 다가왔던 이유를 알 것 같다. 『아인슈타인과의 두뇌 게임』을 다시 읽으면서 이번에는 아이들에겐 그런 부모가 되고 싶고 독자들에겐 그런 필자가 되고 싶다는 욕망이 생겼다. 작은 바람이 하나 더 있다면 지금은 절판된 『아인슈타인과의 두뇌 게임』이 다시 출간되었으면 하는 것이다.

숙명처럼 만났던 이 책에 대한 감흥과 편견을 오래도록 간직하고 싶다. 그 감흥과 편견을 더 많은 사람들과 나누고 싶다.

진화, 마음을 읽다

전중환, 『오래된 연장통』

〈개그 콘서트〉의 한 코너인 '불편한 진실'을 볼 때마다 반복되는 내 심리 상태의 변화는 이렇다. 일단 웃게 된다. 그러다 보면 어느새 얼굴이 붉어지면서 진짜 불편한 마음이 생긴다. 그러다가 다시 씩 웃게 된다. 인정하기 싫지만 공감했다는 뜻일 것이다. 개그맨 황현희의 말마따나 자신의 이런 행동이 "왜 그럴까요?"하고 궁금해졌다면 '500원'을 허경환에게 건넬 것이 아니라 『오래된 연장통』(전중환 지음, 사이언스북스 펴냄)을 사서 펼쳐보시라.

"이 책은 진화를 우리의 일상생활에 초대하려는 노력이다. 진화는 티라노사우루스의 발톱을 설명할 때나 창조과학이라는 사이비 과학을 물리칠 때만 간혹 필요한 구닥다리 개념이 아니다. 진화는 때론 지겹고 때론 가슴 뛰는 우리의 소소한 일상사를 과학적으로 설명해 주는 유용한 도구다.

이 책은 왜 우리가 MC 유재석의 자학 개그에 박장대소하는지, 왜 드라마 주인공을 제발 죽이지 말아달라고 방송국 게시판을 도배하는지, 왜 직장간부와 면담하기 전에 저절로 옷깃을 여미게 되는지, 왜 카페에 가면 창밖이 내다보이는 구석자리에 앉는지, 왜 찬송가를 부르면서 뜨거운 눈물을 흘리는지 이야기할 것이다."

명백한 사실이지만 자꾸 이야기하기에는 낯간지러운 것들이 있다. 『오래된 연장통』의 추천사에서 최재천이 밝혔듯이 이 책의 지은이인 전중환은 "우리나라에서는 최초로 진화심리학을 정식으로 전공한 학자이다." 진화심리학이 나름 유행을 타고 있고 서점에서 불황 속에도 진화심리학 책들이 넘쳐나고 있는 것이 우리 사회의 한쪽 현실이라면, '전중환'에게 이런 수식을 붙일 수밖에 없는 것이 또 한편의 우리 사회의 '불편한 진실'인 것이다.

진화심리학에 대한 이해는커녕 표피적인 단어를 곡해해서 진화심리학 책이라고 내놓은 것이 이 분야에서 잘 팔리는 책의 반열에 올랐던 어처구니없는 현실을 생각하면 '대한민국 최초 진화심리학자 전중환'을 내세우는 낯간지러운 일이 지금 우리 사회에 너무나 절실하게 필요하다는 자괴감마저 든다. 어쨌든 넘쳐나는 진화심리학 번역서를 만나기 전에 전중환의 『오래된 연장통』을 만나보는 것이 '정통'의 길을 가기 위한 좋은 선택이 될 것이다. 처음부터 단추를 잘못 끼우면 번거로워지고 우스꽝스러워진다.

우리는 137억 년 전 빅뱅이라는 순간을 겪으며 시간이 흐르고 공간이 팽창하기 시작했던 우주 속에 살고 있다. 우주는 지금 이 순간에도 팽창하고 있다. 뜨거웠던 우주 초기에 물질의 재료가 되는 양성자나 전자들이 생겨났고 우주가 조금 더 차가워지면서 이들이 뭉쳐서 수소나 헬륨 같은 원소를 만들어냈다. 별이 생기고 그 내부에서 핵융합 작용이 일어나서 별빛이 만들어지는 동안 산소, 질소, 탄소 같은 우리 몸을 이루고 있는 원소들이 생겨났다. 별이 진화해 일생을 살고 나서 폭발하면서 철이나 구미 공단에서 유출되어서 문제가 되었던 불산을 이루는 불소 같은 원소들이 만들어졌다. 우리 몸을 이루고 있는 원소들은 이때 만들어진 것들이다. 우리 몸은 그것들을 재활용해서 사용하고 있는 것이다.

우주의 진화 과정에서 생명의 출현은 어쩌면 자연스러운 화학적 반응의 결과였을 것이다. 지구에도 생명이 태동했고 진화를 시작했다. 인류도 우주의 탄생부터 생명의 출현과 진화라고 하는 장엄한 우주의 역사를 머금은 채 현재에 이르렀다. 우리는 우주의 역사를 머금은 별 먼지인 것이다. 그리고 진화의 과정 속에서 적응의 결과물로 또는 그 부산물로 숱한 연장들을 몸속에 갖게 되었다. 우리 자신이 '오래된 연장통'이 된 것이다.

"우리의 마음은 어떤 배우자를 고를 것인가, 비바람을 어떻게 피할 것인가, 포식동물을 어떻게 피할 것인가 등 수백만 년 인류의 조상들에게 주어졌던 다수의 구체적이고 현실적인 문제들을 잘 해결하게끔 설계되었다. 톱이 판자 자르기, 드릴이 구멍 뚫기를 각각 잘 수행하게끔 특수화된 공구들이듯이, 인간의 마음은 각각의 적응적 문제들을 잘 해결하게끔 특수화된 수많은 심리적 '공구'들이 빼곡히 담긴 연장통이다. 비록 전기 대패나 슬라이드 만능 각톱처럼 현대에 들어서야 비로소 그 필요성이 대두된 첨단 공구들까지 다

> 들어 있는 것이 아니라 톱이나 망치, 드라이버처럼 전통적인 공구들만 들어 있는 오래된 연장통이기 때문에 오늘날에는 가끔씩 문제를 일으키기도 하지만 말이다."

나는 초콜릿을 즐겨 먹는다. 내 건강을 걱정하는 주위의 따가운 눈초리 때문에 자제하고 있지만 그래도 늘 초콜릿이 탐나곤 한다. 사실 초콜릿이 건강에 미치는 영향에 대해서는 이런저런 대립되는 연구 결과들이 있다. 나는 늘 내게 유리한 쪽으로 해석하려는 집착을 보이곤 한다. 하지만 이건 내 잘못이 아니다. 내가 철이 덜 들었기 때문이 아니다. 나는 다만 우주의 역사를 머금은 장엄한 존재로서 그 본성에 따라서 나의 소임을 다했을 뿐이다.

> "예컨대, 먼 옛날 홍적세의 아프리카 초원에서 아주 드물게 볼 수 있었던 잘 익은 과일들은 다량의 영양분을 제공해 주는 에너지원이었기 때문에, 우리는 단 것이라면 사족을 못 쓰게끔 진화하였다. 오늘날 이러한 욕구는 초콜릿과 치즈케이크를 통해 채워지고 있다."

자신에게 유리한 쪽으로만 해석하려는 경향도 이런 맥락에서 해석할 수 있다. 어떻게? 『오래된 연장통』을 보시라. 나는 음식을 먹을 때 후추를 과도하게 사용하는 편이다. 결말이 뻔한 드라마를 보면서 흥분하고 결말을 고쳤으면 하는 소망을 벅찬 가슴에 담아두기도 한다. 무신론자인 내가 기도를 한다면, 예쁜 여주인공의 불행한 결말을 행복한 것으로 바꿔달라고 드라마 작가에게 하게 될 것이다. 왜 그런가? 궁금하면 내게 500원을 주는 대신 『오래된 연장통』을 펼쳐보시라.

> "문화는 생물학적 진화와 대척점에 있지 않다. 집단 내의 동일성과 집단 간의 차이를 가리키는 개념으로서, 문화는 궁극적으로 자연선택에 의한 진화의 산물로 이해할 수 있다."

진화심리학은 '인간 진화의 보편적인 산물인 보편적인 인간 본성을 과학적으로 규명하려는 노력'이다. 당연히 우리의 거시적, 미시적 활동은 모두 진화심리학의 연구 대상이 될 수밖에 없다. 우주적 존재이고 진화적 존재인 인간을 '근대'라고 하는 짧은 시간 속에 가둬놓고 이야기하는 것은 어리석은 짓이다. 시간의 축적 속에 생겨난 '오래된 연장통'을 외면한다면 인간 본성에 대한 이해는 요원할 것이다. 문화도 예외가 아니다. 종교도 물론이다.

> "무신론자에게 그나마 위안이 되는 소식은 이렇다. 어떠한 종교든지 자신의 교리가 다른 종교들에 비해서 본질적으로 우월하다고 주장할 근거는 없다. 또한, 종교가 번성하게 된 까닭은 초자연적인 신이나 사건이 실제로 존재하거나 일어났기 때문이 아니다. 종교는 자연선택이 인간의 마음을 세속적인 생존과 번식상의 문제들을 해결하게끔 설계하다 보니 어쩔 수 없이 떠안아야 했던 부대비용이었다. 인터넷 쇼핑몰의 배송비가 사라지지 않듯, 인류 역사가 계속되는 한 종교 역시 사라지지 않을 것이다."

위 인용문을 보고 질문이 계속 이어진다면 이미 진화심리학의 세계에 들어온 것이다. 도덕성은? 동성애는? 그렇다면 '단풍의 색깔은 왜 화려한가?' 이런 질문은 어떤가? 『오래된 연장통』은 이런 세상의 모든 질문에 진화심리학적 관점에서 답하려는 노력의 결과물이다.

진화심리학의 대가들의 좋은 책들이 넘쳐나게 번역되어 있지만 한편에서는 쓰레기 같은 왜곡과 몰이해를 바탕으로 쓴 사이비 진화심리학 책이 판치는 세상에서 '진화심리학'의 세계로 들어가는 길목에서 한 권의 입문서를 원한다면 『오래된 연장통』을 추천하겠다. 에피소드 중심의 가벼운 에세이면서도 최신의 연구 결과들이 잘 요약되어 있기 때문이다. 물론 낯간지럽게도 '대한민국 최초'인 전중환이 쓴 책이기 때문이기도 하다. 불편한 진실을 알려주고 설명해주는 친절한 가이드북이기도 하기 때문이다.

> "아직도 진화 이론은 창조주의와 별반 다르지 않은 불완전한 과학이라고 믿거나, 인간의 마음에 대한 진화적 접근을 불편하게 받아들이며 무시하는 사람들이 훨씬 많은 것이 우리나라의 현실이지만, 다윈 혁명은 어쨌든 진행 중이다. 부정할 수는 있어도 벗어날 수는 없다."

우리는 빅뱅의 산물인 생각하는 별 먼지이고 오래된 연장통을 지닌 진화의 결과물이다. 이 모든 우주의 역사가 있었기 때문에 우리가 존재하는 것이다. 결코 그 반대가 아니다. 인간에 대한 가치 탐구는 이 지점에서 이런 자각으로부터 시작되어야 한다. 결코 그 반대가 아니다.

과학,
세상을 바라보는 또 하나의 눈

장대익, 『인간에 대하여 과학이 말해준 것들』

서평을 정기적으로 쓰다 보니 지인들과 만나면 책에 대한 이야기를 자주 하게 된다. 얼마 전에는 비슷한 시기에 과학과는 거리가 멀다고 자인하는 지인 두 사람으로부터 똑같은 이야기를 들었다. 어떤 과학책을 읽었는데 지은이가 너무 쉽게 써서 술술 잘 읽혔다는 것이었다. 사실 그 책을 쓴 지은이 본인도 내게 자신이 쓴 책 중에서 제일 쉽게 풀어서 쓴 책이라고 말했던 적이 있다. 독자들에게 그의 노력이 전해진 모양이다. 『인간에 대하여 과학이 말해준 것들』(장대익 지음, 바다출판사 펴냄)이 바로 그 책이다.

'진화학자 장대익의 인간 탐구'라는 부제가 달린 이 책을 나도 찬찬히 읽었다. 쉽게 풀어서 쓴 책이라는 데는 동의할 수 있을 것 같다. 독자들이 '읽기 쉽게' 그리고 '이해하기 쉽게' 쓴 책임에 틀림이 없다. 그만큼 친절한 책이라는 뜻이다. 하지만 나는 이 책에 '쉬운'이라는 수식어보다는 '잘'이라는 수식어를 붙이고 싶다. 이 책에서 다루는 내용은 결코 쉬운 것들이 아니다. 다만 장대익이 친절하게 정성껏 풀어서 썼을 뿐이다.

『인간에 대하여 과학이 말해준 것들』을 '잘' 쓴 책이라고 부르고 싶은 이유는 이렇다. 어려운 내용이나 쟁점을 억지 비유를 통해서 우회하지 않고 자신만의 목소리로 직접 명확하게 이야기하고 있기 때문이다. 문제의 쟁점을 확실하게 인식하고 있어야만 가능한 글쓰기 방식이다. 장대익은 자신이 무엇을 이야기해야 할지를 명확하게 알고 있는 것 같다. 자신이 해야 할 말이 무엇인지도. 그것들을 명징한 언어로 이 책에서 때로는 담담하게 때로는 강력하게 이야기하고 있는 것이다. 이런 '잘' 쓴 책을 만날 수 있다는 것은 행운이다.

융합이라는 단어는 넘쳐나지만 정작 무엇을 융합하고 어떻게 융합할 것이냐는 질문을 던지면 융합 전문가들조차도 입을 다물거나 어색한 비유를 늘어놓기 일쑤다. 융합의 목표에 대한 이야기로 화제가 옮겨가면 너무나 빤한 이야기를 하면서 서로 민망해지는 경우가 많다. 결국 융합에 대해서 별다른 인식도 없이 연구비나 타볼 요량으로 구호처럼 외치고만 있기 때문일 것이다. 최재천 교수와 함께 '통섭'이라는 단어를 퍼트린 장본인인 장대익 교수의 진면목은 융합에 대해서 구체적으로 이야기하는 장면에서도 잘 드러난다.

> "이제 '전공'이 무엇이냐고 묻는 시대는 가고 '질문'이 무엇인가를 묻는 시대가 도래하고 있다고 해야 할 것이다. '다양한 분야를 폭넓게 이해하는 제너럴리스트냐, 한 분야에 전문성을 지닌 스페셜리스트냐'를 구분하는 시대는 지나가고 있다. 통섭적 시야를 가진 전문가가 중요해지는 시대가 오고 있다. 지식의 순수혈통을 따지는 시대에서 잡종적 지식을 선호하는 시대로 이행하고 있는 것이다. 감히 나는 이것이 바로 미래 지식의 메가트렌드라고 생

각한다.

나는 학부 수준에서 융합 교육의 최고 목표는 학생들의 태도 변화여야 한다고 생각한다. 융합적 태도를 가르치고 익히게 하는 일이야말로 물고기를 잡는 법을 가르쳐주는 일이기 때문이다. 이렇게 융합을 과정으로 파악하고 태도를 가르치는 일이라고 한다면, 학부 수준의 융합은 가능한 것이 되고 도전적인 과제로 인식될 수 있을 것이다."

더 중요한 것은 그가 융합을 직접 실천하고 있는 현장의 중심에 있다는 것이다. 한때 각 대학마다 유행처럼 자유전공학부를 개설한 적이 있었다. 그런데 대부분의 학교의 자유전공학부는 경영대학원이나 의치전문대학원을 진학하기 위한 입시학원이 되어버린 것이 현실이다. 서울대학교 자유전공학부만 원래의 목표를 실천해가고 있는 듯하다. 그 중심에 장대익이 있다. 이 책에서 융합과 통섭을 운운하는 그의 글이 허황된 구호가 아닌 힘찬 비전이 되는 이유가 여기에 있다.

"한마디로 나는 과학 그 자체보다 '인문적 과학'과 '과학적 인문학'이라고 하는 새로운 길을 개척하는 데에 더 큰 관심이 있다."

여러 전공과 여러 연구소를 전전(?)한 그의 떠돌이 전력이야말로 장대익식 융합과 통섭을 꽃피우기 위한 여정이었다는 생각이 든다. 그 자신이 과학과 인문학 사이의 경계인이자 잡종이기 때문에 '인간에 대하여 과학이 말해준 것들'을 일상의 언어로 '잘' 그리고 '쉽게' 표현할 수 있었을 것이다. 이 책 곳곳에는 그런 그의 여정의 향기가 묻어 있다.

지금은 위안이 필요한 시대인 것 같다. 동의한다. 나 자신도 하루에도 몇 번씩이나 심술이 난다. 세상 돌아가는 꼴이 한심하기도 하고 그런 것들을 무력하게 지켜만 보는 자신이 부끄럽기도 하고 그렇다. 그래서 힐링이니 멘토니 하는 이름의 행위들이 판을 치는 것 같다. 어쨌든 우리에게는 위안이 필요하니 힐링이나 멘토가 긴급한 처방일 수는 있을 것이다. 하지만 그것이 얼마나 지속될 수 있겠는가. 결국은 냉정한 현실 인식과 그에 따른 고통스러운 성찰이 이어져야 하지 않겠는가.

인문학의 위기니 이공계의 위기니 하는 말들을 한다. 그게 어디 좁은 학문 분야만의 위기이겠는가. 사회 전체의 위기일 것이다. 정체성의 위기일 것이고 힐링이나 멘토로는 잠시도 덮어놓을 수 없는 삶의 가치의 위기일 것이다. 구호뿐인 이공계 지원 대책이 우리들의 눈을 흐리게 하고 있다. 동상이몽 속에서 잡스의 말을 오독해서 오직 인문학이 살길이라는 시대착오적인 고집을 부리는 사람도 있다. 장대익은 『인간에 대하여 과학이 말해준 것들』에서 우회하지 않고 명징한 언어로 자신의 생각을 이야기하고 있다.

> "엄밀히 말해 그(스티브 잡스)가 반복적으로 강조한 것은 인문학이 아니라 핵심 교양이었다. 그는 역사와 철학이 하이테크와 만나야 한다고 말하지 않았다. 핵심 교양이 만나야 한다고 했다. 그렇다면 핵심 교양이란 무엇인가? 그것은 적어도 인간과 사회, 그리고 자연에 관한 당대 최고의 신빙성 있는 지식이어야 할 것이다. 그렇다면 우리 시대 최고의 핵심 교양은 되레 과학

이어야 한다. 수많은 유형의 지식 중에서 현대 과학만큼 합리적 절차를 통해 얻어진 신뢰할 만한 지식은 없기 때문이다. 실제로 잡스가 언급한 '리버럴 아트'는 현재 대학의 학문 체계에서도 '인문학'만을 지칭하지 않는다. 그것은 과학, 인문학, 사회과학, 심지어 예술까지도 포함한다. 그렇다면 사용자의 경험과 인간의 직관을 강조한 잡스의 고백은 '테크놀로지와 인문학의 결합'이라기보다는 '인간에 대한 과학적 이해와의 결합'을 뜻하는 것이라고 읽혀야 한다."

잡스가 말한 핵심 교양이 과학이라는 것을 명확하게 지적하고 있다. 더 나아가서 결국 우리 시대의 성찰의 화두는 '인간에 대한 과학적 이해와의 결합'이라고 선언하고 있다. 이 화두를 움켜지고 치열하게 사고하고 토론하는 과정에서 우리는 시대와 자신에 대한 성찰의 길로 나아갈 수 있을 것이라고 생각한다. 이처럼 비판적이고 합리적인 성찰의 과정을 거친다면 우리들의 삶은 더 풍성해질 것이고 행복해질 것이다. 그 출발선에 핵심 교양 즉 과학이 있다.

『인간에 대하여 과학이 말해준 것들』은 '인간에 대한 과학적 이해와의 결합'에 대한 장대익 식 대답을 제시한 책이다. 그는 '지금이야말로 과학이 답할 시간이다.'라고 선언하고 이 책을 통해 과학이 우리 시대에 대해서 어떻게 답하고 있는지를 보여주었다. 이 책을 읽은 사람들은, 그의 친절한 가이드를 받으면서 삶 속에 이미 깊이 들어와 있는 과학을 외면하지 않고 거기에 말을 걸었으면 하는 바람을 갖게 되었다. 과학은 당신에게 멋지게 화답할 것이다.

"과학은 컴퓨터나 인공위성 같은 도구나 주변기기가 아닌 세상을 바라보는 또 하나의 눈이고 생각이다. 그 성능과 위력은 두말할 것 없다. 과학은 우리에게 단순한 도구 이상이다. 남들보다 풍부한 삶을 살고자 한다면 오늘부터라도 과학에 말을 걸어야 한다. 과학은 우리에게 무한한 지식과 낭만, 상상의 언어로 화답할 것이다."

나도 글을 쓰는 사람으로서 『인간에 대하여 과학이 말해준 것들』을 읽으면서 여러 가지로 부러웠다. 생각하는 것을 글로 옮기는 행위는 번역과 선택의 문제다. 복잡한 과학적 사고 행위의 결과를 일상의 언어로 번역하는 능력이 부러웠다. 이야기해야 할 것과 강조해야 할 것을 명확하게 구분해서 정리하는 능력이 또 부러웠다. 글을 '잘' 쓰는 그가 한없이 부러웠다. 글은 누구나 쓸 수 있지만 아무나 글을 '잘' 쓰는 것은 아니다.

이 책을 읽고 무작정 그를 따라하고 싶다는 욕망이 생겼다는 사실을 숨기고 싶지 않다. 이렇게 매혹적인 글쓰기 방식을 그대로 모방하고 싶다는 욕망이 생겼다는 것도 고백하련다. 하지만 나는 장대익을 따라하지 않을 것이다. 그를 멘토로 삼지도 않을 작정이다. 그의 글을 내 힐링의 도구로 사용하는 일도 없을 것이다. 다만 독자로서 동지로서, 그의 글을 흠모하려고 한다. 오랫동안 그의 글의 향기 속에 젖어 있고 싶기 때문이다. 이것이 내가 장대익과 그의 글을 사랑하는 방식이다.

3부

'과학자'란 누구인가?

달까지 가고도…

마이클 콜린스, 『플라이 투 더 문』

두어 주 전쯤의 일이다. 강남역 근처에서 회의가 있었는데 시간이 좀 남아서 근처를 어슬렁거리다가 중고책 매장을 발견했다. 별 생각 없이 책 구경을 하던 중 눈에 쏙 들어오는 책이 한 권 있었다. 『플라이 투 더 문』(마이클 콜린스 지음, 최상구 옮김, 뜨인돌 펴냄)이었다. 몇 년 전 출장 중에도 이 책을 만났었다. 그때도 시간이 좀 남아서 회의장 근처 서점에 들러 책 구경을 하고 있었다. 『*Flying to the Moon*』이 눈에 들어왔다. 귀국하는 비행기 안에서 읽을 생각으로 책을 샀다.

하지만 비행기 안에서 『*Flying to the Moon*』을 읽지는 못했다. 영화 몇 편을 보고 나니 벌써 한국에 도착해 있었기 때문이다. 그 이후로 이 책을 집어 들고 읽어볼 기회가 없었다.

오래전, 달에 발을 디뎠던 12명의 우주 비행사 중 9명의 생존자에 대한 이야기 책인 『문더스트』(앤드루 스미스 지음, 노태복·이명현 옮김, 사이언스북스 펴냄)를 번역했었다. 이 책을 번역하면서 그들과 함께 달 착륙에 성공했지만 정작 자신들은 달 표면에 가보지 못한 6명의 또 다른 우주 비행사에 대한 막연한 호기심이 생겼었다. 『플라이 투 더 문』을 지은 마이클 콜린스는 닐 암스트롱, 버즈 올드린과 함께 아폴로 11호를 이끌었던 우주 비행사였다. 암스트롱과 올드린은 달 표면에 발을 디뎠고, 콜린스는 사령선에 혼자 남아서 지구로 귀환하기 위한 준비를 했다.

결국 『*Flying to the Moon*』보다 『플라이 투 더 문』을 먼저 읽게 되었다. 책을 다 읽자마자 나는 『*Flying to the Moon*』을 읽기 시작했다. 정말 오랜만에 한 자리에서 두 권의 책을 (사실은 같은 책이지만) 내리 읽었다. 아름다웠다. 글의 내용도 중요하지만 글의 형식미도 그에 못지않게 중요하다고 생각한다. 두 책 모두 오랜만에 글 읽는 재미를 느끼게 해준 고마운 책이다. 콜린스의 글에 매혹된 나는 다시 우주를 꿈꿀 수 있는 소년의 마음을 회복하는 덤까지 얻었다.

『플라이 투 더 문』은 콜린스가 자신의 일생 중 우주 비행사와 관련된 부분에 대해서 가볍게 쓴 에세이라고 할 수 있다. 나는 이 책을 구태여 '여행기'라고 부르려고 한다. 우주 비행사를 꿈꿨던 소년이 자신의 꿈을 이루어가는 인생의 여정을 그린 '인생 여행기'라고 부르고 싶다. 하늘로 우주공간으로 달로 여행하는 과정과 그 여행을 준비하는 과정을 담은 '우주 여행기'라고도 부르고 싶다. 부제는 물론 '달 여행기'로 붙여야 할 것이다. 하지만 이 책의 더 큰 매력은 다시 꿈꾸게 해주는 '꿈으로의 여행기'라는 점이다.

이 글에서는 콜린스의 인생 여행을 따라가 볼 생각이다.

"내가 처음으로 하늘을 나는 것에 관심을 가진 것은 아홉 살 무렵이다. 내가 살던 텍사스 주의 산 안토니오 근처에는 비행장이 몇 개 있었기 때문에 날아가는 비행기를 자주 볼 수 있었다. 햇빛으로 찌푸린 얼굴로 비행기를 올려다보면서 조종사가 되어 푸른 하늘을 맘껏 날아다니는 기분이 어떨지를 상상하곤 했다."

어린 콜린스는 꿈을 꾸었고 그 꿈은 하나씩 이루어지기 시작했다. 여행의 시작이다. 그것이 인생 여행이든 우주 여행이든 꿈으로의 여행이든, 시작은 소박한 소년의 마음속에서 일어나고 있었다.

"내가 비행기를 처음으로 타본 것은 열한 살 때로, 그루만 위전이라는 이름의 쌍발 수상 비행기였다. 하늘이나 땅을 구경하기보다는 조종간을 뚫어지게 쳐다보는 나의 모습이 그 비행기의 조종사에게는 무척 흥미로워 보였던 모양이다. 그는 나에게 비행기를 직접 조종해볼 수 있는 기회를 주었다. 비행기가 앞쪽으로 똑바로 날아가게 하려면 기수(비행기의 앞부분)가 항상 하나의 수평선을 기준으로 일정한 높이를 유지해야 한다. 기수가 그 수평선의 아래로 떨어지면 조종간을 몸 쪽으로 당기고 반대의 경우에는 조종간을 앞쪽으로 밀어야 한다. 그러한 원리를 알 리가 없던 열한 살의 꼬마는 비행기가 좌우로 요동치자 거의 울상이 되고 말았다. 허둥대는 내 모습을 보고 큰 소리로 웃던 조종사의 모습이 지금도 잊히지 않는다. 그 순간에는 무척 당황스러웠지만 그날의 경험은 계속 나의 손과 머리에 남아 다시 한 번 조종간을 잡고 싶은 충동이 떠나지를 않았다."

콜린스는 우주 비행사로 뽑히던 날의 심정을 이렇게 적고 있다.

"기다림과 걱정으로 가득 찬 한 달의 시간이 지났을 무렵 데크 슬레이턴에게서 전화가 왔다. 그는 내가 아직도 의향이 있다면 나를 나사의 우주인으로 선발하겠다고 말했다. 아직도 의향이 있냐고? 나는 그의 말이 분명히 농담일 거라고 생각했다. 지난 한 달 내내 이 일 말고는 아무것도 생각할 수 없었는데 의향이 있냐고 묻다니…. 전화기 너머로 들려오는 데크의 목소리는 아주 차분했지만 나는 도저히 흥분을 감출 수가 없었다. 한 달간 아무런 연락이 없자 신경이 곤두서 있던 아내 역시 기쁨의 함성을 질렀다. 네 살짜리 큰딸 케이트는 엄마 아빠가 흥분하는 이유를 이해하지 못한 채 물끄러미 쳐다만 보고 있었다."

1966년 7월 18일 콜린스는 제미니 10호를 타고 드디어 우주 공간으로의 여행을 시작했다.

"우주선의 조그만 창을 통해 내다볼 수 있는 우주의 모습은 아주 작은 일부에 지나지 않는다. 하지만 지금 앞뒤 좌우 위아래 어디를 보아도 온통 별들이 빛나고 있는 우주뿐이다. 심지어 저 아래의 지평선 바로 옆에서도 별이 보인다."

아폴로 우주선은 착륙선과 사령선으로 구성되어 있다. 달 근처에 가면 착륙선은 사령선과 분리되어 달 표면에 착륙하게 된다. 착륙선에서 내린 우주인들이 임무를 수행하는 동안 사령선은 달 주위를 돌면서 대기하게 된다. 우주인들이 임무를 다 마치면 착륙선을 타고 사령선과의 도킹을 시도한다. 성공하면 착륙선을 버리고 사령선으로 모두 이동한 후 지구로 귀환하게 된다.

아폴로 11호의 착륙선을 타고 달 표면에 내린 사람이 바로 암스트롱과 올드린이었다. 콜린스는 사령선을 조종하면서 그저 달을 바라만 보고 있었다.

> "새로 생긴 규칙에 의하면 착륙선이 달 착륙을 위해 분리된 이후 사령선에 혼자 남는 우주인은 우주 비행 경험이 있어야 한다. 그런데 앤더스는 우주 비행 경험이 없으니, 그렇다면 사령선에 남는 사람은 내가 된다는 얘기다. 그래서 나의 임무는 착륙선 조종에서 사령선 조종으로 일종의 '진급'을 하게 되었다. 그날 이후로 팀원이 바뀌기는 했지만 나는 계속 사령선 조종 임무를 맡았다."

사람들이 알고 있는 것과는 달리 사령선의 조종사는 가장 경험이 많은 우주 비행사가 맡았다. 우주 여행을 마치고 지구로 무사히 귀환하는 것보다 더 큰 미션이 어디 있을까? 가장 중요한 미션을 수행해야 하는 자리인 만큼 가장 경험이 많고 뛰어난 우주 비행사가 사령선의 조종을 맡게 되는 경우가 많았다.

> "요즘에도 많은 사람들이 나에게 묻는다. "아폴로 11호 비행에서 왜 암스트

롱과 올드린이 착륙을 하고 당신은 사령선에 남아 있었나요? 그런 결정을 하게 된 특별한 이유라도 있나요?" 그 이면에 있는 여러 규칙과 팀의 변경 등을 설명하는 것은 매우 복잡하고 힘든 일이라 나는 대답을 어물쩍 넘겨버린다."

달에 발을 디뎠던 12명의 우주 비행사의 이름 뒤에 가려진 6명의 사령선 조종사들의 심정은 아주 복잡했을 것이다. 위와 같이 반복되는 상황에 짜증이 났을 수도 있다.

"나 역시 그런 결정이 내려졌을 때 상당히 낙담했다. 달 착륙에 대한 미련 때문이 아니었다. 그 재미있는 헬리콥터 조종을 더 이상 할 수 없고 그러니 새를 쫓아다니는 비행도 할 수 없다는 이유에서였다. 그리고 사실 사령선을 조종하는 일은 상당히 전문적이고 익히는 데에도 오래 걸리기 때문에 한번 그 임무를 맡으면 다른 임무로의 변경은 거의 불가능할 것이라는 막연한 불안감도 있었다. 하지만 다른 한편으로 생각하면 이렇게 확실한 보직을 가지고 있으면 아폴로 계획에서 제외되지 않을 것이라는 장점도 있었다."

콜린스는 담담하게 이야기하고 있지만 그의 글에서 깊은 아쉬움의 냄새를 맡는 것은 어려운 일이 아니다. 한국 우주인 후보였다가 국제우주정거장으로의 여행이 좌절되었던 고산과 여러 차례 이야기를 나눈 적이 있었다. 그도 처음에는 좌절과 낙담 속에서 벗어나기 힘들었다고 한다. 하지만 그 과정의 소중함을 깨닫기까지 그리 길지 않은 시간이 걸렸다고 했다. 콜린스에게 달 표면 착륙도 목표였겠지만 우주 여행 자체가 더 큰 의미를 가졌을 것이다. 아쉬움은 있었겠지만.

1969년 7월 16일 아폴로 11호가 우주로 발사되었다. 콜린스도 그 속에 있었다.

> "우주에서의 둘째 날은 내가 인생에서 맞은 가장 조용한 날의 시작일이었다. 창문을 통해 보이는 지구가 점점 작아지는 것을 바라보고 있자니 약간의 불안감과 그보다는 훨씬 큰 (우주선이 정상적으로 운항 중이라는) 안도감이 들었다. 왜냐하면 지구의 크기의 변화 말고는 우리가 움직이고 있다는 것을 확인할 방법이 없기 때문이다. 밖의 우주를 보고 있으면 우주선은 움직이지 않고 가만히 있는 것 같았다."

점점 작아지는 지구의 모습은 상상만 해도 가슴 벅찬 광경이다. 그 모습과 그 시간을 둘러싼 고요야말로 '우주'를 실감나게 하는 실체 자체였을 것이다.

> "컬럼비아호의 전등을 켜고 보니 조종석이 상당히 아늑한 장소로 변했다. 그보다 더 큰 변화는 물론 우주선에 나 혼자 남겨졌다는 것이다. 하지만 외로움이나 소외감을 느끼지는 않았다. 나는 매우 중요한 임무를 수행 중이며 내가 없다면 닐과 버즈가 무사히 지구로 귀환하는 것은 절대로 불가능하다는 사실을 알기 때문이다. 나에게는 닐과 버즈의 귀환을 기다리며 달 궤도를 비행 중이라는 자부심이 있었다. 그리고 그것은 외로움뿐만이 아니라 그 어

떤 것도 이겨낼 수 있을 만큼 강했다. 세상에서 가장 높은 달이라는 산에 오른 두 명의 등반가는 컬럼비아라는 베이스캠프가 있기에 안심하고 등정을 할 수 있는 것이다."

콜린스의 인생 여행은 달의 궤도를 도는 데에까지 이르렀다. 그 자신이 만족감을 드러내고 있지만 한편으로는 쓸쓸하고 아쉬운 마음을 알리고 싶은 순간이기도 한 것 같다. 늘 주인공으로 살 수 없는 것이 인생이라면 우리들은 그의 고독함과 쓸쓸함에 공감할 수 있을 것이다. 그리고 그런 인생 속에서 가치를 찾는 지혜도 배울 수 있을 것이다. 사령선 속에 홀로 남은 콜린스의 심정이야말로 한 인간으로서 가장 인간적인 상태로 남겨진 채 성찰할 수 있는 순간이 아니었을까 상상해 본다.

"방문하는 곳마다 사람들이 우리를 보고 열광했다. 그들은 "우리가 드디어 해낸 겁니다!"라고 외쳤다. 인류가 마침내 다른 세계에 첫발을 내딛었다는 의미였다. 나는 그 말을 들을 때마다 놀라곤 했다. 다른 나라 사람들이라면 "당신들 미국인들이 드디어 해냈군요"라고 말할 줄 알았다. 하지만 그들은 '당신들'이라고 하지 않고 '우리'라고 말했다. 그런 표현에 기분이 상하기는 커녕 오히려 좋았다. 달에 다녀온 우리는 미국인이기에 앞서 분명 지구라는 행성의 생명체인 인간이기 때문이다."

우주 여행이 갖는 가치는 '창백한 푸른 점'인 지구를 하나로 엮어서 볼 수 있는 지혜를 제공한다는 것이다. '미국'이 아닌 '인류'의 이름으로 우리는 우주로 여행을 한다. 현실은 비록 대결의 장이라고 하더라도 우리가 지향하는 곳은 더 큰 가치를 만들어내는 시공간이라는 사실, 그리고 그 주체는 미국이나 그 어떤 국적에 매인 사람이 아니라 '인류'라는 공감대를 형성했다는 점에서 아폴로 11호의 또 다른 의미를 찾을 수 있다.

"나는 우리를 보고 싶어 하는 사람들을 만나기 위해 우주선이 아닌 비행기를 타고서 세계를 돌아다녔다. 그리고 그 여행에서 돌아온 후에 나사에 사직서를 제출했다. 우주개발 프로그램과의 이별이기도 했다. 우주 비행사라는 직업을 그만둔다는 것은 무척 힘든 결정이었지만 나름대로 몇 가지 타당한 이유가 있었다."

콜린스는 우주 비행사가 되어 달에 다녀온 직후 은퇴를 선언했다. 그 이유는 이 책 218쪽에서 직접 확인해 보시라. 또 다른 인생의 여행을 시작한 것이었다. 『플라이 투 더 문』의 나머지는 화성 여행을 비롯한 미래의 우주 여행에 대한 이야기로 가득 차 있다. 그의 꿈이 끝나지 않은 까닭이고 그의 열정이 다하지 않은 까닭일 것이다. 그리고 덕담을 남기는 것을 잊지 않았다.

"나는 우리가 살고 있는 행성의 지상 수백 킬로미터에서 얇은 줄 하나에 몸을 맡기고 매달렸던 경험이 있다. 또한 이 행성의 위성인 달을 넘어 그 뒤편인 어두운 공허함의 공간에 다녀오는 특권을 누렸다. 나는 이 책을 읽는 여러분 중 누군가도 그런 특권을 누리게 되기를 희망하며 또 그렇게 되리라 믿는다. 여러분이 자신의 생애에서 그러한 날을 맞이하는 것은 분명히 가능한 일이다. 만일 누군가가 그런 특권을 누리겠다고 결심한다면 나는 그의 출발을 지켜볼 것이다. 그리고 박수를 치며 그를 성원할 것이다."

나는 『플라이 투 더 문』과 『*Flying to the Moon*』을 읽으면서 세 가지 여행을 동시에 했다. 콜린스라는 사람으로의 인생 여행, 우주공간과 달로의 우주 여행, 그리고 앞으로 펼쳐질 미래의 우주 여행에 대한 꿈으로의 여행. 콜린스의 글은 이 모든 여행을 감미로움 속에서 맛보게 해주는 매혹적인 힘을 가졌다. 아름다웠다.

이 글은 콜린스의 인생 여행의 여정을 살짝 소개하는 형식을 취했다. 그와 함께 우주 여행을 하고 싶거나 꿈으로의 여행을 하고 싶은 독자들을 배반하고 싶지 않아서다. 이 책은 여행기이기도 하고 그것을 경험하게 하는 4D 시뮬레이터이기도 하다. 자, 이제 『플라이 투 더 문』 속으로 비행하시라.

천문대 '계산기'로 살았던 천재 소녀

조지 존슨,『리비트의 별』

오랜만에 소백산 천문대를 방문했다. 이번에는 문화·예술계에서 활동하는 다양한 사람들과 함께 과학과 문화를 주제로 이야기를 나누는 자리였다.

관측실 책꽂이에 제본이 되어 꽂혀 있는 1988년의 관측 일지를 꺼내 들었다. 여러 장을 넘기자 낯익은 글씨가 나타났다. 내가 쓴 관측 일지였다. 소백산 천문대에 올 때마다 들춰보지만 볼 때마다 느낌이 새롭다. 소백산 천문대에서는 여전히 변광성 관측이 이루어지고 있었다.

밝기가 변하는 별을 변광성이라고 부른다. 그중에서도 세페이드 변광성이라는 것이 있는데 평균 밝기와 그 밝기가 변하는 주기 사이에 비례 관계를 보이는 특이한 변광성이다. 주기는 거리와는 상관이 없는 값인 반면 겉보기 밝기는 거리에 따라서 변하기 때문에 세페이드 변광성의 주기-밝기 관계를 이용하면 다른 곳에 있는 세페이드 변광성까지의 거리를 구할 수 있다.

천문학자는 다른 은하에 속한 세페이드 변광성의 주기와 겉보기 밝기를 관측한 후 이 관계식을 이용해서 그 은하까지의 거리를 구하곤 한다. 허블 우주망원경을 사용해서는 더 멀리 떨어져 있는 처녀자리 은하단에 속한 은하들에서 세페이드 변광성을 관측했고 그 은하까지의 거리를 구할 수 있었다. 지구에 가만히 앉아서도 우주의 크기를 잴 수 있는 막강한 도구를 갖게 된 것이다.

내가 공부했던 몇몇 천문학 교과서에는 세페이드 변광성의 주기-밝기 관계를 발견한 사람은 여성 천문학자 '리비트'라고 짧게 적혀 있곤 했었다. 그녀가 누구인지 늘 궁금했다. 『리비트의 별』(조지 존슨 지음, 김희준 옮김, 궁리 펴냄)을 펼치면서 내심 드디어 나의 궁금증이 모두 풀릴 것이라 생각했다.

그런데 지은이가 쓴 서문을 읽는 순간 그런 기대는 접었다. 『리비트의 별』에 등장하는 헨리에타 스원 리비트는 여전히 드러나지 않는 아련한 인물이었다.

> "헨리에타 스원 리비트는 제대로 된 전기로 남을 만한 인물이지만 그 자취가 너무나 희미해 영영 그럴 일이 없을지도 모른다. 자신을 드러내지 않는 그녀에게서 일기도, 몇 상자의 편지도, 과학과 관련된 회고록도 나오지 않았다. 그녀는 전기에 관한 참고 도서나 각종 인명사전에 몇 문단으로, 혹은 천문학 입문 교재에 각주나 옆쪽의 박스로 처리되어 소개될 뿐이다."

그래도 이 책 속의 작은 불빛을 따라서 그녀의 자취를 찾아볼 수 있었다. 리비트는 오벌린 대학을 거쳐서 래드클리프 대학에 입학했다. 4학년이 되어서야 당시 하버드 천문대 대장이었던 에드워드 피커링의 천문학 수업을 들었는데, A(-) 학점을 받았다. 리비트의 지적인 능력과 성취는 의심할 여지가 없이 충분했던 것 같다.

> "1892년 스물네 살 생일이 오기 얼마 전에 헨리에타는 졸업 증서를 받고 졸업했는데, 그 증서에는 그녀가 남성이었다면 하버드에서 문학사 학위를 받기에 충분한 과정을 모두 마쳤다고 적혀 있었다. 그는 케임브리지에 남았고 그다음 해에는 대학원 학점을 따고 자원봉사자로 일하며 천문대에서 시간을 보냈다."

하지만 리비트는 당시 모든 다른 여성이 그랬던 것처럼 '천문학자'로서가 아니라 관측 자료를 그저 분석만 하는 일종의 '컴퓨터'로서 하버드 천문대에서 일을 할 수밖에 없었다. 하버드 천문대의 대장이었던 피커링은 리비트에게 별의 밝기를 측정해서 등급을 매기는 일을 시켰다.

시간에 따라서 빛이 변하는 변광성을 찾는 일도 그녀의 몫이었다. 그녀는 별의 밝기를 측정하는 '컴퓨터'였을 뿐 '왜 그런지를 알아내는 것'은 결코 그녀의 일이 아니었다. 하지만 그녀 동료의 표현을 빌리자면 리비트는 이 고생스러운 일에 대해서 겉으로는 "거의 종교적 열정"을 갖고 몰입하면서 나날을 보냈던 것 같다.

리비트 자신이 발견한 세페이드 변광성의 주기-밝기 관계에 대한 논문은 1912년 하버드 천문대 회보에 피커링의 이름으로 발표되었다. 단지 논문을 시작하면서 "소마젤란성운에 들어 있는 25개 변광성의 주기에 관한 다음 내용은 리비트 양이 작성했다"라고 기록되었을 뿐이었다.

이 논문은 우주의 크기를 측정하는 가장 기초적이고 믿을 만한 도구가 되었다. 리비트 자신이 인지했든 못했든 그녀의 발견은 현대 천문학의 가장 중요한 사건 중 하나였다. 허블의 우주팽창 발견도 이 논문의 결과를 응용해서 얻어진 것이었다. 하지만 리비트의 존재감은 미미했다.

리비트가 이런 상황에서 자신의 일에 대해서 실제로 어떻게 생각했는지는 알 길이 없다. 편지나 일기 같은 내면적인 기록이 거의 남아 있지 않기 때문이다. 어쩌면, 아니 아마도 그녀는 단순히 별의 등급을 결정하는 작업을 뛰어넘어 별 자체에 대해서 간절히 알고 싶어 했을지도 모른다.

하지만 세페이드 변광성의 주기-밝기 관계를 발견한 후에도 그녀는 별의 등급을 결정하는 지루한 일을 계속해야만 했다. 피커링이 자신의 스태프가 '일하기'를 바랐지 '생각하기'를 바라지는 않았기 때문이었다. 그녀는 자신을 '천문학자'라고 여겼지만 리비트의 타이틀은 끝까지 '조수'였다.

> "그녀가 죽기 1년 전 1920년에 인구 조사원이 린네가에서 어머니와 함께 사는 아파트에서 그녀를 마지막으로 만났다. 이웃 중에는 교사, 캔디 회사 판매원, 은행원, 감사가 있었다. 직업이 무엇이냐고 묻자 리비트는 솔직하게 그러나 약간 도전적으로 '천문학자'라고 답했다."

그녀는 자신이 관찰한 결과의 초고를 쓰고는 1896년에 배를 타고 영국 여행을 떠났고 거기서 2년을 보냈다. 어디로 갔는지 누구와 함께 갔는지 우리는 모른다. 리비트는 잠적과 복귀를 반복한다. 때로는 건강이 문제였고 때로는 가족을 도와야만 했다. 그녀 자신의 건강도 늘 지속적인 작업을 방해했다.

그래도 그녀의 작업을 인정하고 칭송하는 움직임도 간헐적으로 있었다. 국제천문연맹 제1회 총회에서는 리비트 그녀 자신도 속했던 항성측광위원회가 그녀의 "천문학에 대한 위대한 봉사"를 칭송했다. 1925년에는 스웨덴의 한 나이 많은 수학자가 "나는 당신을 1926년 노벨 물리학상에 추천하려고 진지하게 고려하고 있습니다"라는 편지를 보냈다.

그 수학자는 그녀가 죽은 줄도 몰랐다. 이 편지를 대신 받은 당시 하버드 천문대 대장이었던 또 다른 남성 천문학자 할로 섀플리는 리비트에 대한 최소한의 칭찬을 하고는 자신의 역할에 대해서 슬쩍 생색을 내는 답장을 보냈다. 섀플리는 그 상에 자신을 추천하려는 태도를 취했다.

리비트는 저급한 환경에도 불구하고 일에 대한 집착이 있었던 것 같다. 자신의 일을 진짜 좋아했던 것도 같다. 그리고 자존심을 지키려고 노력했던 것 같다. 하지만 그녀는 늘 조수였다. 아쉬움이 남는 생이었다. 그녀의 죽음에 대해서는 애니 캐넌의 일기에 이렇게 간략하게 적혀 있다.

> "12월 12일. 낮부터 비가 오다가 밤에는 폭우로 변했다. 헨리에타는 오후 10시 30분에 세상을 떠났다."

그녀가 남긴 것은 자기 삶만큼이나 파편적인 양탄자와 접는 스크린 같은 잡동사니였다. 당시의 희극 뮤지컬 〈H. M. S. 피나포어〉를 패러디해서 쓴 〈천문대 피나포어〉의 합창은 "천문학자는 불쌍한 인간이네"라고 시작했다고 한다. 그러고는 리비트 같은 여성 컴퓨터들의 실상을 적나라하게 드러내는 이런 노랫말이 이어진다.

"그는 돔을 열고 바퀴를 돌려야 하지
그러고는 지치지 않는 열정으로 별을 관찰해야지
그는 춥더라도 밤늦게까지 수고하고
그리고 괜찮은 급여는 기대도 말고"

〈천문대 피나포어〉의 다른 부분에서는 '컴퓨터' 전원이 부르는 합창이 튀어나온다.

"우리는 아침부터 밤까지 일하고
우리의 임무는 계산이라네
우리는 성실하고 예의바르고
우리의 기록은 멋쟁이라네"

『리비트의 별』 40쪽에 나오는 사진에는 이 노래를 합창하는 '컴퓨터'들의 모습이 보인다. 문득 그곳에 리비트도 같이 있을 것이라는 생각이 들었다. 하지만 그녀는 그때 이미 이 세상 사람이 아니었다.

"헨리에타 스원 리비트가 이 노래를 같이 부르는 것을 상상하고 싶은 유혹을 느끼게 된다. 그러나 그런 일은 일어나지 않았다. 이 뮤지컬이 쓰인 것은 1879년이었지만 1929년 송년 이브에야 초연되었는데 그때에는 그녀가 이미 죽고 없었다."

열정적이었지만 고단했던 미스 리비트. 그래서일까 리비트가 꼭 그 사진 속에 있을 것만 같다는 생각을 떨칠 수가 없다. 합창 소리도 들리는 것 같다. 시대는 변했지만 그녀가 처했던 고통은 이 시대에도 남아 있다고 그녀가 소리 높여 노래를 부르는 것 같다. 『리비트의 별』을 다 읽었지만 그녀는 여전히 사진 속에서 나오지 않고 있는 것 같다. 안녕, 미스 리비트.

위대한 천문학자의 멈추지 않는 열정

윌리엄 보어스트, 『티코 브라헤』

공부를 마치고 귀국한 지 얼마 되지 않았을 무렵의 일이다. 역시 출소한 지 얼마 되지 않았던 노동 운동가 한 명과 그의 세상 여행에 동참한 다른 사람들과 함께 여행을 다닌 적이 있었다. 그 무리 속에는 다양한 분야의 전문가들이 있어서 여행지에 도착하면 늘 강연이 있었고 토론이 이어졌었다. 저녁 식사가 끝나면 밤이 새도록 술자리가 이어졌다. 저녁 식사가 끝나고 술자리가 시작되기 전까지가 내가 맡은 시간이었다. 별을 보는 시간. 단, 날씨가 맑으면.

어느 겨울밤이었다. 전날 내린 눈이 아직 소복하게 쌓여 있었고 달도 없는 밤하늘의 별들은 미동도 없이 빛을 내리꽂는 정말 별보기 좋은 날이었다. 내가 안내하는 별자리를 따라서 고개를 젖혀 하늘 이곳저곳을 보던 사람들이 누가 먼저랄 것 없이 눈 위에 드러눕기 시작했다. 나도 혼자 서 있기 뻘쭘해서 같이 누워서 별 이야기를 이어갔다.

이야기가 카시오페이아자리에 이르렀다. 이런저런 이야기 끝에 카시오페이아자리 근처에서 1572년에 폭발한 초신성 이야기가 나왔다. 덴마크의 천문학자 티코 브라헤는 운이 좋게도 일생 동안 일식, 초신성 폭발, 혜성 같은 가장 극적인 천문 현상과 직접 마주쳤었다. 그를 일약 스타로 만든 것이 바로 나중에 그의 이름이 붙은 초신성 SN 1572를 관측한 결과를 바탕으로 쓴 책, 『신성에 관하여』였다.

그날 나는 티코 브라헤에 대해서 내가 알고 있었던 모든 이야기를 쏟아냈다. 대략 이런 것들이었다. 지금 돌이켜봐도 단편적인 에피소드에 불과한 이야기들의 나열이다.

- 티코 브라헤는 돈이 많은 덴마크 귀족 출신이었다. 성격이 더러웠다.
- 왕과도 친하게 지내서 자신만의 천문대를 벤 섬에 지어서 관측을 했다.
- 유럽 여러 곳을 떠돌면서 천문대를 만들어서 관측을 했다.
- 눈이 너무 좋아서 보통 사람들은 볼 수 없는 별들에 대한 기록도 남겼다.
- 자신의 관측 결과가 코페르니쿠스의 태양 중심의 태양계 모형을 지지하지 않아서 자신만의 모형을 만들었다.
- 여자 문제로 결투를 하다가 코가 날아가서 금과 은으로 만든 코 덮개를 하고 살았다. 훗날 티코 브라헤가 진짜로 가짜 코를 붙이고 살았는지 알고 싶었던 실증주의자들이 그의 묘를 파헤쳐서 확인했다.
- 한 파티에서 오줌을 참았다가 독이 번져서 죽었다.
- 자신의 조수였던 케플러를 미워해서 관측 자료를 잘 내어주려고 하지 않았다.

오래전에 사두었던 『티코 브라헤』(윌리엄 보어스트 지음, 임진용 옮김, 대명 펴냄)

를 꺼내서 읽었다. 인터넷 서점을 뒤지다가 우연히 발견하고는 언젠가는 읽게 되겠지 하고는 사두었던 책이었다. 『티코 브라헤』를 읽으면서 그날 밤 내가 내뱉은 이야기 속에는 사실이 아닌 것들도 일부 섞여 있었다는 것을 알았다. 왜곡되거나 확인되지 않은 이야기들도 있었다. 『티코 브라헤』를 보면서 내가 적어 놓은 에피소드 리스트를 비교해 보시라.

그날 사람들은 내가 들려주는 티코 브라헤에 관한 이야기를 경청하고 재미있어 했었지만 이제 『티코 브라헤』를 읽고 나니 새삼 낯이 뜨거워진다. 그래도 이제는 좀 더 정확하고 균형감 있게 티코 브라헤에 대해서 이야기할 수 있을 것이라고 스스로 위안하고 넘어가려고 한다.

이 책에는 내가 알고 있던 에피소드에 대한 정확한 이야기, 오해하고 있었거나 잘못된 것들을 바로 잡아 줄 수 있는 직접적인 이야기들과 새로운 에피소드가 넘쳐난다. 특히 세상에 회자되고 있는 이야기의 발단이 되는 이야기들의 정확한 출처를 확인할 수 있는 재미가 있다.

티코 브라헤의 코 이야기에 대해서는 '그날 사건을 목격했던 모임 참석자의 후손이자 티코의 첫 번째 전기 작가의 진술'을 기록해 두고 있다.

> "티코는 갑자기 테이블에 앉아 있던 여러 동료들 중 파르스베르크와 언쟁을 시작했는데, 채 얼마가 되지도 않아 그 둘은 흥분한 채 덴마크 말로 싸우기 시작했다. 그러다가 서로 검투를 신청하게 되었고, 곧장 일어나 밖으로 나갔다. 그 당시 나의 할머니는 그들과 같은 방에서 함께 식사를 하고 있었는데, 덴마크 말도 알고 있었다. 나의 할머니는 테이블의 다른 친구들에게 그 둘 사이에 실제로 결투가 벌어지지 않도록 곧장 뒤따라가서 불행한 사건을

말려 달라고 요청했다. 그 둘이 교회 마당으로 나올 때까지도 다른 사람들은 시끌벅적한 파티를 이어갔는데, 결국 티코는 자신의 코를 베어가는 칼끝의 일격을 당하고 말았다."

오줌 사건에 대해서 케플러가 티코 브라헤로부터 직접 들은 이야기도 적혀 있다.

"그는 평소보다 훨씬 더 오랫동안 오줌을 참으며 자리를 지켰다. 비록 그가 너무 지나치게 술을 많이 마셔 방광이 곧 터질 것 같은 압박을 느끼긴 했지만, 자신의 건강 상태가 어떤가에 대한 관심보다 오히려 식사 예절을 어김으로써 발생하게 되는 결례를 어떻게든 피하고자 했다."

『티코 브라헤』는 140쪽 정도 되는 비교적 짧은 책이지만, 티코 브라헤에 대한 유명한 에피소드들뿐 아니라 그의 삶을 관통하는 화두를 잘 짚어내고 있다. 바로 천문학에 대한 열정이었다. 티코 브라헤는 그가 천문학 공부를 하는 것을 달가워하지 않았던 가족들을 떠날 수밖에 없었다. 천문학에의 열정이 그를 방랑자로 만들었다.

"나는 조국에 있는 가족과 친구들에게 과분할 만큼 많은 것을 받았다. 그렇지만 모든 사람들이 내가 공부하는 것에 너무나도 기뻐하고 있기 때문에, 내가 덴마크에 머무를 수가 없다는 것이 마음에 걸린다."

그러던 그가 덴마크로 돌아온 것도 덴마크의 왕 프레데릭 2세가 벤 섬에 그만의 천문대를 지을 수 있도록 해주었기 때문이었다. 다른 나라에 천문대를 짓기 위한 준비가 거의 마무리 지어졌을 무렵이었다. 하지만 그는 더 좋은 천문대를 건설할 수 있는 조건을 제시한 프레데릭 2세의 제안을 받아들였고 덴마크에 정착했다. 그의 마음을 움직이는 것은 늘 천문 관측을 위한 조건이었다. 티코 브라헤는 벤 섬의 영주가 되었고 거기에 당시 세계 최고 수준의 우라니보르크 천문대를 지었다. 많은 인재들이 몰려들었고 최고의 천문 관측 기기들이 만들어졌다. 당연히 최고 수준의 관측 자료들이 축적되었다.

이 책에는 티코 브라헤가 보다 정밀한 관측을 위해서 어떤 기기들을 어떻게 개발했는지 구체적인 이야기들이 나온다. 관측 발명이 관측 자료의 질을 높이고 이를 통해서 세상과 하늘에 대한 인식을 변화시키는 새로운 법칙이 태동하는 과정을 실증적으로 보여주고 있다. 물론 이 책에는 그가 쌍둥이였다는 사실과 평민 여성과 정식 결혼을 하지 못하고 동거를 했었다는 이야기 같은 소소한 에피소드들도 적혀 있다. 천문 관측에 대한 그의 순수한 열정으로 뭉친 천문학자 티코 브라헤와는 또 다른 모습의 영주로서의 그의 모습을 만나는 재미도 있다.

그가 벤 섬의 우라니보르크 천문대를 포기하고 다시 떠난 것도 천문학 관측을 위해서였다. 프레데릭 2세가 죽고 그의 아들이 왕위에 오른 후 티코 브라헤는 정치적으로나 경제적으로 큰 타격을 받게 되었다. 결국 그는 가족들과 조수들과 일부 관측 기기를 이끌고 '불명예를 거부한 망명'을 선택하고 자신을 환영하는 로스토크로 떠나고야 만다. 그곳에서도 그는 천문학 생각뿐이었다.

> "티코가 로스토크에 머무르는 동안 그는 덴마크든 그 어디든 간에 상관없이 자신의 천문학 연구 결과를 출판할 수 있고, 가족의 신변을 보장해 줄 수 있는 영지를 찾아 꼭 다시 재건하겠다는 목표를 가슴에 새겼다."

잘 알려지진 않았지만 티코 브라헤의 가장 유능하고 충실한 조수는 케플러가 아니라 롱고몬타누스였다. 케플러는 롱고몬타누스가 덴마크로 돌아간 후에 티코 브라헤에게로 왔다. 그들은 격렬하게 싸우고 화해하기를 거듭하면서 관계를 이어갔다. 티코 브라헤의 관측을 바탕으로 새로운 세계를 구축하는 혁명에 불을 당긴 것은 케플러였지만, 불씨를 만든 것은 조국을 등지고 방랑한 끝에 축적해 두었던 티코 브라헤의 관측이었다.

『티코 브라헤』는 단편 영화 같은 책이다. 티코 브라헤의 천문학에의 열정이 전편을 흐르는 가운데 여러 사람들과 에피소드들이 물결처럼 흘러지나간다. 그 모든 것들이 도착한 해안에는 그의 열정이 남긴 모래톱이 무심히 쌓여 있었다. 『티코 브라헤』는 티코 브라헤의 천문학에의 열정에 대한 균형감 있는 작은 메모 같은 책이다. 유익했다.

하지만 책의 편집은 최악이었다. 촌스러웠고 심지어는 읽는데 방해가 될 정도로 불편하고 어색했다. 불편한 의자에 앉아서 편안한 영화를 본 것 같은 찜찜한 기분이 들었다. 재판이 나온다면 (제발 그랬으면 좋겠다) 무엇보다 책 디자인에 힘썼으면 하는 바람이다.

400년 전, 그 과학자가 본 것이 세상을 바꿨다

『갈릴레오가 들려주는 별 이야기』

나,

갈릴레오는 인류 최초로 우주의 샛별이나

울퉁불퉁한 달나라와 토성의 띠까지 찾아냈지.

또 목성 주위를 돌아다니는 4개의 위성과

수많은 별들로 이루어진 은하수가

늘 새로운 우주로 여행한다는 사실도 확인했지.

믿지 않겠지만 불길한 태양의 흑점들도 찾아냈네.

이 작은 32배율의 망원경도 오랜 연구 끝에

내가 갈고 닦은 솜씨로 직접 만든 거라네.

물론 렌즈도 새로 만들어 마치 대포를 조준하듯

날마다 천체를 뚫어지게 관측했지.

나는 태양이 내 눈을 태워 눈멀기 전에

우주의 무한한 내부를 꿰뚫어 본 사람이지만,

그 전엔 태양 대신 지구가 분명히 돌고 있는데도
돌지 않는다고 어쩔 수 없이 부인해야만 했네.
나를 이단으로 몰아 가택 연금을 선고한 교황과
예수회 신부들은 지진이나 번개 같은 자연현상이
왜 일어나는지 전혀 모르는 멍청이들이었지.
수천의 가면을 쓴 그들의 목소리는
소름 끼치도록 부드럽고 온유했지.
그들은 밤마다 내 영혼을 갉아먹은 맹수들이었네.

얼마 전 한국일보의 '함민복의 시로 여는 아침' 코너에서 이 시를 만났다. 『주기율표』(이현경 옮김, 돌베개 펴냄)로 유명한 프리모 레비가 쓴 '갈릴레오'라는 시였다.

반가웠다. 마침 갈릴레오 갈릴레이가 쓴 『갈릴레오가 들려주는 별 이야기: 시데레우스 눈치우스』(앨버트 반 헬덴 해설, 장헌영 옮김, 승산 펴냄)를 읽고 있었기 때문이었다. 또, 갈릴레오의 이름을 제목으로 단 이 시를 처음 만났기 때문이기도 했다. 더욱이 내가 개인적으로 좋아하는 프리모 레비의 작품이라니 이 시를 만나는 기쁨이 더 컸다.

2009년은 세계 천문의 해였다. 갈릴레오가 400년 전인 1609년에 망원경을 사용해서 천체를 관측하기 시작한 것을 기념하는 천문학 축제였다. 나도 세계 천문의 해 한국조직위원회의 문화 분과 위원장을 맡아서 이런저런 사업을 펼치고 있었다. 한창 이 별 축제가 무르익어갈 즈음 『갈릴레오가 들려주는 별 이야기: 시데레우스 눈치우스』의 옮긴이가 이 책을 내게 보내왔다. 한번 훑어보고는 재미있겠네, 하면서 책꽂이에 꽂아 둔 채로 시간이 흘렀다. 사실 이런 부류의 고전은 많은 사람이 알고 있을 만큼 '유명'하지만 결코 '읽지 않는 책'에 속한다.

드디어 이 책을 꺼내 들었다. 다소 의무감을 갖고 읽고 있었던 두꺼운 책 한 권과 씨름하다 지쳐서 뭐 새로운 게 없을까 책꽂이를 뒤지다가 만난 것이 바로 이 책이었다. 그런데 마치 오래도록 묵혀두었던 '장'을 꺼내는 것 같은 느낌이 들었다. 책장을 넘기자 먼저 과학사학자 앨버트 반 헬덴의 머리글이 나왔고 긴 해설이 이어졌다. 오래 묵힌 '장'에 대한 설명서 같았다.

갈릴레오는 네덜란드에서 망원경이 발명되었다는 소식을 듣고 자신이 직접 망원경을 제작하기로 결심했다. 얼마 후 그는 당시 최고 성능의 망원경을 만들어낼 수 있었고 이것을 사용해서 천체를 관측하기 시작했다. 물론 갈릴레오가 망원경을 사용해서 천체를 본 최초의 사람은 아니었다. 영국의 토머스 해리엇은 갈릴레오보다 앞서서 망원경으로 달을 관측하고 스케치를 남기기도 했다.

하지만 갈릴레오는 최고 성능의 망원경을 만들었고 여러 천체들을 체계적으로 관측했으며 책으로 출간했다. 1609년 가을 자신이 만든 20배율짜리 망원경으로 달을 보기 시작한 후 얼마 동안의 관측 기록을 엮어서 책으로 펴낸 것이 바로 『갈릴레오가 들려주는 별 이야기: 시데레우스 눈치우스』였다. 내용 면에서나 형식 면에서나 당시로서는 획기적인 책이었고 갈릴레오는 이 책으로 유명인사가 되었다. 그리고 천문학의 모든 것이 바뀌었고 세상도 변하기 시작했다.

"이런 유형의 책은 일찍이 나온 적이 없었다. 갈릴레오가 날카로운 통찰력과 뛰어난 지성을 지녔다는 것은 의심의 여지가 없다. 그런데 이 책은 지성의 산물이 아니라 실험도구의 산물이다! 망원경이라는 도구로 인해, 태초 이래 감춰져 온 천체 현상이 불쑥 모습을 드러낸 것이다."

갈릴레오가 쓴 책의 원문을 번역한, 이 책의 본문에 해당하는 '시데레우스 눈치우스'는 '고귀하신 토스카나의 네 번째 대공 코시모 드 메디치 2세 전하께'로 시작한다. 의례적이지만 낯간지러운 찬사가 이어지다가 "전하의 찬란한 이름을 기리기 위하여 여기 4개의 별이 예비되어 있습니다"라고 운을 뗀 후, 이렇게 결론을 말한다.

"이제까지 모든 천문학자들에게 감추어져 있던 별들을 제가 코시모 전하의 후원을 받아 발견하였기에, 저는 당연한 권리로서 전하 가문의 존귀한 이름으로 이 별들을 명명하기로 결심했습니다. 저는 이것을 처음 발견하였기에 마땅히 그 이름을 정할 권리가 있습니다. 다른 별들에 붙여진 다른 영웅들의 이름처럼 이 별들에 더욱 큰 영광이 더해지기를 바라마지 않으며, 제가 이 별들을 '메디치 별'이라 부른다 하더라도 아무도 이 권리를 부인할 수 없을 것입니다. 온갖 역사적 기념물들이 증거하는 영광을 지니신 전하의 조상들에 대해 말하지 않는 것은 위대한 영웅이신 전하의 미덕만으로도 전하의 이름을 붙인 별들을 불멸케 할 수 있기 때문입니다."

지금은 갈릴레오의 4대 위성이라고 불리는 유로파, 이오, 칼리스토, 가니

메데에 '메디치 별'이라는 이름을 붙여줄 테니 연구비를 많이 달라는 요구를 하고 있는 것이다. 낯간지러운 이런 표현 형식은 당시의 수사적 표현일 것이다. 장난 삼아 이 부분을 낭독하면서 읽어보니 연구비를 확보하기 위한 갈릴레오의 간절한 마음도 느낄 수 있었고 나름 재미있었다.

그러고는 본격적으로 갈릴레오 자신이 관측한 천체들에 대한 관측 결과를 차분하게 써내려가고 있다. 프리모 레비의 시 '갈릴레오'의 첫 번째 연에 나오는 내용 중 많은 부분이 이 책에서 다뤄지고 있다. 갈릴레오는 자신이 만든 망원경으로 먼저 달을 관측했다.

> "그런데 작은 반점들을 거듭 관측한 결과, 달과 모든 천체에 대해 옛날부터 많은 철학자들이 믿었던 것과 달리, 달 표면이 매끈하거나, 평평하거나, 완벽한 구 모양을 하고 있지 않다는 결론에 이르렀다. 오히려 그와 반대로 달의 표면은 거칠고 울퉁불퉁하며, 높고 낮은 돌출부로 가득 차 있다. 즉, 달 표면에도 지구 표면과 아주 비슷하게 높은 산과 깊은 계곡이 있다."

지금 들으면 너무나도 상식적인 말이다. 달의 크레이터를 처음 목격한 최초의 인간이 털어놓는 첫 번째 목격기를 그는 이렇게 차분하게 써내려가고 있었다. 하늘의 세상은 완전하다는 믿음에 대한 관측적 경험을 바탕으로 한 일격이었다.

나는 어릴 때부터 별 보는 것을 좋아했다. 내 소유의 망원경이 없어서 공개 관측회를 쫓아다니며 간간히 달이며 목성 같은 것을 망원경을 통해서 보고 있었다. 중학교 1학년 때 드디어 직경이 10cm인 작은 반사망원경을 마련하게 되었다. 작지만 갈릴레오의 굴절망원경보다 직경도 더 크고 다른 성능도 더 좋은 망원경이었다.

주로 배율을 30배 정도로 맞춰서 관측을 하곤 했었다. 갈릴레오가 사용했던 20배율과 엇비슷한 배율이었다. 내 망원경을 마련한 첫날 저녁때 관측했던 달의 모습을 지금도 잊을 수가 없다. 여러 번 보았던 망원경 속의 달이었지만 그날은 남달랐다. 갈릴레오가 그랬듯이 달의 구석구석을 살펴보고 도화지에 그리기를 반복했었다. 그가 그 옛날 느꼈을 감흥을 그대로 다시 느꼈던 것 같다. 마치 내가 망원경을 통해서 달을 본 첫 번째 사람이 된 것처럼.

이 책은 어린 소년이 밤을 새워가면서 작은 망원경을 통해서 달세계를 여행했던 바로 그 감흥을 다시 엿볼 수 있게 해준다. 달 표면의 여러 형상에 대한 자세하고도 역동적인 설명은 마치 우리가 그의 망원경을 통해서 지금 이 순간 관측을 하고 있는 것 같은 놀라운 생생함을 전달하고 있다. 달의 표면이 보여지는 모습이 하룻밤 사이에도 변한다는 사실도 생생하게 알려준다. 어린 시절에 관측을 하면서 이런 시간에 따른 변화를 느낀 적이 있었는데, 그때마다 내가 잘못 본 것 아닌가 하고 의심을 하곤 했던 생각이 난다.

> "달의 밝은 부분과 어두운 부분의 경계선은 고르지 않고 꼬불꼬불한 것처럼 보인다. 그보다 더욱 놀라운 것은, 밝은 부분에서 아주 멀리 떨어진 어두운 부분에서도 밝은 점들이 많이 보인다는 사실이다. 작고 밝은 이 점들의 밝기와 크기는 시간이 지날수록 점점 더 커진다. 실제로 두어 시간이 지나면 이

작고 밝은 점들은 주위에 있는 다른 밝은 점들과 합쳐져서 더 크고 밝은 점이 된다. 어두운 부분에서는 싹이 돋듯이 더욱 많은 밝은 점들이 생겨나 점점 커지고, 결국에는 어두운 부분과 밝은 부분이 합쳐지게 된다. 동트기 전 지구에서도 평지가 아직 어둠에 잠겨 있는 동안에는 높은 산의 봉우리가 먼저 햇빛을 받는다. 이 밝은 부분은 계속 늘어나서 산 중턱 등의 넓은 지역까지 햇빛을 받게 되고, 결국 태양이 완전히 떠오르면 평지와 언덕의 밝은 부분이 합쳐진다. 나중에 자세히 설명하겠지만, 달의 산과 계곡이 지구와 다른 점이 있다면, 지구보다 산이 훨씬 더 높고 계곡이 훨씬 더 깊다는 것이다."

그는 희뿌옇게 보여서 그 정체를 두고 별의별 철학적 담론이 쏟아졌던 은하수의 정체도 밝혀내게 된다.

"세 번째로 우리가 망원경으로 관측한 것은 은하수와 그 특성에 관한 것이다. 망원경으로 관측하면 대상을 직접 눈으로 확인할 수 있기 때문에, 오랫동안 철학자들을 곤혹스럽게 해온 은하수에 대한 문제를 모두 해결할 수 있다. 즉, 은하수는 무리를 지어 흩어져 있는 무수한 별들의 집합체일 뿐이라는 사실을 알 수 있다. 망원경으로 은하수의 어디를 보든지 간에 잠깐 동안 엄청난 수의 별들을 볼 수 있다. 크고 밝은 별들뿐만 아니라 작은 별들도 셀 수 없을 만큼 많이 볼 수 있다."

그는 망원경이라는 새로운 도구를 사용했고 그가 한 관측은 모든 것이 첫 번째 시도가 되었고 첫 번째 발견이 되었다. 쌍안경을 갖고 은하수를 이리저리 훑어보면서 다양한 별들의 색깔을 즐기던 어린 시절 생각이 난다. 이 책을 읽다가 문득 은하수를 구름이라고 우기던 동네 친구에게 망원경을 통해서 수많은 별들의 모임이 바로 은하수라는 것을 보여줬던 그날의 통쾌함이 다시 느껴져서 혼자 미소 지었다.

"1610년 1월 7일, 해가 지고 1시간이 지난 뒤, 내가 만든 망원경으로 별자리를 살펴보고 있을 때 목성이 하늘에 나타났다. 내가 가진 망원경은 세상에서 가장 좋은 것이어서, 작지만 매우 밝은 3개의 별(이전에 성능이 좋지 않은 망원경으로는 볼 수 없었던 별)이 목성 옆에 있는 것을 보게 되었다. 나는 이 별들이 붙박이별들 가운데 하나라고 믿었지만, 그래도 이 별들이 여간 흥미롭지 않았다. 왜냐하면 정확히 한 줄로 나란히 정렬되어 있었을 뿐만 아니라 황도와 나란히 정렬되어 있었고, 같은 크기의 다른 별들보다 더 밝았기 때문이다. 목성을 기준으로 한 그 배열과 위치는 다음과 같다."

역시 역사상 처음으로 인류가 목성의 위성을 목격한 순간이었다. 이어지는 그림에는 원으로 그려놓은 목성을 중심으로 동쪽에 두 개, 서쪽에 한 개의 별을 별모양으로 표시해 놓고 있다. 하지만 그는 이때까지만 해도 자신이 무엇을 발견했는지 모르고 있었다.

"그러나 8일에 똑같은 관측을 한 나는 미지의 운명에 이끌린 듯, 3개의 별이 당초 기대한 위치와 매우 다른 곳에 있는 것을 발견하게 되었다. (…) 이때까지만 해도 나는 이 별들이 더불어 움직이고 있다고는 생각하지 못했다."

반복 관측을 하면서 그는 자신이 본 별들이 목성의 위성이라는 것을 확신하게 된다. 11일의 일이었다. 이렇게 적고 있다.

"그래서 나는 조금도 의심치 않고, 이 3개의 별이 목성 둘레를 돌고 있다는 결론에 도달했다."

그러고는 목성의 위성들의 시간에 따른 위치 변화를 지루할 정도로 상세히 적어 내려가고 있다. 2월 2일에는 드디어 네 개의 위성을 한꺼번에 관측하게 된다. 그리고 갈릴레오는 자신이 발견한 이 새로운 별들에게 '메디치 별'이라는 이름을 붙였다. 나도 어린 시절에 관측을 하면서 목성의 위성 네 개에 각각 나만의 이름을 붙이는 놀이를 하곤 했었다. 주로 내가 짝사랑했던 추억 속의 여자 아이들 이름이나 좋아하던 여배우의 이름을 (예컨대 올리비아 핫세 같은) 붙이기도 했었다.

"한편, 주의해서 아주 정확하게 관찰한 결과 가장 큰 원을 그리며 도는 행성의 주기는 15일 정도인 것으로 보인다. 따라서 우리는 행성이 태양 둘레를 돌고 있다는 코페르니쿠스의 체계를 조심스럽게 수용하면서도, 지구와 달이 태양을 일 년에 한 번씩 함께 돌면서 동시에 달이 지구 둘레를 돌기도 한다는 것이 너무 당혹스러워서, 이러한 우주의 구성을 불가능한 것으로 결론짓고 마는 사람들의 당혹감을 일거에 없애 버릴 수 있는 뛰어나고 훌륭한 논거를 갖게 되었다. 한 행성의 둘레를 돌면서 그 행성과 함께 태양 둘레를 크게 돌기도 하는 것(달)을 우리는 이제까지 하나밖에 몰랐지만, 이제는 4개의 별이 목성 둘레를 돌면서 그 목성과 함께 12년 주기로 태양 둘레를 돌고 있다는 것을 알게 되었기 때문이다."

드디어 갈릴레오는 이렇게 이 책의 마지막 부분을 장식하고 있다. 깊이 묻어 두었던 '장'의 알짜배기 맛을 보는 것 같은 느낌을 주는 대목이다. 차분하지만 단호하게 새로운 우주 체계에 대한 경험적 사실을 표방하고 있는 것이다. 과학혁명의 시작을 알리고 인식 변화의 시작을 알리는 선언이기도 했다. 하나가 여럿이 되는 보편성의 증명이기도 했다.

400년 전에 쓰여진 『갈릴레오가 들려주는 별 이야기: 시데레우스 눈치우스』는 마치 그 당시의 관측 장면을 생중계하는 듯한 생동감 있는 감동을 주는 책이다. 왜 고전 원작을 읽어야 하는가를 다시금 깨우쳐준 고마운 책이기도 하다. 오래 묵혀둔 만큼 그 맛이 깊고 살아 있는 '장맛' 같은 책이다. 다시 작은 망원경을 마련해서 별을 보고 싶다는 욕망의 불을 지르는 책이기도 하다.

외톨이들의 조용한 혁명

데이바 소벨, 『갈릴레오의 딸』

사연이 묻어 있거나 추억이 녹아 있는 책들이 있다. 그립지만 마음 한편으로 비껴져 있는 책들이 있다. 그런 책들은 결국 언젠간 다시 불쑥 나를 찾아오고야 만다. 데이바 소벨의 『갈릴레오의 딸』(홍현숙 옮김, 생각의나무 펴냄)이 바로 그런 책이다. 그 책이 다시 불쑥 내게로 왔다.

10년 전쯤의 일이다. 다른 곳으로 출장을 가는 길에 뉴욕을 경유하게 되었는데 당시 자주 연락을 하고 지내던 네덜란드 출신 천문학자의 집에서 며칠 신세를 지게 되었다. 독신인 그녀의 집에는 작은 손님방이 있었는데 지인들에게 그 방을 흔쾌히 내어주곤 했었다. 여독 때문에 늦잠을 자고 깨어나 보니 벌써 정오가 다가오고 있었다. 그녀는 점심때까지는 돌아오겠다는 메모를 남기고 나가고 없었다.

집 이곳저곳을 둘러보다가 그녀의 서재에 눈길이 닿았다. 내 시선이 책 한두 권을 지나서 『*Galileo's Daughter*』에 멈춰 섰다. 갈릴레오에게 딸이 있었나, 이렇게 되물으면서 낯선 느낌이 들었다. 그러고는 이내 다른 책으로 시선이 옮겨갔다. 갈릴레오의 딸? 윌리엄 허셜의 여동생처럼 아버지 갈릴레오를 도왔던 숨은 여성 천문학자였나, 그런 생각이 스쳐갔다. 그러면서 몇 초도 지나지 않아 다시 이 책에 눈길이 갔고 나는 어느새 책장을 넘기고 있었다.

소파에 드러누워서 『*Galileo's Daughter*』를 읽고 있었는데 그녀가 학교에서 돌아왔다. 묻지도 않았는데 이 책에 대해서 이야기를 늘어놓았다. 주로 아버지로서의 갈릴레오와 딸로서의 첼레스테 사이의 관계에 대해서 이야기를 했던 것 같다. 돌이켜 생각해보니 당시 나이 든 어머니와 함께 더 많은 시간을 보내기 위해서 1년에 몇 달은 네덜란드 라이덴에 있는 천문학 연구소에서 일했던 그녀에게 부녀 사이의 이야기가 살뜰하게 다가왔을 것도 같다. 당시 나도 이미 두 아이의 아버지였고 두 분의 자식이었지만, 부모와 자식 사이의 관계에 대해서 특별히 기억할 만한 별다른 일이나 생각이 없었다. 그저 평범한 일상을 살아가고 있었다.

그녀의 집에 머무르는 며칠 동안 틈틈이 『*Galileo's Daughter*』를 읽었다. 한국 식당에서 돌솥비빔밥을 먹고 센트럴 파크 잔디밭에 드러누워서 이런저런 이야기를 나누던 기억도 난다. 멀리서 울려 퍼지는 어느 밴드의 음악을 들으며 여러 가지 이야기를 나누었지만, 역시 『*Galileo's Daughter*』 이야기가 대화의 많은 부분을 차지했었다. 미처 다 읽지 못한 부분은 책을 사서 비행기를 타고 귀국하면서 다 읽었다.

『*Galileo's Daughter*』를 읽으면서 우선 내가 갈릴레오 갈릴레이에 대해 아는 것이 거의 없다는 사실을 깨달았다. 천문학을 공부했으니 이래저래 그의 이름과 관련된 원리들 그리고 그와 얽힌 이런저런 이야기를 전해들을 기회가 있었겠지만, 이 책에 실린 많은 내용들이 생소했고 새로웠다.

그러고 보니 어릴 때부터 위인전 읽기를 싫어해서 갈릴레오의 전기나 위인전도 제대로 읽은 적이 없는 것 같다.

이 책을 읽고 나서 갈릴레오는 종교를 전면적으로 거부한 혁명 투사가 아니라는 지은이의 생각에 동의했다. 이 책에서 이야기하고자 하는 것도 그런 맥락이었던 것 같다. 크게 보면 갈릴레오는 늘 주류에 편입되어 있었다. 그를 비호하는 귀족 세력이 늘 존재했다. 메디치가는 그의 비호 세력을 넘어서서 그와 운명공동체 같은 위치에 있었다.

그는 그런 위치를 즐겼고 유지하려고 안간힘을 썼다. 책을 낼 때마다 자신을 유리한 미래로 이끌어줄 권력자에게 바쳤다. 물론 이런 헌정은 당시의 출판 문화의 관행이었지만 그는 남들보다 더 영리하고 더 적극적이었다. 그를 추종하는 세력들도 만만치 않았다. 그는 한쪽에서는 비난받고 모함 받았지만 여전히 다른 쪽에서는 추앙 받고 보호를 받았다.

그는 늘 안전하게 기존 정치 종교 체제 내에서 영광을 얻고자 노력했다. 적절하게 대외적으로 수사적으로 자신이 발견한 객관적 사실을 부인하거나 신념과 동떨어진 고백을 하는 굴욕도 달게 받았다. 갈릴레오는 체제 속에서 어떻게든 모든 것을 해결하려고 노력했다. 책을 지식인들만의 공용어인 라틴어 대신 대중의 언어인 이탈리아어로 쓰는 전복을 기하기도 했지만 자신은 아마 그것을 전복으로 여기지 않았을 것 같다. 더 많은 사람이 읽기를 바라는 단순한 감각이 발동했을지도 모른다. 생활을 이어가기 위해서 군사용 컴퍼스 같은 과학 장비를 상업적으로 개발해서 팔기도 하는 실용주의자였다.

『*Galileo's Daughter*』를 다 읽고 나서, 그를 과학과 종교의 대립을 상징하는 혁명가로 보기보다는 체제 속에서 자신의 진리를 추구해나간 합리주의자로 보는 견해에 어느 정도 동의했다. 그가 받은 핍박과 고통은 감당하기 힘들 만큼 큰 것이었지만 그는 늘 외톨이가 아니었으므로 그를 열사에 비교할 바는 못 된다는 생각을 했었다.

이 책의 첫 장을 넘기면서 갈릴레오의 딸은 천문학자가 아니라 수녀였다는 사실을 알았다.

> "베네치아 출신의 아름다운 여인 마리나 감바와의 오랜 동거 관계에서 태어난 갈릴레오의 큰딸은 새로운 세기가 시작된 해의 무더운 여름날인 1600년 8월 13일에 태어났다. (…) 갈릴레오는 '소중한 여동생'을 기리고자 딸에게 비르지니아라는 세례명을 지어주었다. 그러나 자신이 정식 혼인 관계를 맺지 않았기 때문에 딸 또한 결혼하기 힘들 거라고 생각했다. 딸아이가 열세 번째 생일을 맞은 직후에 갈릴레오는 그녀를 아르체트리에 있는 산마테오 수녀원에 넣었고, 그녀는 이곳에서 평생 가난과 은둔의 삶을 살았다."

> "비르지니아는 수녀가 될 때, 아버지가 별에 매혹되었음을 알고 마리아 첼레스테(celeste는 이탈리아어로 '하늘의'라는 뜻이다)라는 수도명을 택했다."

갈릴레오의 딸 첼레스테 수녀는 신분의 장벽 때문에 결혼하지 못한 부모 사이에서 태어난 사생아였다. 이 책의 첫 문장이기도 한 '존경하는 아버지께'로 모든 편지를 시작하는 첼레스테는 아버지를 빼닮은 딸이었던 것으로 이 책에 묘사되어 있다. 아버지에 대한 존경과 헌신으로 겹겹이

쌓인 그녀의 삶의 궤적이 이 책 곳곳에 묻어 있다는 느낌을 받았다.

하지만 『*Galileo's Daughter*』를 다 읽고 나서도 제목을 왜 구태여 그렇게 지어야 했을까 의아했다. 물론 딸의 편지를 통해서 갈릴레오의 사생활과 그의 나이브한 생각들이 드러난 것은 사실이지만 이 책은 그에 관한 책이지 그의 딸에 대한 책은 결코 아니라고 생각했기 때문이었다. 이 제목은 그저 눈길을 끌기 위한 수사에 불과하다고 받아들이고 넘어갔다. 시대적인 벽뿐만 아니라 아버지라는 벽 때문에 고단한 인생을 살았을 기특하지만 가여운 갈릴레오의 딸에게 마음속으로 헌화를 하는 것으로 나의 『*Galileo's Daughter*』 읽기는 마무리 지어졌다.

그리고 10년이 흘렀다. 나는 작년부터 매달 발행되는 한 웹진에서 두 사람이 정해진 다른 두 권의 과학책에 대한 서평을 각각 쓰고 또 대중 앞에서 이들 책을 소재로 대담을 하는 프로그램을 기획하고 진행하고 있다. 두어 달 전에는 내가 석사 학위 논문을 지도했던 옛 제자를 필자로 대담자로 모셨다. 그녀는 앞서 말했던 네덜란드 출신 천문학자의 논문 지도를 받아서 박사 학위를 받았고 지금은 귀국해서 교수가 되었다. 오랜만에 그녀도 보고 싶었고 특히 그때 다루었던 칼 세이건의 『코스모스』에 대해서 그녀가 각별한 추억이 있을 것 같아서 그녀를 모셨다.

오랜만에 만난 자리에서 이런저런 이야기를 나누다가 그녀가 불쑥 이 프로그램에서 『갈릴레오의 딸』을 다루어 보면 어떻겠느냐는 제안을 했다. 순간 한참 동안 잊고 지내던 친구 이름을 들은 것 같은 설렘이 일었다. 그녀가 이어서 자신이 곧 결혼을 하게 되었다는 소식을 전했는데, 축하한다는 말을 하면서 우습게도 『*Galileo's Daughter*』과 겹쳐진 뉴욕의 독신 천문학자의 얼굴이 떠올랐다. 좋은 예감이 떠올랐다. 그녀도 아마 자신의 지도 교수를 통해서 『*Galileo's Daughter*』를 만났겠지, 그런 생각도 함께 몰려왔다. 자연스럽게 미소가 지어졌다.

그리고 이젠 할머니의 모습도 언뜻언뜻 보이는 뉴욕의 그 천문학자가 서울에 왔다. 결혼식에 참여할 겸 국내의 천문학자도 만날 겸 처음으로 한국 나들이를 한 것이었다. 바쁜 일정을 치르고 있던 그녀를 어느 오후에 만났다. 우리는 마치 어제 만났던 것처럼 수다를 떨기 시작했다. 우리들의 추억이 4~5년 전쯤에 멈춰 서 있었기 때문에 그동안의 이야기를 나누느라 한참의 시간을 보냈다. 『*Galileo's Daughter*』 이야기도 그녀를 만나면 내가 늘어놓으려던 긴 목차에 있었지만 수다가 수다에 꼬리를 물다 보니 정작 그 책 이야기는 꺼내지도 못했다.

그렇게 『*Galileo's Daughter*』이 불쑥 다시 내게로 왔다.

이번에는 『갈릴레오의 딸』을 번역본으로 읽었다. 그런데 번역본은 이미 절판되어 있어서 인터넷 중고 서점을 뒤져서 구입을 해야만 했다. 『*Galileo's Daughter*』는 그 사이 내 손을 떠나서 다른 사람의 손에 갔다가 어디론지 또 옮겨갔다. 그 책을 갖고 간 그녀가 책을 읽고 어떤 생각을 했는지 궁금해졌지만 또 누구에게 『*Galileo's Daughter*』를 넘겨주었는지도 궁금했지만 이젠 물어볼 수가 없게 되었다.

다시 읽은 『갈릴레오의 딸』에 대한 나의 감상평은 『*Galileo's Daughter*』와 큰 맥락에서는 비슷했지만 눈길이 가는 곳은 조금 달라졌다. 언어의 차이와 세월의 차이가 반영된 탓일 것이다. 그 사이 나도 나이가 들었고 내 부모는 더 늙었고 아이들은 이제 부모를 배려하고 때로는 타박할 만큼 성장했다. 그 세월과 변화만큼 내 책 읽는 감상도 변했다.

> "그러나 마리아 첼레스테의 편지로 미루어볼 때 갈릴레오는 생전에 그 같은 분열을 인식하지 못했다. 그는 기도의 힘을 믿었으며 자신의 숙명인 과학자로서의 의무를 다하기 위해 끊임없이 노력했다. 그는 변함없이 훌륭한 가톨릭 신자였다."

『*Galileo's Daughter*』를 읽었을 때는 이런 구절을 보면서 위에 써놓은 식으로 이해하고 느꼈었는데 이번에는 좀 다른 생각이 치고 들어왔다.

갈릴레오는 몰상식의 세상에서 상식적인 사고와 행동을 하는 외톨이였던 것 같다. 그러면서 기존의 질서 속에 편입되려고 부단히도 힘썼던 또 다른 의미에서의 외톨이였다. 평생을 투병을 하면서 지냈던 외톨이였다. 많은 시간을 감금당한 채 고립되었던 외톨이였다. 신분상의 문제 때문에 사랑하는 사람을 아내로 맞아들이지 못했던 외톨이였다. 사랑하는 딸을 옆에 두지 못하고 수녀원에 보내야 했던 외톨이였다. 코페르니쿠스의 학설을 받아들였지만 함부로 이야기할 수 없었던 외톨이였다.

그는 합리적인 사람이었고 관찰과 관측 결과를 통해서 진리를 추구하는 이성적이고 상식적인 사람이었다. 물론 그의 시대는 여전히 중세 기독교의 먹구름 속에 허우적거리고 있었다. 갈릴레오는 그 자체가 모순인 사람이었다. 그 자신이 '변함없는 훌륭한 가톨릭 신자'임을 다짐하면 할수록 그를 둘러싼 태생적인 '분열'은 더 심해질 수밖에 없었을 것이다. 그러니 그가 기존 체제에 대한 미련을 고수하면 할수록 그의 고통은 더 커졌을 것이고 더 분열되었을 것이고 더 외로웠을 것이다.

그런 의미에서 갈릴레오는 역시 어쩔 수 없는 혁명가였다는 생각이 들었다. 그가 주어진 체제 속에서 살아보려고 안간힘을 썼던 것은 분명해 보인다. 하지만 그 자신이 내포한 분열은 이미 그를 혁명가로 만들고 있었다. 그가 기존 정치 종교 체제 속에서 안간힘을 쓰면서 살아남으려고 하면서 변절했다고 하더라도 그는 혁명가라고 생각한다. 그 자신도 어쩔 수 없는. 그가 종교를 부정하지 않았다고 하더라도 그는 이미 과학과 종교의 싸움에서 상식의 편에 섰고 그 자체로서 그는 종교에 침을 뱉은 것이었다. 그로 인해 불붙은 세상은 그와는 별개로 더 멀리 나아가고 있었다. 그런 의미에서도 그는 외톨이였고 여전히 반종교 혁명가였다.

"밤에 잠을 잘 방이 없던 터에 디아만타가 고맙게도 친동생 대신 저를 자신의 방에서 재워주었답니다. 그런데 그 방은 지금 끔찍할 만큼 추워서 머리가 멍할 지경이니 아버지가 여행을 떠나 계시는 동안은 쓸모가 없을, 아버지의 흰 침대보 하나 빌려주시지 않으면 그곳에서 어떻게 견딜 수 있을지 모르겠습니다. 제 부탁을 들어주실 수 있으신지 몹시 궁금합니다. 그리고 또 하나 부탁드릴 일은, 최근에 출판된 아버지의 책을 부디 한 권 보내주십사 하는 것입니다. 어떤 내용이 쓰여 있는지 궁금해서 어서 읽고 싶거든요."

갈릴레오의 딸 첼레스테도 외톨이였다. 그녀는 많은 사람들과 교통했고 수녀원에서 나름대로 성공적인 처세를 했지만 평생을 수녀원에 고립되어 살았다. 고립된 아버지 갈릴레오와 고립된 딸 첼레스테의 관계는 이번에는 딸의 맹목적인 존경과 일방적인 헌신을 바탕으로 한 주종 관계가 아니었던 것으로 읽혔다. 두 외톨이는 첼리스테의 편지를 통해서 드러난 것처럼 서로 일상을 공유하고 있었다.

몸은 떨어져 있었지만 먹고 사는 문제를 공유하는 일상의 동반자였다. 첼레스테는 단지 딸이 아니라 아버지의 책을 읽고 아버지의 편지를 대필하기도 하는 동료로서의 면모를 그녀의 편지를 통해서 잘 드러내고 있기도 하다. 딸은 끝없이 아버지에게 사랑을 표현하고 건강을 걱정하는 애틋한 모습을, 아버지는 딸의 요구를 무조건 다 들어주는 딸바보의 모습을 보여주고 있다. 그들은 다정한 부녀이기도 했고 서로를 아끼는 연인이기도 했던 것 같다.

『갈릴레오의 딸』이라는 제목이 이제는 어색하지도 않고 이 책이야말로 갈릴레오의 딸에 대한 책이라는 생각도 들었다.

그래도 나는 여전히 갈릴레오에 대해서 잘 모르겠다. 다만 그를 향한 내 시선이 좀 더 풍요로워진 것은 느낀다. 그에 대해서 더 알고 싶어졌다. 그가 중세 어느 고립된 섬에서 외롭게 외치는 갈릴레오가 아니라 현대로 나를 불쑥 찾아온 오래된 손님같이 느껴졌다. 그를 맞을 준비를 해야겠다. 첼레스테에게도 당연히 초대장을 같이 보내야겠다.

"그러나 그녀는 아직 그곳에 있다."

이 책의 마지막 구절이다. 그녀는 충분히 그럴 자격이 있다고 생각한다.

아인슈타인이 몰랐던 '빅뱅'의 천재

존 파렐, 『빅뱅-어제가 없는 오늘』

누가 어떤 것에 대해서 내게 물어오면 나는 답을 하기에 앞서 나에게 설명할 시간을 얼마나 줄 수 있는지 되묻곤 한다. 가령 어느 순간의 내 느낌을 말하라고 한다면 그냥 1초의 시간 동안 '벅차요'라고 표현할 수도 있겠지만 한 시간 동안 내 마음의 격동을 묘사할 수도 있을 것이다. 어쩌면 내 느낌으로부터 연상되는 과거의 일들을 회상하면서 몇 날 며칠을 두고두고 이야기할 수도 있을 것이다.

빅뱅 우주론에 대해서 한마디로 이야기해 달라는 요청을 받을 때가 종종 있다. 그럴 때면 거두절미하고 빅뱅 우주론은 '팽창 우주론'이라고 대답하곤 한다. 슬쩍 '상대론적 우주론'이라는 말도 설명 없이 덧붙이고 넘어간다. 시간이 좀 더 주어지면 '우주 팽창'이 무엇을 의미하는지 설명을 한다. 그래도 시간이 남으면 '팽창하는 우주'라는 관측 사실 하나로부터 어떻게 우주의 나이며 우주의 크기며 우주의 초기 상태며 우주 속의 물질의 생성에 관한 정보를 알아낼 수 있는지 설명을 해나간다. 우주 진화의 역사에 대한 이야기를 하는 것이다. 이쯤에서 빅뱅 우주론의 가장 강력한 관측적인 증거인 우주배경복사에 대해서도 언급을 한다.

그래도 시간이 남으면 가속 팽창하고 있는 우주 이야기를 하면서 우주의 운명에 대해서 설명을 한다. 그래도 또 시간이 남으면 우주 초기의 급팽창 이야기를 좀 하고 호기가 발동하면 양자역학 이야기나 초끈 이론 이야기를 꺼낸다. 우주의 기원에 대해서 이야기하려는 것이다. 그러면 이야기는 자연스럽게 다중우주로 이어진다.

시간이 좀 더 주어져야 나는 비로소 천문학자들 이야기를 시작한다. 빅뱅 우주론에 대한 과학적 개념 설명이 늘 우선이니 주어진 시간 동안 빅뱅 우주론을 완성시킨 천문학자들에 대한 이야기를 다룰 수 있는 기회가 많지 않다. 그래도 기회가 주어지면 팽창 우주의 관측적인 증거를 제시한 허블과 함께 일반인들에게는 잘 알려지지 않은 특별한 천문학자인 조르주 르메트르의 이야기를 하곤 한다. 그동안엔 내가 이런저런 자료를 통해서 주워들은 이야기를 토대로 이 특별한 천문학자가 빅뱅 우주론에 어떻게 기여했는가를 이야기했다.

르메트르에 대해서 조각처럼 모인 검증되지 않은 어설픈 정보를 발설하는 것이 늘 마음에 걸렸다. 그러던 중 만난 책이 『빅뱅-어제가 없는 오늘』(존 파렐 지음, 진선미 옮김, 양문 펴냄)이다. 빅뱅 우주론에 얽힌 이야기를 허블이나 아인슈타인이 아닌 르메트르를 중심으로 기술한 책이다.

어떤 것에 대해서 한마디로 정의하기보다는 두고두고 곱씹으면서 이야기하는 것, 문득 이렇게 하는 것이 문명의 발달의 척도가 아닐까 그런 생각을 해봤다. 알려진 결과가 보여주는 단선적인 역사에서 벗어나서 더 깊고 더 넓은 눈으로 역사를 되짚어 보는 것, 이것도 또한 문명의 발달의 징후가 아닐까 하는 생각도 들었다. 겉으로 드러난 주인공에게만 쏠린 시선을 바로잡고 진정한 역사 속 주인공을 찾아내고 복권시키는 일, 이것이야말로 진정한 의미에서 문명을 한 걸음 앞으로 밀어 올리는 작업이라는 생각도 같이 들었다. 『빅뱅-어제가 없는 오늘』이 그런 역할에 조금은 보탬이 될 수 있는 책이라는 생각이 든다.

> "르메트르의 나이가 상대적으로 적었다는 점도 분명히 도움이 되었을 것이다. 그는 뉴턴 물리학이 아닌 아인슈타인 물리학으로 교육받은 첫 번째 우주학자였다고 볼 수 있다. 르메트르와 동시대에 활동했던 학자들(그의 스승이기도 했다)인 아인슈타인, 에딩턴, 드 시터, 그리고 톨먼과 로버트슨 등은 나이가 더 많았으며 르메트르에 비해 좀 더 고전적인 교육을 받은 물리학자들이었다. 그리고 아인슈타인과 같은 당대의 학자들은 새로운 우주론의 문제에 "신-뉴턴주의적 방법으로 접근하여 포스트-뉴턴주의적 방법으로 근사치를 추정하고 일반 상대성 이론의 신-뉴턴주의적 해석을 강조했다." 르메트르는 이러한 방법론을 사용하기보다는 그가 가능하다고 생각했던 방법으로 상대성 이론의 중력장 방정식을 자유롭게 다룰 수 있었다. 이것은 스승들이 발견하지 못했던 가능성이었다. 수학에서 곧바로 상대성 이론으로 옮겨온 르메트르의 학문 경로도 중요한 역할을 했다. 물리학을 전공하는 학생들은 대부분 직접 옮겨가기보다는 우회하는 방법을 선택했다. 즉 수학을 물리학적 사고에 필요한 학문으로만 배웠다."

결국 르메트르가 과거의 사고방식에 얽매이지 않고 새로운 이론을 바탕으로 우주론을 펼친 첫 세대라는 말이다. 그것도 수학으로 철저하게 무장한. 하지만 르메트르의 스펙은 여기서 머무르지 않는다. 그는 박사 학위 논문을 쓰기 전에 이미 아인슈타인을 직접 만나서 자신의 우주론에 대해서 이야기를 나눴고 (결과는 참담했지만) 영국을 방문해서 아인슈타인 다음으로 상대성 이론을 잘 이해하고 있던 영국 케임브리지 대학교의 에딩턴과 함께 연구를 했다. 르메트르는 곧바로 상대성 이론을 사용해서 우주론을 펼치는 분야에서 1인자가 되었다.

그는 팽창 우주의 관측적인 증거를 발견한 허블도 만났고 그 본산인 미국의 윌슨 산 천문대도 방문했다. 팽창 우주의 실마리를 제공한 은하들의 적색이동 현상을 발견한 슬라이퍼가 있던 미국 애리조나 주의 로웰 천문대도 방문했다. 1920년대 당시 은하 연구의 또 다른 본산이었던 하버드 천문대에서는 샤플리와 함께 연구를 했다. 박사학위는 미국 MIT에서 받았다.

벨기에 출신의 사제이기도 했던 르메트르는 1920년 당시 가장 혁신적인 물리학 이론을 완벽하게 이해하고 응용하면서 동시에 탄탄한 수학 실력을 갖춘 거의 유일한 인물이었다. 천문학의 가장 프런티어에서 연구하고 있던 당대의 대학자들을 방문해서 같이 연구를 하면서 이론뿐 아니라 관측 방법에 대해서도 완벽한 이해를 갖췄다. 현대 우주론을 완성할 수 있는 최적의 조건을 갖춘 사람이 바로 르메트르였다.

하지만 르메트르의 학문 여정은 굴곡 그 자체였다.

빅뱅 우주론 즉 팽창 우주론의 신호탄을 쏘아올린 논문으로 흔히 허블의 1929년 논문을 꼽는다. 우리로부터 멀리 떨어져 있는 은하일수록 더 빨리 우리로부터 멀어져 간다는 사실을 허블이 발견했고 오늘날 우리는 이 관계를 '허블의 법칙'이라고 부른다. 하지만 르메트르는 2년 앞선 1927년에 이 관계를 먼저 발견했고 논문도 발표했다.

> "현재 이에 관해 남아 있는 기록들은 없지만 르메트르는 1927년의 논문을 작성하기 전 몇 해 동안 허블이 발표한 은하의 멀어짐뿐만 아니라 우주 팽창의 문제에 관해 의견을 교환했을 것으로 생각된다. 그는 자신의 편지를 잘 보관해두지 않기 때문에 좋은 통신인이 되지 못한다고 말한 적도 있다. 허블은 자신에 대한 어떤 것에 대해서든 이의를 제기하는 사람들을 곱지 않은 눈으로 바라보았기 때문에 자신의 업적을 조금이라도 손상시킨다고 생각되는 통신기록이라면 남겨두지 않았을 수 있다. 그러나 많은 물리학자들은 두 사람 사이에 어떤 접촉이 있었을 것이라 추측한다. 두 사람 사이에 어떤 논쟁이 오고 갔을 수는 있지만 르메트르는 자신의 이름을 붙이지 않고 동료 천문학자의 이름을 붙여 '허블의 법칙'이라 부르는 데 대해 어떤 불만도 제기하지 않았다."

허블의 1929년 논문에는 르메트르에 대한 언급이나 그의 1927년 논문에 대한 언급은 전혀 없었다. 우리가 무심히 지나쳐버린 사건의 경황을 알았다면 바로잡아주면 될 것이다. 허블이 르메트르의 작업에 대해서 알았는지의 여부는 과학사학자들이 더 연구해야 할 주제지만 팽창 우주의 발견을 알리는 이 은하 속도-거리 관계에 르메트르의 이름을 붙이는 것에 인색해서는 안 될 것 같다. 그것이 문명의 발달을 가늠하는 잣대라고 생각한다. '허블의 법칙' 대신 '르메트르-허블의 법칙'이라고 불렀으면 한다. 허블이 수행한 숱한 관측들은 두말할 필요도 없이 빅뱅 우주론의 관측적 기반이 되었다. 하지만 르메트르의 시간을 앞선 혜안은 공식적으로 인정받아야 마땅할 것이다.

르메트르는 팽창 우주에 대한 이론적인 모형도 만들었다. 1927년 아인슈타인에게 그의 우주 모형을 설명했지만 당시 우주론의 패러다임이었던 정적인 우주론을 믿고 있던 아인슈타인은 르메트르를 무시하고 만다. 아인슈타인의 말이다.

"자네의 수학적 계산은 정확하지만 자네의 물리학은 지겹다네."

르메트르는 오늘날의 관점에서 봤을 때 빅뱅 우주론의 관측적 증거가 되는 관계를 올바르게 발견하고 예측했고 해석했다. 그가 아인슈타인의 일반 상대성 이론을 바탕으로 만든 우주 모형은 오늘날 우리가 사용하는 바로 그 모형이다. 우주론 교과서 곳곳에 그의 이름이 조각처럼 남아 있기는 하지만 그의 업적은 여전히 땅속에 묻혀서 발굴을 기다리는 고고학 자료같이 긴 잠 속에 빠져 있다. 르메트르야말로 실질적인 빅뱅 우주론의 주인공인 것이다.

빅뱅 우주론에 미친 르메트르의 영향은 여기서 그치지 않는다. 빅뱅 우주론의 몇 가지 현안 문제를 해결해주었던 급팽창 이론을 내세운 구스는 이렇게 적어놓았다.

"당시에는 몰랐지만 내가 발견한 점점 더 빠르게 팽창하는 공간은 새로운 개념이라고 할 수 없다. 이는 상대성 이론의 우주론적 초기의 해들 중 하나였다. 나는 드 시터의 1917년 우주론 방정식을 재발견했는데 이것은 르메트르의 1925년 MIT 박사 논문에 포함되어 있었다."

르메트르는 빅뱅 우주론의 가장 강력한 관측적인 증거인 우주배경복사의 이론적인 근거가 될 수 있는 빅뱅 우주론의 초기 상태에 대해서 고찰한 첫 번째 천문학자이기도 하다. 양자역학을 도입해서 우주의 기원에 대해서 연구하기도 했다. 1998년 우주가 가속 팽창하고 있다는 사실이 알려지면서 아인슈타인의 우주상수가 부활했다. 우주상수의 이론적 실제적 유용성에 대해서 르메트르는 1920년 당시 이미 파악하고 있었다. 중성자별과 블랙홀의 존재를 예측하는 이론적 토대 마련에도 그의 이름이 빠지지 않고 등장한다.

하지만 르메트르는 1950년대를 기점으로 우주론을 다루는 국제무대에서 고립되고 사라져간다. 여러 가지 이유가 있겠지만 1951년 교황이 빅뱅 우주론을 억지로 해석해서 창세기와 끼워 맞추는 도발적인 발표를 한 것도 그 이유 중 하나일 것이다.

"교황은 이제 르메트르의 팽창 우주 모형, 즉 원시원자 이론이 성서 창세기의 창조 이야기를 과학적으로 입증해주었다고 생각하고 이를 공개적으로 표현하기 시작했다. 이는 르메트르를 거의 광분하게 만들었다. 이때부터 르메트르는 그 일로 인해 많은 동료 과학자들, 예를 들어 특히 호일과 보너 등이 자신의 빅뱅 이론에 대한 회의적 시각을 당연시하게 되었다고 생애 마지막 순간 가슴 아파했다. 즉 물리학이 아닌 르메트르의 신앙심이 초고밀도 상태에서 우주가 시작되었다는 팽창 이론의 영감을 주어 빅뱅 이론이 제안되었다고 의심하는 학자들이 많았다."

르메트르는 이 일이 있은 후 사실상 우주론의 국제무대에서 은퇴하고 은둔하게 되었다. 벨기에의 루뱅 대학교에서 컴퓨터를 사용한 천체역학 문제 풀이에 몰두하면서 나머지 삶을 이어가게 된다. 당대의 저명한 우주론 학자들과의 공동 연구 제안에 대해서도 번번이 뿌리쳤다. 그가 우주론 연구를 계속 이어갔다면 빅뱅 우주론은 훨씬 더 빨리 표준 우주론으로 자리를 잡았을 것이다.

천문학자이면서 사제였던 르메트르에게 종교와 신앙이란 따로 생각할 수 없는 그의 삶 자체였을 것이다. 하지만 나는 그가 현대를 살았다면 무신론자였을 것이라고 생각한다. 적어도 회의주의자였을 것이다. 그랬다면 교황청의 멍청한 방해를 받지 않고 우주에 대한 더 멋진 이야기를 우리들에게 들려주었을 것이다. 역으로 도킨스가 중세에 살았다면 그는 분명히 수도원의 사제가 되었을 것이다. 이것은 신앙이나 종교적 갈망의 문제가 아니다. 당시 지적 호기심을 만족시킬 수 있는 거의 유일한 직업이 사제였으니 호기심 많은 도킨스는 지식욕을 따라서 십중팔구 사제가 되었을 것이다.

"르메트르는 다윈의 이론을 받아들였지만 현재 일부 정치적 영역에서 지지

> 를 받고 있는 소위 진화의 지적 설계 이론에 관심을 가졌다고 보기는 어렵다. 그는 성서의 창세기를 글자 그대로 해석하려는 어떠한 시도에도 동의하지 않았다. 뉴에이지 사상의 광풍이 불어오자 인문학 분야에서 상대론이 대두되고 과학과 기술의 부정적 영향이라 생각되는 부분에 대한 멸시가 유행했다. 그러나 르메트르는 이들 중 어느 쪽에도 동감하지 않았다."

물리학자 폴 디랙은 『르메트르의 과학연구』에서 이렇게 적어 놓았다고 한다.

> "나는 이 주제에 대해 그리고 르메트르가 제시한 웅대한 그림에서 느꼈던 감동을 이야기하면서, 종교에 가장 가까운 학문은 과학 분야의 우주론인 것 같다고 이야기했다. 그러나 르메트르는 이에 동의하지 않았다. 내 말에 대해 잠시 생각하더니 종교와 가장 가까운 학문은 심리학일 것이라고 대답했다."

르메트르는 그 당시 이미 진화생물학적인 존재로서의 인간을 파악하고 있었는지도 모른다. 종교와 가장 가까운 학문을 심리학으로 이야기한 것에는 다분히 다의적인 해석을 할 수 있을 것이다. 하지만 사람들이 왜 신 같은 가상의 존재를 믿는지를 연구하는 이른바 '믿음의 엔진'에 대한 과학 연구가 진화심리학의 이슈 중 하나인 것을 생각해보면 르메트르의 사고체계가 얼마나 현대적인 것이었는지 알 수 있을 것이다.

『빅뱅-어제가 없는 오늘』에는 이 글에서 잠깐 다루었던 이야기 외에도 더 풍성하고 더 디테일한, 매력적이면서 불우했던 르메트르에 대한 이야기가 담겨 있다. 다른 시선으로 우리가 놓친 역사의 순간을 찾아서 복원하고 그럼으로써 문명의 발전에 작은 기여를 하나 하는 책이다. 이 책을 읽기 전에는 막연한 마음으로 르메트르를 흠모했다면 이 책을 읽고 나서는 그의 생각 하나하나를 공감하면서 그에게 스며들어가는 느낌을 갖게 되었다.

르메트르는 현재진행형이다.

"인생은 별처럼 꿈꾸는 것이다"

『과학자 조경철, 별과 살아온 인생』

"인생은 별처럼 꿈꾸는 것이다."

고(故) 조경철 박사의 영결식이 진행되는 동안 나는 벽면 한 켠에 넉넉하게 자리 잡고 있던 이 글귀만 쳐다보고 있었다.

인생의 꿈을 다 꾸고 이제 막 별로 돌아가는, '서민의 친구'로도 '아폴로 박사'로도 불렸던 그 사람을 내 마음에서 놓아주고 있던 참이었다. 작년 이맘때의 일이었다. 쓰러졌다는 연락을 받고 급히 달려갔을 때만 해도 회복 전망은 낙관적이었는데 결국 고비를 넘기지 못하고 말았다. 그리고 1년이 흘렀다.

조경철이 쓴 회고 에세이 『과학자 조경철, 별과 살아온 인생』(서해문집 펴냄)을 다시 집어 들었다. 장례식 기간 중에 고인을 추모하는 글을 청탁 받았었는데 글을 준비하면서 이 책을 처음 읽어볼 기회가 있었다. 이런 저런 이유로 결국 글을 쓰지 못해서 마음의 빚이 있었는데 이번에 다시 기회가 왔다.

처음 이 책을 읽었을 때 받았던 가장 큰 충격은 이 책의 마지막 문장이 "나는 나의 조국 한국과 나를 키워 준 미국을 사랑한다"로 끝난다는 것이었다. 그동안 봐왔던 조경철 박사의 자유롭고 천진난만한 이미지와 '국가들'이 잘 겹쳐지지 않았기 때문이었다. 하지만 돌이켜 생각해 보면 그의 부드럽고 익살스러운 문장 속에 각인되어 있는 사건 하나하나가 격동기 한국의 기록 자체였고 그는 그 격동의 역사의 한복판에 있었으니, '조국 한국'과 '미국'이 낯설지 않은 그의 정체성이었을 것이다.

평양에서 자라서 김일성종합대학을 다니던 한 청년이 김일성 암살 모의 사건에 연루된 것을 계기로 월남을 감행했다. 고생 끝에 서울에서 대학생이 되었고 한국전쟁이 터지자 통역 장교로 전투 부대 지휘관으로 참전해서 공을 세우고 훈장을 받았다. 북한에 두고 온 동생은 인민군이 되었고 월남자 가족이라는 낙인에도 불구하고 공을 세워 나름대로 성공적인 삶을 이어갔다. 오랜 기다림 끝에 그들의 짧은 만남도 이루어졌다. 미국으로 유학을 간 이 청년은 성실한 근성과 의로운 사람들의 도움으로 박사 학위를 받았다. 미국의 대학교에서 학생들을 가르치고 초특급으로 영주권을 발급해준 한 국가 기관에서 일하기도 했다. 성공적인 미국 생활을 하던 중 '조국 한국'의 부름을 받아서 귀국했다.

이 이야기는 한국전쟁 전후의 격랑의 시대를 겪은 숱한 '누군가들'의 사연을 모두 합쳐 놓은 것일 수도 있고, 또 정확하게는 조경철 박사 자신이 몸으로 직접 겪은 이야기이기도 했다. 그러니 '조국 한국'과 '미국'은 그가 사무치게 사랑할 수밖에 없는 대상이 아닐 수 없을 것이다.

현대 천문학의 격동의 현장에도 천문학자 조경철이 있었다. 『과학자 조경철, 별과 살아온 인생』은 그 시대를 기록한 그의 증언이기도 하다. 그는 연희대학교에서 물리학을 전공한 후 미국으로 유학을 갔는데 정치학으로 전공을 바꿔서 석사 학위를 받았다. 정치학 박사 과정에 막 입학했던 청년 조경철에게 어느 날 편지 한 장이 날아들었다. 연희대학교 시절 은사였던 고 이원철 박사의 편지였다. 이원철 박사는 1926년 미시간 대학에서 천문학으로 박사 학위를 받았는데 우리나라 과학 계통 제1호 박사였다. 조경철의 운명을 바꾼 그 편지의 내용은 다음과 같았다.

> "네가 연희대학교를 졸업하고 미국으로 가서 물리학 공부를 버리고 정치학이라는 학문의 외도를 하고 있다는 소식을 들으며 실망이 컸다. 내가 1948년에 대학에서 천문학 강의를 할 때 너의 공부하는 태도에 감명을 받았기에, 너를 나의 후계자로 삼아 천문학자로 만들고 싶다. 여기에 미시간 대학원의 천문학과 입학 허가서를 동봉하며, 한국 국비 유학생으로 지명하니 곧 미시간 대학으로 떠나거라."

그야말로 그의 말마따나 '아닌 밤중의 홍두깨 같은 충격'이었지만 며칠을 두고 고민한 끝에 그는 미련 없이 미시간 대학교로 짐을 싸서 떠났고, 그의 운명은 180도 변했다. '별과 살아온 인생'이 본격적으로 시작된 것이었다.

미시간 대학을 거쳐서 펜실베이니아 대학으로 옮겨서 천문학 공부를 계속했던 조경철 박사는 당시에는 최첨단 연구 분야였던 식쌍성 관측 연구로 박사 학위를 받았는데 그때 그는 이미 '귀하신 몸'이 되어 있었다.

구소련의 1957년 인공위성 스푸트니크 발사가 모든 것을 바꿔놓았던 것이다.

"내가 공부하던 초반기에 천문학은 그야말로 '파리 날리는 과'였는데 이 스푸트니크 발사 사건으로 우리 과가 일약 인기학과가 되어 지원자가 몰리기 시작했다. 내가 박사 학위를 받았을 때는 '귀하신 몸'을 영입하겠다고 사방에서 초청이 왔다. 1962년에 펜실베이니아 대학에서 천문학으로 박사 학위를 받은 사람은 나 혼자였으니까 말이다."

하버드 대학의 천체물리연구소를 비롯한 많은 연구소에서 초청을 받았지만 조경철 박사는 공무원 신분으로 은퇴할 때까지 신분이 보장되는 미국 해군천문대를 선택했다. 해군천문대는 '외국인' 조경철에게 공무원이 되는데 필요한 영주권을 일주일 만에 만들어 주었다. 구소련과의 우주 경쟁 속에서 미국의 대학들은 서둘러 교양 천문학 강좌를 개설하기 시작했는데 조경철 박사의 강의가 인기를 끌어서 다섯 개 대학에서 강의를 하는 강행군을 하기도 했다.

미국 항공우주국의 고더드 우주비행센터로 자리를 옮긴 후에는 우주개발에 직접 관련된 연구를 하게 되었다. 그곳에서 제미니 6호와 7호의 랑데부 장면을 관제실에서 목격했고 화성 탐사선 마리너 4호가 직접 보내오는 화성 표면 사진을 통해서 화성의 분화구를 처음 목격하는 역사적인 현장에도 그가 있었다.

해외 유치 과학자 제1호가 되어 미국 생활 15년 만에 귀국한 조경철 박사는 연세대학교 천문기상학과 교수로, 그에게 '아폴로 박사'라는 별명을 안겨준 아폴로 11호 중계 해설가로, 국립천문대 설립위원회 위원장으로, 한국과학기술정보센터 사무총장으로 바쁜 나날을 보내기 시작했다. 후에는 경희대학교 우주과학과를 개설하기도 했다.

나는 개인적으로 위에서 나열한 내용만으로도 조경철 박사에 대한 학술적 평가가 재정립되어야 한다고 생각한다. 그는 늘 천문학적 격동의 현장에 있었고 중요한 역할을 해왔다. 하지만 천문학계의 '조경철' 평가는 일반인의 지지와 열광과는 달리 다소 냉소적인 것이 사실이다. 물론 그가 더 치밀하게 후학을 양성하지 못했다든지 더 끈질기게 질 높은 논문을 생산해내지 못했다는 점은 인정한다 하더라도 천문학계 주류의 '조경철' 저평가는 받아들이기 힘든 측면이 있다. 그도 그랬던 모양이다.

> "나의 정위치는 대학교 교수직이다. 대학 교수 사회는 동업자끼리 서로 시기와 반발이 가장 심한 곳이다. 그저 '죽었소' 하고 가만히 있으면 별 탈이 없지만, 한 동료 교수가 매스컴의 각광을 받으면 가만히 놔두지 않는다. 매스컴 활동은 내가 자초해서 하는 것도 아닌데, '사촌이 땅을 사면 배가 아프다'라는 옛말이 있듯이, 자신의 무능력은 생각도 않고 매스컴의 인기를 얻은 동료 교수를 혹평하며 끌어내리기에 바쁘다. 기회만 있으면 사회적으로 매장시키는 일도 서슴지 않는다. 나도 그 희생자의 한 사람이었다."

우리 사회에는 과학자가 직접 쓴 자서전이나 회고록이 유독 드물다. 천문학자가 쓴 것은 아마도 『과학자 조경철, 별과 살아온 인생』이 유일하지 않을까 하는 생각이 든다. 그래서 이 책이 더 소중하고 반갑기도 하다. 하지만 아쉬움도 남는다. 그가 차마 하지 못한 이야기가 많을 것이라는 안타까움이다. 자서전이나 회고록의 진짜 마력은 다른 사람들과의 껄끄러웠던 역사를 솔직하게 역사 앞에 밝히고 자신의 치부를 과감하게 드러내는 데 있는지도 모른다.

조경철 박사에 대한 학계 내의 호불호가 극명하게 갈리는 것이 현실이라면, 그가 하고 싶은 말은 더 많았을 것 같다. 예컨대 연세대학교와 경희대학교에서 교수직을 물러날 때 있었던 소문만 무성한 숨겨진 이야기들을 이 책을 통해서 직접 접할 수 없었던 것은 정말 아쉬운 대목이다. 물론 당사자들이 대부분 생존해 있는 것을 생각하면 그런 내용을 발설하기 어려웠겠지만 내내 아쉬운 마음을 감추기도 힘들다. 그냥 한 방 날리고 자신의 허물도 까발려버렸더라면 어땠을까.

낭만적이고 낙천적인 그에게도 '탤런트 교수'라는 학계의 시샘어린 놀림은 참기 힘들게 아팠던 모양이다. '제대로 교수 활동을 할 리 없다'는 논리로 정상적인 교수 활동에 따르는 혜택에서 번번이 제외 당했다고 억울함을 토로하고 있다. 그래서 그런 그들에게 본때를 보여주려고 시작한 것이 '저술 활동'이라고 적고 있다. 혹평하는 자들로부터 자존심을 지키기 위해서이기도 했다.

> "이럭저럭 노력하다 보니, 논문은 약 60편, 잡지에 기고한 것은 2,000개가 넘었고, 책 저술도 2007년 현재로 아마도 대한민국에서 최대인 170권에 달했다."

그는 “나의 여생의 목표는 200권이 넘는 책을 씀으로써 이 사회에 봉사하는 데 작은 보탬이 되는 것이다”라고 말했고, 실제로 177권의 책을 남겼다.

나도 이렇게 쓰였을 그의 책들을 읽고 강연을 들으면서 천문학자의 꿈을 키웠던 ‘조경철 키드’의 한 사람이다. 아마추어 천문가였던 나는 어릴 때부터 공식적인 모임에서나 사적으로 조경철 박사를 만날 기회가 종종 있었다. 그런데 돌아가시기 전 몇 년 동안은 세계 천문의 해 행사와 관련해서 또 외계 지적 생명체 탐색(SETI) 프로젝트와 관련해서 조경철 박사를 만나는 횟수가 부쩍 늘었었다.

이때 전설적인 과학 잡지 『학생과학』의 발행인이며 한국아마추어천문가회 초대 회장이었던 메트로신문사 남궁호 회장과 조경철 박사의 만남도 주선했었다. 청년 남궁호가 한국에서 과학 잡지를 발간할 생각으로 미국에 있던 조경철 박사를 찾아갔었던 이야기며 한국아마추어천문가회를 창립하던 때의 에피소드를 떠올리며 두 사람은 즐거운 추억에 잠겼었다. 국제 우주 대회에 참가했던 SETI 과학자 두 분과 조경철 박사의 만남도 주선했었다. 1993년에 있었던 SETI 학회에서 만났었던 세 사람은 재회를 만끽하는 모습이었다. 늘 받기만 하던 다 자란 ‘조경철 키드’의 작은 선물이었다.

아직 지키지 못한 약속이 있다. 조경철 박사가 SETI 연구의 선구자인 프랭크 드레이크 박사와 함께 1993년에 찍은 사진을 빌렸는데 미처 돌려드리기 전에 조경철 박사가 돌아가셨다. 돌아가시기 얼마 전에 만났을 때, 당신의 박사 학위 논문 원본을 연세대학교 천문우주학과에서 빌려갔는데 돌려주지 않고 있다고 하시며 정황을 알아보고 찾아달라는 부탁을 하셨다. 아직 수소문도 못했다. 부지런히 서둘러서 약속을 지켜야겠다.

강원도 화천에 조경철 박사를 기념하는 천문대가 완공되면 그때 그 사진과 박사 학위 논문을 돌려드렸으면 하는 생각이다. 세계 천문의 해를 기념해서 원고지에 육필로 써주신 천문 에세이를 내가 직접 입력해서 웹진에 게재했었다. 세계 천문의 해 기념 에세이집을 출간해서 보여드리겠다고 약속했었다. 이 에세이는 천문학 관련해서는 조경철 박사님의 유고작이 된 글이다. 올해가 가기 전에 꼭 약속을 지키려고 한다.

『과학자 조경철, 별과 살아온 인생』을 덮으려니 '별처럼 꿈꾸는 인생'을 살고 간 그가 사뭇 그리워졌다.

과학은 사람이 하는 일

김용준, 『사람의 과학』

한 번도 만난 적이 없지만 마치 여러 번 만났던 것 같은 착각을 일으키게 하는 사람이 있다. 직접 배운 적은 없지만 이미 오래도록 그 사람의 강의를 들었던 것 같은 착각을 갖게 하는 사람이 있다. 그 사람과 내밀한 이야기를 나누었던 것 같은 환각마저 불러일으키게 하는 사람이 있다. 늘 옆에 있는 것처럼 느껴지는 사람이 있다. 『사람의 과학』(통나무 펴냄)을 쓴 김용준이 내겐 그런 사람 중 한 명이다.

대학교에 다니던 시절 김용옥의 강의를 들으러 갔다가 그의 큰형에 대한 이야기를 처음 들었다. 내가 다니던 학교의 전공 수업은 곧잘 빼먹으면서도 다른 과나 남의 학교의 소문난 강의는 들으러 다니던 시절이었다. 몇 차례 경험했던 김용옥의 수업 중에 에피소드처럼 등장하던 그의 큰형에 대해서는 막연하게 김용옥에게 큰 지적인 자극을 준 사람으로 기억하고 있었다. 큰형에 대한 김용옥의 사랑과 질투와 존경과 원망이 뒤섞인 이야기를 들으면서도 그저 약간의 호기심이 발동했었지만 그뿐이었다.

유학을 마치고 돌아와서 강의를 준비하면서 한 달 동안 책을 집중해서 읽는 시간을 가졌었다. 한동안 우리나라를 떠나 있었으니 우리말로 강의를 하려면 읽기와 쓰기와 말하기를 좀 다듬을 필요가 있다고 생각했기 때문이었다. 강의에 필요할 것 같은 천문학 책도 몇 권 골랐지만 대부분의 책은 천문학과 크게 관련이 없는 책들로 골랐었다. 주로 제목과 서문과 목차를 본 후 무작위로 책의 서너 곳을 펼쳐서 읽어보고 마음에 들면 고르는 식이었다. 서점에서 50권 정도의 책을 골라서 샀다.

그 책들 중 한 권이 『사람의 과학』이었다. 제목을 보고 책을 골라서 들고 목차를 보는데 '나의 큰형, 김용준'이라는 제목을 단 김용옥이 쓴 긴 서문이 눈에 들어왔다. 서문은 무려 54쪽까지 이어졌다. 김용준이 이런 사람이었구나, 그러면서 그냥 담담하게 읽었던 기억이 난다. 큰 배낭에 책을 잔뜩 넣어서 집에 돌아와서 몇 권의 책을 동시에 읽기 시작했다. 침대 옆에 한 권, 거실에 한 권, 식탁에 한 권, 이렇게 집 여기저기에 책들을 널어놓고 마음이 가는대로 읽었었다. 즐거운 시간이었다.

이미 여러 권의 책을 읽은 후에 『사람의 과학』을 읽기 시작했다. 처음에는 단숨에 읽혔다. 앉은 자리에서 금방 다 읽어버릴 것 같은 추세였다. 그런데 책을 읽는 동안 생각이 많아지기 시작했다. 한 쪽을 읽자 서너 가지 생각이 치고 들어왔다. 한 문장을 읽고 나면 그만큼의 생각이 또 치고 들어왔다. 한 달 내내 조금씩 달팽이 걸음처럼 『사람의 과학』을 읽었다. 그러는 사이 '김용준'이라는 사람이 내 마음을 깊고 넓게 염색시키고 있었다.

"내가 오늘까지도 집회벽을 버리지 않는 것, 어디에서든지 어느 때든지 주변의 사람들을 모아 가르치고 같이 토론하며 공부하는 습관을 유지하고 있다는 것, 내가 남다른 명 강의자로서 명성을 휘날리게 된 것은 사실 알고 보면 모두 큰형 흉내 내기 소꿉장난에 불과한 것인지도 모른다. 맹모삼천이라는 말이 결코 고사 속의 한 구절이 아닐 것이다."

『사람의 과학』을 읽고 나도 김용옥이 서문에 쓴 그대로 '김용준 흉내 내기'를 하고 싶은 충동을 느꼈었던 것 같다. 돌이켜보니 천문학 전공과 교양 강의를 하는데 유독 '사람'이 강조된 커리큘럼을 짜려고 노력했었던 것 같다. 아마도 그의 그늘 속에 묻혀서 나 자신도 인지하지 못한 채 '사람'이라는 말을 남발하고 있었을 것이다. 물론 그의 관점과 연륜을 전혀 따라잡을 수 없었으니 흉내였을 뿐이었다. 하지만 나는 지금도 그 시점에서 내가 『사람의 과학』을 우연히 만난 것을 행운으로 생각한다. 흉내라도 낼 수 있는 대상이 있었다는 것 자체가 행운이었다.

"과학은 분명 문명 속에 존재하는 인간의 행위다. 그런데 우리는 부지불식간에 과학이 문명을 뛰어넘는 어떤 신적 존재라고 생각하고 있다. 허나 이제 인간은 과학에 대하여 자신의 인간다움을 주장할 때가 온 것 같다. 그러기 위해서는 과학 그 자체의 의미를 깊게 파악해야 한다."

박사 학위를 갓 마친 과학자에게 꼭 필요한 말인 것 같다. 『사람의 과학』을 다시 읽다보니 이 부분을 접어두었었다. 당시의 나에게 꼭 필요한 이야기였을 것이고 나도 이에 공감했었던 모양이다. 과학은 인류가 발명한 사고체계 중에서 가장 합리적이고 비판적인 것임에는 틀림이 없다. 하지만 과학은 과학자들이 수행하는 것이고, 그들은 종종 과학을 침범할 수 없는 영역으로 만들어버리는 우를 범하곤 한다. 종교가 걸어온 실패와 파멸의 길을 스스로 가려는 관성을 갖고 있는 것이다.

『사람의 과학』에 실린 과학에 대한 세밀하면서도 비판적인 에세이들은 과학도 '문명' 속의 존재라는 지극히 평범한 자각과 성찰을 다시 떠올리게 한다. 과학의 의미를 잘 인식하고 파악하는 것, 그것이야말로 과학이 종교의 길을 가지 않기 위한 최소한의 원칙일 것이다.

> "그러나 필자가 강조하고 싶은 점은 과학의 역사성이다. 물론 오늘날 과학철학 분야에서 거론되고 있는 논쟁을 여기서 문제 삼으려는 것은 아니다. 다만 자연과학에서 가장 중요한 관찰의 이론 의존성을 무시하고서는 자연현상에 대한 이론의 변천을 설명할 수가 없다는 사실을 간과해서는 안 될 것이다. 물론 관찰의 이론 의존성에 대한 시비도 그렇게 간단히 처리될 수 있는 문제가 아니다. 그러나 오늘의 과학문화에 대한 근본적인 성찰은 과학 이론의 변천을 고려하지 않고서는 그 해결을 모색하기가 매우 어렵다는 점만을 지적해두고자 한다."

『사람의 과학』을 통해서 김용준이 강조하고 있는 또 다른 덕목은 과학의 인식론적 한계에 대한 부분이다. 과학은 모형을 세우고 그 모형을 검증하는 과정에서 발전한다. 그런데 그 모형이라고 하는 것 자체가 우리들의 인식의 범위 안에서 결정되고 발명되는 것이니 그 한계를 인식하자는 것이다.

당연한 말처럼 들릴지 모르지만 사실은 현대 과학에서 아주 중요한 논쟁 중 하나인 문제다. 실체가 있는 자연의 속성을 모형을 통해서 발견하는 것인지 아니면 우리 뇌가 구성하는 세계를 우리가 발명한 모형을 통해서 확인하는, 되돌림하는 인식 체계 속에 우리가 갇혀 있는지에 대한 논쟁은 그 자체로서도 흥미로운 일이다. 그는 과학자들이 모형 자체를 숭배하는 것을 경계하고 있었던 것이다.

> "제이콥 브로노프스키의 말대로 과학이란 우리가 만나고 경험하는 세계를 기술하는 언어이다. 그리고 분명한 사실은 그 언어는 인간에 의해서 사용되고 있는 커뮤니케이션의 수단이라는 점이다. 따라서 과학이 없이는 사람과 사람 사이의 커뮤니케이션이 두절되고 만다. 어떤 의미로는 사람과 사람 사이만이 아니라 모든 삼라만상과의 커뮤니케이션이 없어지고 말 것이다. 서로서로 오고감이 없는 세계란 암흑일 따름이다."

『사람의 과학』에서는 문화로서의 과학이 강조되고 있다. 문화의 원천은 커뮤니케이션일 테니 과학도 마땅히 그 바탕 위에서 소통되어야 할 것이다. 요즘 과학문화라는 말이 유행이다. 말뿐만이 아니라 행동하는 과학문화에 대한 성찰이 이 책 속에 고스란히 담겨 있다.

이 책은 김용준이 투고했던 글들을 모아놓은 에세이집이다. 각기 다른 시기에 다른 의도로 쓴 글들 사이의 일관성을 유지하기 쉽지 않을 것 같은데 그의 글들은 마치 휘리릭 써내려간 전작처럼 큰 맥을 따라 흘러가는 강 같았다. 나는 그의 강을 따라 이리저리 오가면서 때로는 강가에서서 때로는 그 강물 속에 몸을 던지면서 그의 책을 즐겼다.

그의 삶의 무게가 더해져서 가속된 그의 에세이들은 더 큰 충격과 감동으로 우리를 찾아온다. 그의 글은 가끔씩은 고답적이고 따분해 보이지만 김용준의 진정성은 그 모든 것들을 덮어버리기에 충분한 진폭을 갖고 있다. 무엇보다 과학을 문화와 문명 속의 존재로 자리매김하고 과학 모형의 인식론적 한계를 지적하는 부분은 현대 과학이 꼭 받아들여야만 하는 필수요소일 것이다. 과학을 커뮤니케이션으로 파악한 것도 무척이나 현대적이다. 『사람의 과학』은 현대 과학이 자각하고 성찰해야만 하는 많은 요소들을 이야기한다는 현대성을 지니고 있다.

나는 여전히 만난 적 없는 김용준의 이야기를 들은 것 같은 착각 속에 살고 있다. 『사람의 과학』에서 보여준 그의 삶의 철학과 과학에 대한 태도에는 대부분 공감한다. 만난 적 없는 그를 또 만나서 이야기를 나누는 공상을 하곤 한다. 하지만 그의 정신세계의 뿌리를 구성하고 있는 기독교적 윤리관이나 세계관에는 결코 찬성할 수가 없다. 그것의 성찰의 결과가 이 책 속에 나타난 휴머니즘이라고 하더라도. 『사람의 과학』에서 그가 견지한 과학에 대한 태도를 그 자신이 정작 기독교에도 적용할 수 있을지는 의문이다.

나는 개인적으로 김용준이 그런 시도를 하거나 했기를 바라지만 그것은 결국 허망한 바람일 것이다. 기독교는 그가 살아온 원천이기 때문에 당연한 일인지도 모른다. 그의 자산이자 그가 결코 넘을 수 없는 인식의 벽 같은 한계일 것이다. 그래도 그가 보여준 비판적이고 합리적인 사고에는 박수를 보낸다. 『사람의 과학』을 이끌고 가는 휴머니즘에는 진한 공감을 보낸다.

> "그 쪼끄만 세계 속에서 하루 종일 뒹굴면서 과학은 '싸이언스'라고 외치고 또 지금도 열심히 독서 토론을 벌이고 있는 인간 김용준의 생애야말로, 어쩌면 내가 지금 이제 와서 생물학도로서의 마지막 도박을 한의학에 걸게 된 만용의 원천일지도 모른다. 지금도 나 도올의 김용준 흉내 내기는 계속되고 있을지도 모른다."

『사람의 과학』이 있는 한 나는 매일 김용준을 만나고 산다. 그의 흉내를 내면서 살고 있다.

칼 세이건,
코스모스를 향한 열정

윌리엄 파운드스톤, 『칼 세이건』

사람이 온다는 건
실은 어마어마한 일이다.
그는
그의 과거와 현재와
그리고
그의 미래와 함께 오기 때문이다.
한 사람의 일생이 오기 때문이다.

오랜만에 『칼 세이건: 코스모스를 향한 열정』(윌리엄 파운드스톤 지음, 안인희 옮김, 동녘사이언스 펴냄)을 다시 펼쳐드는데 정현종 시인의 「방문객」 중 몇 구절이 떠올랐다. 어떤 사람의 평전을 읽는다는 것은 어쩌면 (최소한 책을 읽고 있는 동안에는) 그 사람을 온전히 만나는 일이고 결국 그 사람의 일생을 맞이하는 작업인지도 모르겠다는 엄청난 생각이 들었다.

돌이켜보면 나는 그동안 '칼 세이건'이라는 방문객을 여러 고비에서 여러 차례 만났었는데 그것이 '실로 어마어마한 일'이었다는 것을 모르고 지나쳤던 것 같다. 과학을 좋아하던 내 또래의 다른 많은 소년소녀들처럼 나도 그에 대한 이런저런 이야기를 『학생과학』 같은 과학 잡지를 통해서 보고 듣고 자랐다. 멋진 천문학자라고 생각했다.

화성탐사선 바이킹이 화성에 착륙해서 찍어 보낸 사진을 신문에서 오려놓고 보고 또 보고 하면서도 그곳에도 칼 세이건의 손길이 닿아 있는 줄은 몰랐다. 텔레비전을 통해서 〈코스모스〉 다큐멘터리를 시청하고는 그것으로는 아쉬워서 비디오테이프를 구해서 보고 또 보고 하면서 처음으로 그의 존재감을 느꼈다. 책으로 나온 『코스모스』는 많은 사람들의 가슴에 불을 질렀다. 나도 가슴에 불이 붙은 많은 그들 중 하나였다.

유학을 마치고 귀국한 다음 교양 천문학 강의를 맡게 되었을 때 의지하며 다시 펼쳐본 책도 『코스모스』였다. 칼 세이건의 죽음 소식에 친구들에게 나만의 추모 이메일을 띄우면서 슬퍼했고 허무함에 무너지는 느낌을 경험하기도 했다. 부끄럽지만 정작 그의 다른 책들을 찾아서 읽기 시작한 것은 그가 죽은 후의 일이었다. 『콘택트』는 영화를 먼저 보고 우리말로 번역된 소설을 읽었고 그 여운에 밀려서 출장에서 돌아오는 비행기 안에서 영문판 원본 『*Contact*』를 읽었다. 나는 그가 만들어 놓은 프레임 안에서 사고하려고 안간힘을 썼고 그의 이야기를 학생들에게 충실하게 전하려고 노력했다.

칼 세이건에 관한 TV 다큐멘터리를 만드는 작업에 자문을 시작하면서 처음으로 그의 삶에 대해서 전체적으로 살펴볼 기회가 생겼다. 국내에 번역되어 있는 책들을 모두 찾아서 읽었다. 자료가 될 만한 것들도 닥치는 대로 찾아서 살펴보았다. 처음으로 그가 사람으로 보이기 시작했다. 그의 책 속에서 그의 과학뿐 아니라 그의 삶도 보이기 시작했다. 그 무렵부터 나는 벌써 그를 그리워하기 시작했다.

미국 출장길에 들렀던 서점에서 파운드스톤의 『칼 세이건』 영문 원본을 발견했다. 돌아오는 비행기 안에서 한숨도 자지 않고 책을 읽었다. 그 동안 그때 그때 단편적으로 마주쳤던 칼 세이건의 삶의 여정을 한꺼번에 만날 수 있는 기회를 더 빨리 만들고 싶었기 때문이다. 예상과는 다르게 파운드스톤은 칼 세이건에 대한 이야기를 디테일하지만 별다른 평가 없이 써내려가고 있었다. 평전이라면 지은이의 평가가 좀 더 명확하게 서술되어야 하는 것이 아닌가, 그런 생각을 했던 기억이 난다. 하지만 칼 세이건의 과학적 업적과 사생활에 대한 세밀한 서술은 그의 과학과 삶을 이해하는 데 큰 도움이 되었다.

귀국하자마자 영문판 『칼 세이건』을 들고 잘 아는 출판사 편집장을 만나서 번역 출간을 강하게 권했다. 하지만 이런저런 이유로 그 작업은 실현되지 못했고 나는 이 책이 출판되지 못하고 있는 것에 늘 불만이었다. 나중에 다른 출판사에서 번역 출간된 『칼 세이건』을 서점 진열대에서 만났을 때 나는 마치 오랫동안 마음속에 간직하고 있던 어린 시절의 친구를 다시 만난 것처럼 이 책을 꼭 껴안고 한참을 서 있었다. 오래전에 비행기 안에서 그랬던 것처럼 나는 집으로 돌아오는 차 안에서 또 이 책을 펼쳐놓고 읽어 내려가기 시작했다.

몇 년 전에 칼 세이건의 세 번째이자 마지막 아내였던 앤 드루얀을 만날 기회가 생겼다. 그녀가 칼 세이건과 함께 쓴 『잊혀진 조상의 그림자』

가 다시 번역되어 나온 것을 기념해서 기자 간담회를 하는 자리에서 내가 통역과 사회를 맡은 것이었다. 그녀와 아들 샘을 만나러 그들이 묵고 있던 호텔로 찾아가기 전날 밤, 나는 또다시 영문판 『칼 세이건』을 꺼내 들었다. 밤을 꼬박 새면서 읽었다. 그녀와의 만남을 앞둔 상황 때문인지, 이번에는 앤 드루얀과 칼 세이건의 인연이 겹치는 쪽의 이야기에 유난히 눈길이 갔다. 이들의 이야기는 이 책의 후반부를 가득 채우고 있었지만, 아들 샘에 대한 이야기는 단 한 문장, 그가 1991년에 태어났다는 것뿐이었다.

앤 드루얀을 만나서 사적인 대화를 나눌 기회가 생긴다면 나는 딱 두 가지 이야기를 화두로 올려보겠다고 생각하고 있었다. 하나는 그들이 결혼 전까지의 약 4년 동안을 불륜 상태에서 연애를 했는데 그동안 어떤 감정 라인을 갖고 있었는지에 대한 것이었다. 다른 하나는 그들의 삶에서 또 다른 큰 부분을 차지하고 있는 마리화나에 대한 것이었다.

칼 세이건의 과학과 사상에 대한 이야기는 책을 통해서 어느 정도 알고 있었고 기자 간담회 때 또 그런 이야기가 반복될 것인데, 그녀와의 첫 만남에서 그런 이야기로 시간을 낭비하고 싶지는 않았다. 첫 만남에 질문하기에는 좀 무례할 수도 있는 내용이었지만, 사실 그 내용들이 비밀도 아니고 풍문도 아니고 관심이 있는 사람들에게는 잘 알려진 이야기였기 때문에 별 문제는 없을 것으로 생각했다. 물론 『칼 세이건』에도 이와 관련된 일부 내용이 적혀 있다.

호텔 로비에서 만나서 기자 간담회가 열리는 곳으로 이동하는 차 안에서 나는 먼저 아들 샘과 이야기를 시작했다. 앤 드루얀은 가벼운 인사를 나눈 다음 메모지 몇 장을 살펴보고 있었다. 당시 고등학생이었던 샘은 역사를 공부하고 싶다고 했다. 너무 어린 나이에 아버지가 죽었기 때문인지 아버지에 대한 직접적인 추억보다는 그를 추모하고 회상하는 과정에서 생긴 흠모가 더 많아 보였다. 1991년에 태어났냐고 확인하면서 샘에게 6월 1일이 무슨 날인지 아느냐고 물었다. 그는 글쎄요 하면서 머뭇거렸다. 그때 앤 드루얀이 끼어들었다. 알고 물어보느냐고 내게 다시 물었다. 나는 웃으면서 그렇다고 대답했다. 나는 내가 알고 있는 그들의 이야기를 내가 기억하는 연도와 날짜와 장소를 제시하면서 이야기를 늘어놓았다. 그러자 앤 드루얀이 내 말을 받아서 그들의 이야기를 들려주기 시작했다.

『칼 세이건』에도 서술되어 있듯이, 앤 드루얀과 칼 세이건은 친구집에서 친구의 친구로서 처음 만났고 바로 친구이자 여러 작업을 같이 하는 파트너가 되었다. 둘 사이에 사랑이 싹트면서 칼 세이건은 친구의 애인을, 앤 드루얀은 친구의 남편을 빼앗는 배신의 주인공이 되었다. 불륜의 기간 중에 그들은 『코스모스』를 펴내기도 하면서 연인으로서 파트너로서 왕성한 활동을 했다.

앤 드루얀은 솔직하고 매력적인 인물이었다. 불륜 기간 중 정작 자신들을 많이 괴롭힌 것은 자신들에게 배신당한 친구들에 대한 미안함이 아니라 (물론 미안했다고 부연 설명했지만) 칼 세이건과 린다 살츠먼 사이에서 태어난 아들 닉이 받았을 충격에 대한 걱정이었다고 한다. 그리고 칼 세이건의 재산을 둘러싼 린다 살츠먼과의 길고 긴 이혼소송이었다고 한다. 정작 그들은 자신들의 옛 파트너에 대한 큰 죄책감 없이 그들만의 생활을 즐겼다고 이야기해주었다. 싱겁게도 그들의 감정라인은 그들만의 행복한 리그를 꾸려가느라 여념이 없었던 듯하다. 그럼 6월 1일은? 그들이 처음 결혼하기로 결정한 날짜이자 4년 후 실제 결혼식을 올린 날짜이다. 내겐 앤 드루얀과의 소중한 대화를 만들어 준 고마운 숫자이기도 하다.

칼 세이건이 마리화나 애연가였다는 것은 어느 정도 알려진 사실이었다. 그는 마리화나를 피우면서 느끼는 감정적 지적 변화를 즐겼다. 그는 앤 드루얀과 함께 마리화나 흡연의 합법화를 위한 시위에도 참가했다. 내가 궁금했던 것은 이 지점이었다. 명망가들 중에 개인적인 마리화나 애연가는 숱하게 많지만 부부가 합심해서 마리화나 합법화 운동에 나설 정도면 굉장히 큰 애착이나 집착이 있을 것이라고 생각했다. 앤 드루얀의 대답은 의외로 단순하고 명확했다. 그들은 마리화나가 담배보다 건강상으로나 중독성 면에서나 덜 해롭다는 과학적 근거를 알고 있다는 것이었다. 한편 마리화나 흡연이 가져다주는 즐거움도 동시에 절제하면서 즐겼다는 것이었다. 그런 과학적 판단과 경험을 바탕으로 사실을 알리는 운동에 동참한 것뿐이라는 것이다. 나는 이런 그들을 '과학적 마리화나 흡연 운동가'라고 불러도 좋으냐고 물었고 그녀는 웃으면서 바로 그것이라고 응수했다.

나는 국내에서 외계 지적 생명체를 탐색하는 세티(SETI) 프로젝트를 진행하면서 또다시 미리 그곳에 가서 자리를 지키고 있던 선각자 칼 세이건을 만났다. 아직 국내에 번역되지 않은 그의 책을 찾아서 출판사에 번역을 권유하면서 또 그의 그림자 속으로 들어갔다. 다행히 내가 번역을 권유한 세 권의 책 중 한 권은 번역을 하기로 결정이 되었고 다른 한 권은 개정판이 나오면 바로 번역을 하기로 했다고 한다.

칼 세이건은 내겐 늘 고마운 방문객이었다. 필요할 때 미리 갈 곳에 가서 기다리고 있던. 무엇보다 지식뿐 아니라 삶에 대한 태도를 바꾸는 지혜를 알려준 사람이었다. 어떤 사람의 태도가 바뀌게 하는 것이 최고의 교육이라는 말을 들은 적이 있다. 그렇다면 칼 세이건이야말로 최고의 선생이다. 그렇게 나는 그에게로 스며들어갔다.

『칼 세이건』을 다시 펼쳤다.

이 책을 단 한 문장으로 줄여서 말하라는 터무니없는 부탁을 받는다고 하더라도 누구든 이 책을 다 읽고 나면 감히 그렇게 할 수 있다는 생각을 하게 될 것이다. '외계 생명체라는 타자를 찾아 나섰던 호기심 가득한 칼 세이건의 경이로운 여행기' 정도로.

그가 만났던 사람들은 모두 우주생물학 분야를 새롭게 개척해 나가는 사람들이었다. 그는 늘 외계 생명체의 발견을 향한 우주생물학의 새로운 도전과 그 매듭이 이어지는 그 순간에 그 현장에 있었다. 그는 그 자신에게도 그들 모두에게도 선각자 같은 방문객이었다. 사람들은 그에게 열광했고 그는 그것을 즐겼다. 하지만 칼 세이건이 매사에 성공한 것은 아니었다. 또 다른 많은 사람들로부터 시기와 배척을 받아야만 했다. 그의 결혼 생활은 열정적인 만남과 초기의 달콤한 랑데부 기간이 지나면 늘 파탄에 이르곤 했다. 세 번째이자 마지막 부인이었던 앤 드루얀과 만나면서 칼 세이건은 비로소 안정을 찾았다. 100%가 아니라면 아마 90%의 공로는 칼 세이건의 관심받고 인정받고 싶어하는 이기적인 욕구를 잘 채워

준 앤 드루얀에게 돌려야 할 것이다.

이 책 『칼 세이건』에는 칼 세이건 자신 속에서 살았던 지킬과 하이드의 이야기가 담겨 있다.

『칼 세이건』을 덮었더니 시가 다시 찾아왔다.

사람이 온다는 건
실은 어마어마한 일이다.
그는
그의 과거와 현재와
그리고
그의 미래와 함께 오기 때문이다.
한 사람의 일생이 오기 때문이다.

천재 물리학자의 미완성 인생

『나, 스티븐 호킹의 역사』

나는 위인전을 좋아하지 않는다. 어릴 때부터 그랬다. 딱히 기억나는 특별한 에피소드는 없지만 학교에서 읽으라고 시키는 위인전을 읽으면서 납득할 수 없는 내용들이 많아서 불편했던 느낌은 아직도 생생하다. 어린 시절을 지나고 청소년기를 거쳐서 성인이 되기까지 내가 읽지 않는 책 분류의 맨 처음은 늘 위인전이었다. 아마 너무 작위적이고 억지 교훈을 강요하는 서술 방식이 마음에 들지 않았던 것 같다.

내 아이들도 위인전을 읽지 않았으면 하는 바람을 갖고 있었다. 강요할 수는 없는 노릇이어서, 내가 자발적으로 위인전을 권하거나 책을 사주지 않는 선에서 소극적인 사보타주를 해왔다. 얼마 전 딸아이와 이야기를 나누다가 위인전이 화제에 올랐다. 딸아이도 위인전을 읽지 않는다고 했다. 너무 말이 안 되는 내용이 많아서라고 했다. '고리타분하다'는 단어를 적시하지는 않았지만 위인전의 내용이 그런 식이어서 싫다는 이야기도 덧붙였다.

위인전에 대한 내 편견은 자서전이나 평전을 읽는 것도 방해했다. 지난 세월 동안 그래도 꽤 많은 책들을 읽어왔다. 그중 내가 읽은 자서전이나 평전은 정말이지 특별하다고 할 정도의 숫자여서 어떤 책들을 읽었는지 일일이 다 기억할 수 있을 정도다. 감동적인 자서전과 평전도 있었지만 저절로 욕이 튀어나오는 것들도 있었다. 한때 의무감과 호기심으로 몇몇 잘 알려진 자서전과 평전을 읽었지만 그것도 잠깐이었다. 오랜 세월 동안 자서전과 평전은 내게는 암흑의 존재였다. 내 독서 편력의 편향성이 제일 큰 원인이겠지만 위인전이 갖고 있는 반동적이고 반역사적인 단면도 원죄 중 하나일 것이다.

몇 년 전 친하게 지내는 도서평론가 한 분이 과학자들의 자서전을 읽는 작업을 시작했다. 그가 쓴 서평도 몇 편 읽어봤다. 내 마음이 조금씩 움직이기 시작했다. 사실 한 사람의 인생에 공감할 수 있는 좋은 기회가 자서전 속에 고스란히 간직되어 있는 것 아닌가. 시간과 공간을 뛰어넘어서 어떤 사람을 진지하게 만날 수 있는 은밀한 시공간이 바로 자서전이 아니었던가. 마다할 이유가 없었다.

하지만 마음뿐 선뜻 자서전이나 평전에 몰입하지는 못했다. 내가 하고 다니는 작업으로 미루어봐서 마땅히 읽어야 했을 과학자들의 자서전이나 평전이 많다는 것을 깨달았다. 내가 이야기하는 어떤 과학자에 대해서 나는 얼마나 공감하고 내적으로 교류하고 있었는지 반추해 보게 되었다. 조금씩 과학자들의 자서전과 평전을 읽기 시작했다. 내가 자주 언급하고 다니는 과학자들의 자서전과 평전부터 읽기 시작했다. 지금은 오히려 자서전과 평전이 나오기를 기다리는 형편이 되었다. 가능하면 자서전부터 읽으려고 하고 있다. 먼저 당사자의 진술을 듣고 다른 사람의 평을 듣고 싶다는 단순한 생각에서다.

모든 자서전은 미완성이다. 자서전을 쓰던 순간 그 사람은 살아있을 것이므로 그 인생 또한 아직 끝이 나지 않았을 것이기 때문이다. 나는 이 영원한 미완성품으로서의 자서전을 사랑한다. 그것은 불완전하고 현재 진행형이면서 역동적이기 때문이다. 평가가 없는 주관적인 진술이기 때문이기도 하다. 인생의 모습이 바로 그렇다. 자신이 생각하는 인생의 변곡점에 대한 태도를 엿볼 수 있기 때문이다. 다른 사람들이 평가하는 자신과 자기 스스로 평가하는 자신이 늘 같을 수는 없을 것이다. 겉으로 드러난 객관적인 업적이라고 할지라도 자기 자신의 판단은 그 모든 것을 무력화시킬 수 있을 정도로 주관적일 수 있다. 이런 내면의 세계를 만날 수 있는 시공간이 바로 자서전이다.

『나, 스티븐 호킹의 역사』(스티븐 호킹 지음, 전대호 옮김, 까치 펴냄)는 호킹의 짧은 자서전이다. 영문 제목은 "My Brief History"인데 번역본 제목에도 'brief'라는 단어의 뜻이 반영되었다면 하는 아쉬움이 있다. 호킹의 자서전은 정말 짧은 자서전이다. 그런 만큼 자신의 성장과정에 대한 서술 역시 간략하고 담백하게 되어 있다. 그가 남긴 여러 과학적 업적에 대한 서술도 정말 간략하게 처리되어 있다. 호킹은 자신의 인생 역정을 3인칭 시점으로 쓴 픽션처럼 담담하게 이야기하고 있다. 호킹의 인생 전반에 대한 요약본이라고 할 수 있겠다.

그래서 좋은 점은 그에 관한 이야기를 큰 부담 없이 읽어 내려갈 수 있다는 것이다. 반면 아쉬운 점은 그가 인생의 여러 변곡점에서 겪었을 내외적인 파고 높은 격동의 뒷이야기가 부족하다는 것이다. 그가 기계의 힘과 다른 사람의 도움을 받아서 자신의 뇌 속 생각을 표현해왔다는 한계를 생각하면 이해가 되기는 한다. 그래도 아쉽다. 제목에 'brief'가 있었으니 호킹이 죽기 전에 좀 더 내밀한 이야기를 담은 자서전이 다시 나왔으면 하는 바람이다.

얼마 전에 친하게 지내는 역사학자 한 분에게서 들은 이야기다. 역사를 되짚어보는 좋은 방법 중 하나는 변곡점을 찾아보는 것이란다. 137억 년 역사를 갖는 우리 우주의 가장 큰 변곡점은 무엇일까? 이런 관점에서 하나의 변곡점을 정하고 그곳을 기점으로 그 전의 역사와 그 후의 역사를 나누어 보자는 것이다. 지난 5000년 인류 문명의 역사도 마찬가지다. 하나의 변곡점만 선택한다면 어떻게 될 것인지 또한 두세 개의 변곡점을 생각하면 어떻게 될 것인지 찾아보자는 것이다. 그 변곡점들을 기점으로 역사를 다시 기술할 수 있고 역사를 바라보는 관점을 키울 수 있을 것이다. 어쩌면 이것이야말로 요즘 관심을 받기 시작하고 있는 빅 히스토리의 핵심일 수도 있겠다.

그 역사학자는 한 사람의 인생도 역사라고 말한다. 어떤 사람의 일생을, 몇몇 변곡점을 기점으로 나누어 볼 수 있는지 살펴보자는 것이다. 변곡점은 하나가 될 수도 있고 여럿이 될 수도 있다. 다른 사람들이 제시하는 변곡점과 자기 자신이 생각하는 변곡점은 같을 수도 있지만 많은 경우 차이가 있을 것이다. 변곡점의 선택에 따라서 한 사람의 인생을 바라보는 관점이 많이 달라질 것이다. 이 방식은 자기 자신을 되돌아보고 성찰하는 데 사용할 수 있는 좋은 도구인 것 같다. 자서전이 주관적인 어떤 한 개인의 서술이라면 자서전을 읽는 방법론으로 이 방식을 사용해도 재미있을 것이라는 생각이 들었다.

『나, 스티븐 호킹의 역사』를 '변곡점 찾기'의 관점에서 읽어봤다.

이 책에 서술된 내용을 바탕으로 단 하나의 변곡점을 찾는다면? 둘 또는 세 개의 변곡점을 찾는다면? 물론 이 책을 쓴 호킹의 속마음이 있었을 것이다. 하지만 이 책을 읽는 사람들은 각자의 의식과 마음상태에 따라서 다른 변곡점을 찾아낼 것이다. 어쩌면 읽을 때마다 그것이 바뀔 수도 있다.

> "태엽을 감아야 하는 열차만 해도 나는 감지덕지했다. 그러나 내가 정말로 가지고 싶은 것은 전기 열차였다. 나는 하이게이트 근처 크라우치 엔드에 진열된 장난감 열차 세트를 몇 시간씩 구경하곤 했다. 꿈에도 전기 열차가 나왔다. 마침내, 부모님이 두 분 다 어디 가고 없을 때, 나는 기회를 놓치지 않고 우체국 은행에서 내가 가진 보잘것없는 돈을 몽땅 인출했다. 세례식을 비롯한 특별한 때에 사람들이 내게 준 돈이었다. 나는 그 돈으로 전기 열차 세트를 샀다."

호킹이 기억하고 있는 어린 시절 어느 순간의 에피소드다. 나는 이 지점을 호킹 인생의 '빅 히스토리'의 첫 번째이자 가장 중요한 변곡점으로 꼽고 싶다. 물론 그의 인생 역정에는 숱한 변곡점들이 있을 것이다. 더 드라마틱하고 중요한 상황들을 몇 차례나 꼽을 수 있을 것이다. 하지만 내가 이 순간을 구태여 선택한 이유는 이 작은 사건을 통해서 호킹이 자신이 스스로 선택하고 책임지는 법을 체험했다는 데 있다. 자율적으로 자기

의지에 의해서 욕망에 져버리고 자신이 갖고 있는 모든 것을 부모의 동의 없이 투입했던 첫 번째 사건이기 때문이다.

그 순간을 겪으면서 한 인간으로 거듭났고 과학자로서 커갈 수 있는 자질을 발휘했다는 데 큰 점수를 주고 싶다. 작지만 다가올 미래의 모든 것을 응축해서 보여주는 미래 예측 같은 사건이라고 감히 말하겠다.

> "그러나 나는 죽지 않았다. 비록 나의 미래에 구름이 드리우긴 했지만, 나는 오히려 내가 삶을 즐기고 있음을 자각하고 스스로 놀라기도 했다. 나를 제대로 변화시킨 것은 제인 와일드라는 소녀와의 약혼이었다. 나와 제인이 만난 것은 내가 루게릭병 진단을 받을 즈음이었다. 그녀와의 약혼으로 나는 삶의 목표를 얻었다."

호킹의 인생을 두 개의 변곡점으로 나누라고 하면 나는 그 두 번째 변곡점에 호킹이 불치의 병 속에서 다시 삶에 대한 의욕을 보였던 시기를 선택하겠다. 죽음의 순간을 느닷없이 대면하게 되는 경험은 사실 많은 경우 생각보다 좀 싱겁고 관념적일 수 있다. 정작 문제는 언제 올지 모르는 그 죽음을 마냥 기다려야만 한다는 두려움의 엄습에 있다. 호킹이 그 시절을 새로운 삶의 목표로 극복할 수 있었던 것은 제인이라는 사랑을 얻었기 때문이다. 우리에게도 그에게도 다행스러운 우연이었다. 그 결과 우리는 그가 쏟아낸 숱한 과학적 업적을 볼 수 있는 영광을 얻었다.

> "이론물리학을 연구하며 살아온 세월은 영광스러웠다. 내가 우주에 대한 우

리의 지식에 무언가를 보탰다면 나는 행복하다."

변곡점을 하나 더 보태라면 『나, 스티븐 호킹의 역사』의 마지막 문장을 선택하겠다. 이 책으로서는 끝이지만 호킹에게는 새로운 시작을 알리는 방점이기 때문이다. 자서전은 그 책을 쓰는 바로 그 시점을 또 하나의 변곡점으로 만들면서 미완성인 삶을 보여준다. 나는 그런 미완성성 때문에 자서전이 마음에 든다. 더 많은 자서전을 읽게 될 것 같다.

4부

세상의 온갖 궁금증

딸이 '죽기 싫다'고 할 때

짐 홀트, 『세상은 왜 존재하는가』

"아빠 나 죽기 싫어. 어떻게 좀 해봐."

내 기억이 정확하다면 아들 녀석이 만 네 살도 되기 전이었던 어느 봄날 놀이동산에서 문득 내뱉은 말이었다. 딸아이도 초등학교 2학년 여름, 양구로 놀러가는 길에 차 안에서 지나가듯 내뱉었던 말이었다. 아내는 당시 이 말을 듣고 그야말로 '멘붕' 상태에 빠졌었다. 사춘기를 겪고 있는 딸아이는 요즘도 가끔씩 '죽기 싫다'는 말을 내뱉곤 한다. 그럴 때면 딸아이와 나는 '죽음'을 화두로 세상의 온갖 일에 대한 이야기로 이어지는 긴 토론에 들어가곤 한다. 물론 해답에 이를 수 없는 토론이지만 우리는 둘 다 그것이 우리가 할 수 있는 최선이라는 것을 알고 있다. 이제는 그런 토론을 제법 즐기기도 한다.

충격이 컸던 아내는 아이들을 심리치료사에게 보내서 치료를 해야 한다고 주장했었다. 나는 어린 시절 내 경험을 이야기하면서 건강한 아이들도 그런 생각을 충분히 할 수 있다고 아내를 설득했지만 그것으로 아내가 받은 충격을 해소시킬 수는 없었다. 아이들은 결국 심리치료사에게 보내졌고 일정 기간 동안 심리치료 과정을 거쳤다. 아내의 의견은 아이들 때는 정신적으로 어리기 때문에 죽음에 대한 생각을 할 수 없다는 것이었다. '죽음'이라는 단어가 아이들 입 밖으로 튀어나왔다는 것 자체가 병을 앓고 있다는 증거이고 따라서 치료를 해야 한다는 것이었다.

내 생각은 좀 달랐다. 아이들이 '죽음'이라는 단어를 표출한 것이 '죽음'이라는 구체적인 사건에 대한 두려움 때문이 아니라는 것이었다. 오히려 자신의 '존재'에 대한 막연한 호기심과 막막함과 두려움의 표상으로서 그 단어가 그냥 튀어나올 수도 있다. 물론 내 경험에서 우러나온 편견일 수도 있었다. 나는 아내에게 내 어린 시절 추억 하나를 이야기해 주었다.

초등학교 2~3학년 무렵이었을 것으로 생각된다. 마루에 모기장을 치고 온 가족이 함께 잠을 자고 있었다. 나는 그 무렵 '죽음'이라는 단어를 구체적으로 떠올리거나 하지는 않았던 것 같지만 '사라진다'는 것에 대한 두려움에 사로잡혀 있었다. 구체적인 단어로 개념화된 것은 아니지만 내 자신의 존재에 대해서 생각하기 시작했던 것 같다. 내가 있으면 부모님이 있고 그 위로 거슬러 올라가면 조상들이 있고 더 옛날로 가면 세상의 시작이 있었을 테고 그러면 우주의 시작점에 도달할 것이다. 그러면 그 이전에는 무엇이 있었을까? 모든 사람들은 죽었거나 죽을 것인데 그러면 그들은 모두 다 어디로 가버린 것일까? 이런 생각들로 머릿속이 꽉 차 있었다.

물론 앞에 적은 것 같은 개념화된 단어들을 떠올리면서 논리적으로 사고한 것은 아니었다. 그저 막막하게 내가 존재하고 세상이 존재하는데 왜 어떻게 존재하는 것일까, 그런 생각의 아주 원시적인 형태로 질문을 던지고 있었을 것이다. 그리고 당시 내가 생각할 수 있는 모든 가능한 논리를 동원해서 그 질문에 답하려고 노력했을 것이다. 물론 답이 있을 리가 없었다. 그 작은 머리로 감당할 수 없는 질문이었다. 그러니 가슴은 먹먹하고 머릿속은 지끈지끈할 수밖에 없었다. 그러면서 언제부터인지 나도 언젠가는 사라져버릴 것이라는 두려움에 슬퍼졌고 우울해지기 시작했다. 살고 싶었다. 나도 어떤 기회가 있었다면 이런 내 심정을 '나 죽기 싫어'라고 소리치며 표현했을 것이다.

모기장 속에서 잠을 설치고 있던 나는 '죽기 싫어'라고 소리치는 대신 용기를 내서 어머니께 물었다. 죽지 않을 방법이 없겠냐고 물었지만 어머니라고 별다른 답이 있을 리가 없었다. 사람은 누구나 죽지만 인연이 있으니 죽은 후에도 하늘나라에서 다 같이 만나서 살 수 있다는 식의 대답을 하셨다. 그때도 나는 그것을 믿지 않았다. 어머니의 말투에 확신이 없었기 때문에 그것은 그저 바람이라는 것을 눈치를 채고야 말았다. 내 고민은 더 깊어만 갔다.

나는 아내에게 아이들도 어린 시절의 나처럼 그런 막연한 고민에 휩싸여 있을 수 있다고 말했다. 그들에게 필요한 것은 치료가 아니라 토론이라고도 말했다. 하지만 아내는 자신의 경험을 토대로 내 의견을 받아들이지 않았다. 자신은 일생을 살면서 단 한 번도 그런 생각을 구체적으로 해본 적이 없다는 것이었다. 나는 이런 질문을 던지고 해답을 모색하는 과정의 하나를 천문학자의 길로 생각해왔다. 내게 '세상은 왜 존재하는가?' 하는 질문은 너무나 절박한 것이었고 내가 이 세상을 살아갈 수 있도록 해주는 원동력이었다. 아내처럼 그 문제가 전혀 자신의 삶의 여정에 영향을 미치지 않는 사람도 많다는 사실을 깨닫기까지는 한참이 걸렸다.

우리 아이들은 어쨌거나 아내와 나의 유전자를 타고났으니 비슷한 형질을 보유했을 것이다. 내가 어린 시절 겪었던 그리고 지금도 그 화두를 잡은 채 살아가는 근원적인 질문을 아이들도 제기하고 힘들어한다는 사실은 내게는 너무나도 당연한 일이었다. 반면 아내는 '멘붕' 상태에 빠졌었지만. 그들은 각자의 삶을 통해서 각자의 방식으로 이런 근원적인 질문에 답을 하면서 살아갈 것이다. 다만 나는 그들이 어떤 방식으로 그 문제에 대처하는지가 궁금할 따름이다. 요즘 부쩍 더 자주 기회가 마련되는 아이들과의 대화 시간은 내게는 큰 충격이자 자극이자 기쁨이다.

"나는 존재에 대한 수수께끼가 처음 내 의식 속으로 들어왔던 그때를 생생하게 기억한다. 1970년대 초로, 당시 나는 미국 버지니아주 변두리에 살고 있던 풋내기 고등학생이었다. 이따금 반항심이 폭발했던 나는 실존주의에 관심을 갖기 시작했다. 실존주의야말로 내 사춘기의 불안함을 해결시켜주거나 최소한 좀 더 분명한 방향으로 이끌어줄지 모른다는 희망이 있었기 때문이었다. 어느 날 나는 동네 대학 도서관을 찾아가 흥미로워 보이는 책 몇 권을 살펴보았다. 바로 사르트르의 『존재와 무』, 그리고 하이데거의 『형이상학 입문』이었다. 하이데거의 책 첫 장을 펼치며 마주하게 된 질문은 바로 "왜 세상은 무가 아니라 유인가?" 하는 것이었다. 나는 아직도 순진하면서도 완전한 질문에서 받았던 충격을 고스란히 기억할 수 있다. 그야말로 우리 인류가 가져왔던 모든 의문의 배경에 자리 잡고 있는 "왜?"라는 문제에 대한 궁극의 질문이었던 셈이며, 그때 나는 비로소 인간이라는 지적 생명체의 기원이 어디로부터 비롯되었는지 처음 의문을 가졌던 것 같다."

비슷한 생각과 고민을 하는 사람을 만난다는 것은 행운이고 기쁨이다. 『세상은 왜 존재하는가』(짐 홀트 지음, 우진하 옮김, 21세기북스 펴냄)는 그런 사람이 그런 사람들을 만난 후 그런 생각을 정리한 책이다. 여름밤 모기장 속에서 내가 던졌던 화두는 짐 홀트의 고등학교 시절의 화두처럼 구체적이지는 않지만 맥락을 같이 하고 있다. 인간 각자에게 '왜 세상은 무가 아니라 유인가?'보다 더 근원적인 질문이 있을 것인가? 그 질문이 바로 나의 존재와 사라짐에 대한 정체성 문제를 치고 들어오기 때문이다.

짐 홀트는 '숨 가쁜 하루하루를 살아가고 있는 현대인들에게, 무 대신 유가 존재해야 한다는 신속한 증명'이라는 제목이 붙은 프롤로그에서 이렇게 적고 있다.

"세상에 무(無)가 존재한다고 가정해보자. 그렇다면 아무런 법칙도 존재하지 않을 것이다. 결국 법칙도 '어떤 것'이기 때문이다. 아무 법칙도 존재하지 않는다면, 모든 것이 허용될 것이다. 모든 것이 허용된다면, 무는 용납되지 않을 것이다. 그래서 무가 존재한다면, 무는 용납되지 않을 것이다. 따라서 무는 그 자체를 용납할 수 없다.

그러므로 무엇인가가 존재해야 한다. 증명 끝."

그의 서술처럼 증명이 끝났다면 『세상은 왜 존재하는가』라는 책이 이렇게 두꺼워졌을 수가 없을 것이다. 그래서 짐 홀트의 프롤로그는 우리를 더 서글퍼지게 하는 명확함을 가장한 허무함일 수밖에 없다. 그래서 그는 세상이 왜 존재하는지에 대해서 고민을 하고 있는 전문가들을 찾아다니는 순례의 길을 떠났을 것이다.

> "나는 존재의 수수께끼에 대한 해답을 찾으려고 철학자와 신학자, 분자물리학자와 우주철학자, 그리고 신화학자와 미국의 유명 소설가까지 만나서 대화를 하면서 생각의 범위를 크게 넓혀갈 수 있었다. 무엇보다도 나는 다재다능하고 다양한 지식인들을 찾아 헤맸다."

그가 만난 전문가들도 인간이었다. 초등학생 이명현이나 고등학생 짐 홀트가 막연하게 던질 수 있는 질문을 그들도 던지고 있었다. 그들의 대답은 각자의 추억 사진처럼 나름의 이유만을 간직하고 있었다.

> "오늘날의 사상가들은 왜 세상은 무가 아니라 유인가라는 의문에 대해 세 집단으로 나누어져 있다. '낙관주의자들'은 이 세상의 존재에 대한 이유가 있어야 하며, 언젠가는 그 이유를 발견할 수 있을 것이라고 생각한다. '비관주의자들'은 세상의 존재에 대한 이유가 있을지도 모르지만, 우리는 결코 그 이유를 정확하게 알 수 없을 것이라고 믿고 있다. 어쩌면 우리가 그 뒤에 숨어 있는 이유를 깨닫기 위한 실체를 너무나 모르고 있기 때문이거나, 혹은 우리가 알고 싶어 하는 그 이유가 인간의 지적인 한계를 넘어서 있기 때문인

지도 모른다. 사실 인간의 지적 능력은 우주의 내적 본성을 꿰뚫어보기 위한 것이 아닌, 그저 생존을 위한 태생적 도구일지도 모르니까. 마지막으로 '거부주의자들'은 세상의 존재에 대한 이유가 있을 수 없으며, 그렇기 때문에 바로 그 의문 자체가 무의미하다고 계속해서 믿고 있다."

그들의 해답은 더러는 설득력이 있었지만 먹먹한 가슴을 단박에 털어내 줄 수 있는 묘약은 아니었다. 현생 인류는 대부분의 시간을 수렵채집기라고 부르는 시기에 머물러 살았다. 그 기간 동안 자연에 적응하면서 인간 본성이 형성되었다. 우리의 뇌도 그 과정에서 만들어진 적응의 산물일 것이다. 그런 뇌로 세상에 대해서 우주에 대해서 사고하는 방식도 이런 진화의 산물이라는 엄연한 진실을 거역할 수는 없을 것이다. 따라서 우리가 세상에 던지는 근원적인 질문도 이런 진화의 산물이라는 카테고리에서 벗어날 수 없다는 것을 먼저 강조하고 싶다.

"와인버그가 말했다. "내게 그것은 더 큰 질문의 일부입니다. '왜 모든 것은 그렇게 존재하는가?'라는 질문이죠."

'왜 세상이 존재하는가? 무가 아니라 유인가?'라는 질문이 지극히 인간적인 질문이 아닐는지 성찰해 보자는 것이다. 물론 우리에게는 이런 질문을 던질 권리가 있다. 하지만 어떻게 질문을 던지는 것이 자연의 본질을 파악하는 데 도움이 되는지, 질문 자체를 의심해 볼 필요도 있다는 것이다. 인간을 중심으로 던지는 질문은 부메랑처럼 우리 자신의 국부적 문제로 회귀될 수밖에 없는 운명을 갖고 있을지도 모른다. 와인버그가 표출한 문제의식은 물론 '최종 이론의 꿈'을 피력한 것이겠지만 우리가 자신을 뛰어넘는 우주 전체에 대한 궁극적인 질문을 어떻게 던져야 할지 고민할 때 새겨들을 만한 이야기다.

인간의 지능이 우주를 전체적으로 조망하고 모델링할 정도에 이르렀다는 사실에 반박할 사람은 없을 것이다. 문제는 이제 우리가 무엇을 해야 할 것인가 하는 것이다. 근원적인 질문은 늘 존재했지만 그것을 더 구체적이고 더 정밀하게 다듬는 것이 문명의 진보다. 질문이 정확해야 대답도 정확하다. 『세상은 왜 존재하는가』는 고전적이고 근원적인 질문에 대한 우리 문명의 대답을 모은 책이지만, 그것을 토대로 어떤 질문을 다시 던져야 하는지 탐색하게 유도하는 책이기도 하다.

> "왜 세상은 무가 아니라 유인가? 나는 마침내 그 해답을 찾아냈다고 생각했다."

짐 홀트는 용감하게도 이런 문장을 남겼지만 그 자신도 이 서술이 수사학적이라는 것을 알고 있을 것이다. 『세상은 왜 존재하는가』는 어쩌면 역사책일지 모른다는 생각을 했다. 지난 수천 년 동안의 인간 문명이 자신의 존재에 대해서 어떤 의견을 표방했는지를 정리했기 때문이다. 『세상은 왜 존재하는가』는 여행기라는 생각도 했다. 마치 독립된 나라처럼 고립된 곳에 존재하는 것처럼 보이는 인류의 지성들을 찾아다니는 순례 여행기 같은. 하지만 그들의 질문과 대답 뒤에는 인간 보편성이 자리 잡고 있다는 것을 잘 보여준 모범적인 여행기라는 생각이 들었다.

하지만 나는 『세상은 왜 존재하는가』를 무엇보다도 『세상은 왜 존재하는가 2』를 위한 워밍업 책이라고 부르고 싶다. 진화생물학적인 존재로서 던질 수 있었던 고전적인 질문을 혁파해서 우주 보편적인 질문을 발굴해서 다시 던지는 일. 많은 사람들이 여전히 버리지 못하고 있는 신이라는 시시한 관성적 대답을 송두리째 던져버리는 일. 그러기 위해서는 우리의 뇌신경 회로를 재구성하는 혁신이 필요할 것이다. 우리는 지금 그런 작업을 할 수 있을 만한 지식의 축적과 문명의 성과를 이룩한 시대에 살고 있다. 그동안의 관성을 과감하게 떨쳐버리는 것이 과제라면 과제일 것이다. 나는 회의론자지만, 이런 문명의 재무장을 통해서 다시 나올 『세상은 왜 존재하는가 2』가 궁극적인 대답을 던져주지는 못할지라도 우리들의 삶을 더 풍성하게 만들어 줄 것이라는 쪽에는 판돈을 한껏 걸겠다.

"조물주가 할 일이 없는 우주"

스티븐 호킹, 『위대한 설계』

스티븐 호킹이 돌아왔다. '신이 우주를 창조하지 않았다'고 외치며 그가 돌아왔다고 여기저기서 호들갑이다.

호킹의 내공이 세긴 센 모양이다. 『위대한 설계』(전대호 옮김, 까치 펴냄)가 만만하게 읽히는 책이 아님에도 나오자마자 '아마존'에서는 베스트셀러 1위가 되었고 국내에서도 출간되자마자 화제를 몰고 왔다. 이 책을 통해서 호킹이 '가장 많이 팔렸으면서도 가장 읽히지 않는 책'의 저자라는 오명까지 떨쳐버릴 수 있을지는 두고 봐야 하겠지만.

리처드 도킨스는 '신의 존재'를 결정적인 한 방으로 날려버린 든든한 무신론자 동지를 얻었다고 의기양양한 것 같다. 또 다른 사람은 신에 대한 호킹의 경박하고 불경한 태도에 더 이상은 참을 수 없다는 투다. 혹자는 호킹이 우주의 본성에 대한 새로운 패러다임을 제시했다고도 한다.

하지만 내가 보기에 『위대한 설계』는 그 많은 수식어에도 불구하고 여전히 『시간의 역사』의 변주곡이고 후일담인 것 같다. 사실 그는 늘 그곳에 그렇게 있었다.

호킹은 『시간의 역사』에서 이미 "우주는 어디서 왔을까? 우주는 어떻게, 어떤 원인으로 시작되었을까?" 같은 근원적인 물음을 던졌다. 그러면서 "오늘날까지 대다수의 과학자들은, 우주가 '무엇'인가를 기술하는 새로운 이론을 개발하는 데 너무 골몰해서 '왜' 우주가 존재하는가를 물을 틈이 없었다"는 점을 고백했었다. 또 "한편, '왜(이유)'를 묻는 일을 직업으로 삼는 사람들(철학자들)은 과학적 이론의 발전과 어깨를 나란히 하여 따라오지를 못했다"고 부연하면서 우주의 기원에 대한 규명 작업은 이미 철학자의 손을 떠났고 과학자의 몫이 되었음을 분명히 했었다.

호킹은 이런 맥락에서 우주의 기원과 진화와 미래가 '어떻게' 또 '왜' 그러한지에 대한 현대 과학적 해답을 제시하는 작업을 『시간의 역사』를 통해서 시도했다. 칼 세이건은 이 책의 서문에서 그를 대신해서 "그것은 공간적으로도 끝이 없고 시간적으로도 시작과 종말이 없는 우주, 그래서 조물주가 할 일이 없는 우주라는 결론이다"라고 적고 있다. 신의 존재에 대한 단호한 태도는 이때 이미 내려져 있었던 것이다.

우주의 기원에 대한 교황과 호킹 사이의 유명한 일화가 있다. 1981년 바티칸에서 현대 우주론에 관한 학회가 열렸는데 교황 요한 바오로 2세는 과학자들 앞에서 이렇게 일갈했다고 한다.

> "항상 자연과학자들은 그들이 속해 있는 우주의 근원에 관한 궁극적 미해결점을 안고 있다. 우리 종교가의 입장에서 보면 이러한 질문이 요구하는 것은 물리학이나 천문학적 지식이 아니라 이를 초월한 어떠한 형이상학적인 진리라 믿는다."

우주가 '어떻게' 작동하는지를 밝히는 것은 과학자들의 몫으로 내어 주겠지만 우주가 '왜' 존재하는지에 대해서는 종교가들이 알아서 고민할 터이니 (아니면 이미 답을 알고 있으니) 입을 다물라는 주문이었다. 호킹도 이 학회에 참가하고 있었는데 교황을 알현하고 나오면서 이렇게 받아쳤다.

> "나는 내가 방금 학회에서 했던 강연의 제목이 우주에는 시초나 창조의 시기가 없었을 가능성에 관한 것이었음을 교황이 모르고 있었다는 사실을 다행으로 여기고 기뻐했습니다."

이런 호킹이 레오나르드 믈로디노프와 함께 『위대한 설계』를 들고 다시 돌아왔다. 이번에는 더 정교하고 더 적극적이고 더 구체적이다. 『시간의 역사』의 위대한 변주가 시작된 것이다.

> "왜 무(無)가 아니라 무엇인가가 있을까? 왜 우리가 존재할까? 왜 다른 법칙들이 아니라 이 특정한 법칙들이 있을까?"

오래된 같은 질문이 시작된다. 호킹은 '철학자는 죽었다'면서 우주의 양자역학적 본성을 바탕으로 이 질문에 대한 해답을 찾기 위한 연주를 시작한다.

양자역학적 본성은 필연적으로 불확정성 원리를 수반한다. 불확정성 원리에 따르면, 하나가 정확하게 결정되면 다른 하나는 필연적으로 덜 정확하게 결정될 수밖에 없다. 공간이 비어 있다는 것은 장의 값과 그 변화율이 둘 다 정확히 0이 된다는 뜻인데, 불확정성 원리에 의하면 이것은 불가능하다. 따라서 빈 공간은 없다. 다만 양자역학적인 무(無)는 가상의 입자 쌍들이 생성과 소멸을 반복하며 양자요동을 치는 진공이라는 최소 에너지 상태라고 할 수 있다.

양자요동에 의해서 양자역학적인 무(無)의 상태로부터 무수히 많은 미세한 우주들이 창조되고 소멸된다. 이들 미세 우주들 중 일부는 임계점을 넘어서 각자 다른 자연 법칙을 갖는 어느 '우주'가 되었을 것이다. 이렇게 자연 발생적으로 탄생한 수많은 '어느' 우주들 중 하나는 급팽창을 겪고 별과 은하를 만들어내서 우리가 살고 있는 '우주'가 되었을 것이다. 결국 우리는 양자요동의 자식인 것이다.

파인만의 대안 역사 개념을 도입하면 우주는 하나의 역사만으로 결정되어 있는 것이 아니라 모든 가능한 역사를 동시에 가지고 있다. 호킹은 이로부터 이렇게 일갈한다.

> "파인만 합에 기여하는 역사들은 독립적으로 존재하지 않고, 오히려 무엇이 측정되느냐에 의해서 존재한다. 역사가 우리를 창조하는 것이 아니라, 우리가 관찰을 통해서 역사를 창조한다."

호킹은 변주의 완성을 위해서 '끈 이론'에 바탕을 둔 일종의 네트워크 이론인 'M 이론'을 들고 나왔다. 그러고는『시간의 역사』의 변주의 결론을 내린다.

> "자발적 창조야말로 무가 아니라 무엇인가가 있는 이유다. 우주가 존재하는 이유, 우리가 존재하는 이유는 자발적 창조다. 도화선에 불을 붙이고 우주의 운행을 시작하기 위해 신에게 호소할 필요는 없다."

결국 호킹의 견해를 따르자면 "우리는 스스로 자신을 창조하는 우주의 일부일 수밖에 없다"는 것이 된다. 마치 에셔의 '그림을 그리는 손'에서 서로를 그리는 두 손처럼.

『위대한 설계』를 통해서 호킹의 명확하고 개연성 있는 논리 전개 솜씨를 다시 확인할 수 있었다. 이제 그는 근원적인 물음에 대한 '왜'라는 논의를 과학의 영역으로 끌어오는 데 거의 성공한 것 같다. 이 책은 과학이 현재 알려져 있는 과학적 인식 체계를 통해서 '왜'라는 질문에 어떻게 답할 수 있는지를 우아하고 명쾌하게 보여주는 책이었고, 이것은 전적으로 그의 미덕에 기인한다.

또 『위대한 설계』는 왜 이런 종류의 책을 여러 이론을 조망하듯이 아우를 수 있는 호킹이 써야만 하는가를 보여준 책이기도 하다. 그의 우아한 형식미의 승리라고 할 수 있겠다. 어쨌든 철학이 다시 그 자리를 차지하기는 어려워 보인다.

그래도 여전히 질문은 남는다. 호킹의 이런 시도가 얼마나 설득력 있고 공유될 수 있는지에 대해서는 그의 명쾌한 논리 전개에도 불구하고 유보적인 입장을 취할 수밖에 없다. 관건은 결국 그의 제안이 관측적으로 얼마나 증명 가능하냐 하는 것이다. 특히 그가 일종의 '통일 이론'의 강력한 후보로 내세운 M 이론에 대한 좀 더 명쾌한 관측적 결론이 필요할 것 같다.

무엇보다 『위대한 설계』는 호킹의 멋진 시도에도 불구하고 주제 면에서나 내용 전개 면에서나 여전히 전작인 『시간의 역사』의 담론을 답습하고 있고 좀 까칠하게 보면 그다지 새로운 것이 없어 보이기도 한다. 아직은 그 그늘에서 벗어나지 못한, 좀 더 세밀하고 친절한 후일담이라는 생각을 떨칠 수 없다. 그만큼 호킹이 집요하게 이 문제에 매달린다는 방증이기도 하다. 아쉽지만 그의 전혀 새로운 책을 만나는 기쁨은 다음 기회로 미뤄야 할 것 같다.

그런 의미에서 『위대한 설계』는 현재 시점에서 여전히 호킹의 청사진이고 『시간의 역사』의 변주곡이며 후일담인 것이다.

왜 우주는 텅 비어 있지 않고 무언가 존재하는가

로렌스 크라우스, 『무로부터의 우주』

요즘 들어서 '왜 우주는 텅 비어 있지 않고 무언가가 존재하는가?'라는 화두를 달고 나온 책들이 자주 눈에 보인다. 물론 이 질문은 천문학의 역사만큼이나 오래된 질문일 것이다. 다중우주 이론이 과학자 사회뿐 아니라 일반인들 사이에서도 편하게 회자되기 시작하면서, 우주의 기원에 대한 이야기가 다시 수면 위로 떠오른 것일 수도 있다. 어떤 책은 시시하게도 여전히 과학과 종교를 같은 저울 위에 올려놓고 신파극을 벌이는 불쌍한 모습을 연출하기도 한다. 물론 대부분의 책들은 현대 과학이 우주의 기원 문제에 대해 어떻게 다루고 있는지에 대해서 서술하고 있다. 좋은 현상이다. 우주의 기원에 대한 과학적 담론이 학계를 넘어서 일반인들의 지적 유희의 대상이 된다는 것은 멋진 일이다.

로렌스 크라우스가 지은 『무로부터의 우주』(박병철 옮김, 승산 펴냄)도 그런 책들 중 하나다. 지금까지 '왜 우주는 텅 비어 있지 않고 무언가가 존재하는가?'라는 화두를 내세우면서 출간된 책들 중에서 내가 생각하기에는 (내가 읽었던 책들 중에서는) 이 책이 최고의 책인 것 같다. 먼저 최고 수

주의 현역 과학자가 직접 쓴 책이라는 신뢰감이 있다. 크라우스는 이미 『스타트렉의 물리학』(곽영직·박병철 옮김, 영림카디널 펴냄)을 통해서 어떻게 일반인들과 책을 통해 과학 이야기를 할 수 있는지 그 솜씨를 보여준 바가 있다. 명쾌하게 자기 목소리를 내고 있다는 점은 정말 매력적이다. 종교와 신에 대해서 단호하게 선을 긋는 태도도 좋았다.

> "누군가가 과학적 관점에서 "왜?"라는 질문을 던질 때, 사실은 "어떻게?"를 묻고 있는 경우가 대부분이다. 과학을 주제로 한 문답에서 "왜?"는 그다지 바람직한 질문이 아니다.
>
> 그러므로 "우주는 '왜' 텅 비어 있지 않고 무언가가 존재하게 되었는가?"라는 질문 역시 "우주에는 '어떻게' 무엇인가가 존재하게 되었는가?"라는 의미로 이해되어야 한다."

내가 자주 쓰는 말이지만 문명의 발달이란 오래된 근원적인 질문을 정교한 현대적 질문으로 만들어 가는 과정이라고 할 수 있다. 정교하고 정확한 질문을 한다는 것은 이미 어떻게 대답해야 할지에 대해서 알고 있다는 말과 같다. 질문이 구체화될수록 그에 대한 대답도 구체적일 수밖에 없다. 크라우스는 지난 시절 던졌던 질문을 수정하고 보완해서 더 정교하고 정확한 질문을 하는 것으로부터 우주의 기원 문제를 풀어가자고 말하고 있다. 관습처럼 던지는 질문이 아니라 답을 찾기 위한 질문 말이다.

질문의 발견은 우리 뇌의 신경회로의 재구성을 요구한다. 종교와 신학에서 던지던 낡은 질문과 인식으로는 더 이상 희망이 없다. 갈릴레이가 망원경을 통해서 천체들의 새로운 모습을 봤을 때 정작 문제가 되었던 것은 망원경이라는 매체를 통해서 본 세계를 확신할 수 있는가 하는 인식론의 문제였다. 크라우스가 '질문'에 대한 문제로부터 『무로부터의 우주』를 시작한 것은 아주 적절해 보인다.

"최후의 퍼즐조각이 어떤 모양이건 간에, 지난 40년 동안 물리학과 천문학이 일궈낸 수많은 발견들 덕분에 우주를 바라보는 우리의 관점이 크게 달라진 것은 분명한 사실이다. 그 사이에 질문 자체도 바뀌었지만, 과거에 던졌던 질문의 의미가 많이 달라졌다. 이것은 현대 과학이 남긴 위대한 유산이며, 위대한 음악과 위대한 문학, 그리고 위대한 예술처럼 누구나 향유하고 즐길 수 있어야 한다."

『무로부터의 우주』를 만끽하는 비결은 자신의 뇌의 신경회로를 현대화하고 과학적 관점으로 세상을 보는 태도를 견지하는 것일 것이다. 이것이야말로 현대 과학의 유산을 맘껏 향유할 수 있는 지름길일 것이다. 이 책을 읽으면서 그 작업에 시동을 걸어도 좋을 것 같다. 크라우스는 마치 조각가처럼 현대 과학 속에 숨겨져 있던 '무로부터의 우주'의 모습을 하나하나 끄집어내어 보여주고 있다.

"이 책의 목적은 매우 간단하다. "우주는 왜 비어 있지 않고 물질의 존재를 허용했는가?"라는 질문에 과학이 어떤 답을 제시할 수 있으며, 지금 어떤 답을 준비하고 있는지 알아보는 것이다. 지금까지 이론과 관측을 통해 우리 과학자들이 알아낸 바에 의하면, 무에서 유가 태어난 것은 별로 중요한 문제가 아니다. 우주가 지금처럼 존재하려면 무에서 유가 반드시 태어나야 한다. 그것 외에는 달리 설명할 방법이 없다."

크라우스는 이 책에서 조각가의 면모를 과시하고 있다. '무로부터 유로의 우주'를 설명하기 위해서 새로운 이론을 내세우기보다는 현대 과학이 이미 이루어놓은 것들 속에 이미 모든 해답이 들어 있다고 이야기하고 있다. 언젠가 변산에서 조각공원과 천문대를 운영하면서 살고 있는 조각가를 방문한 적이 있었다. 엄청나게 큰 돌덩어리 위에 올라앉아 망치를 들고 있던 그의 모습이 인상적이었다. 그 돌덩어리 속에 숨겨져 있는 모습을 찾아가는 과정이 조각이라는 말을 했었다. 이미 돌덩어리 속에 존재하고 있는 속성을 찾아서 알리는 것이 조각가라는 것이다.

"앞서 말한 대로, 이 질문의 의미는 우주에 대한 이해가 깊어지면서 서서히 변해왔다. "우주는 왜 텅 비어 있지 않고 무언가가 존재하는가?"—무와 유의 의미는 더 이상 과거와 같지 않기 때문에, 이 질문도 새롭게 해석되어야 한다. 최근 들어 무와 유의 차이점은 거의 사라졌다. 무는 언제든지 유가 될 수 있으며, 그 반대도 마찬가지다. '그렇게 될 수도 있는' 정도가 아니라, 물리학 이론 자체가 둘 사이의 전환을 요구하고 있다."

크라우스는 『무로부터의 우주』에서 조각가처럼, 예를 들면 급팽창 우주론 속에 이미 숨겨져 있는 '무'의 원형을 찾아내서 알려주고 있다. 양자역학의 속성이 어떻게 '무'의 상태에서 '유'의 모습인 우주를 만들어내는지 보여준다. 큰 돌덩어리를 앞에 두고 한참동안 이곳저것을 걷어내더니 '봐라, 여기 무로부터의 우주가 있지 않은가' 하면서 완성된 조각품을 떡 하고 내놓고 있다. 초끈 이론 속에서도 '무'의 향기를 찾아낸다. 현대 과학이 알려준 우주의 모습은 이미 '무'를 품은 '유'였던 것이다. 또는 '유'를 품은 '무'이던가.

"이 과정에서 우리는 우주가 텅 비어 있으며, 빈 공간의 역학이 현재 우주의 진화를 좌우하고 있다는 사실을 알게 되었다. 또한, 우리는 우주가 무(고안조차 없는 완전한 무)에서 탄생하는 것이 가능하고 실제로 그럴 가능성이 높으며, 앞으로 다시 무로 돌아갈 수 있다는 것도 알게 되었다."

크라우스의 칼날이 정교해질수록 우리는 더 구체적으로 돌덩어리 속에 숨겨져 있던 '무'의 실체에 다가가게 된다. 그리고 그것이 동떨어진 외딴 곳에 있는 그 무엇인가가 아니라 이미 돌덩어리 속에 함유되어 있는 자연스러운 현상이라는 것을 목격하게 된다. 조각가 크라우스의 진면목이 거침없이 드러난 책이 바로 『무로부터의 우주』다.

"과학의 변화는 매우 중요한 사실을 시사하고 있다. 우주의 진화과정을 논할 때 종교나 신학은 끼어들 여지가 없다는 것이다. 종교와 신학은 명백한 증거가 눈앞에 제시되었음에도 불구하고 정의조차 불분명한 무에 집착하면서 논리의 취지를 흐려놓는다. 우주의 기원은 아직 정확하게 밝혀지지 않았지만, 앞으로 새로운 사실이 밝혀져서 종교와 우주론이 더 가까워질 가능성은 없다고 본다. 우주뿐만이 아니다. 지금 종교계에서는 인간의 도덕을 종교의 전유물로 간주하고 있지만, 결국은 이것도 종교와 무관하다는 쪽으로 결론지어질 것이다. 적어도 나는 그렇게 믿는다."

종교와 신에 대해서 단호하고 명쾌한 태도를 취하는 것은 마음에 들지만, 크라우스 같은 과학자가 책을 쓰면서 여전히 그런 것들에 대한 이야기를 담을 수밖에 없다는 것은 좀 아쉽다. 그런 시시한 이야기를 조금이라도 하기에는 이 책이 너무 아깝다. 물론 서양 과학자들의 강박이겠지만 이제는 그런 것들을 훌훌 털어버릴 때도 되었다는 생각이 든다.

『무로부터의 우주』를 읽지 않고 넘어갔으면 올 연말이 허전할 뻔했다. 책을 읽는 동안 오랜만에 설렘과 벅참과 경이로움을 느낄 수 있었다. 고맙다.

“도대체 빅뱅 이전에는 뭐가 있었나요?”

마르틴 보요발트, 『빅뱅 이전』

“그런데 도대체 빅뱅 이전에는 뭐가 있었지요?”

빅뱅 우주론에 대해서 열심히 강의를 하고 있을 때 곧잘 튀어나오는 질문들 중 하나다. 하지만 이에 대한 답을 잘하기란 사실 쉽지가 않다. 0.1초 만에 즉각적으로 ‘정답’을 말해주길 기대하는 참을성 없는 질문자의 마음과는 달리, 이런 종류의 궁극적인 질문에 대한 나름대로의 답을 하기 위해서는 길고 긴 여러 단계의 설명이 필요하기 때문이다.

마르틴 보요발트의 『빅뱅 이전』(곽영직 옮김, 김영사 펴냄)도 이런 질문에 대해서 현대 과학은 어떤 답을 제시하고 있는지를 알리려는 의도에서 쓴 책이다. 머리말에는 2008년에 “우주론을 가장 알기 쉽게 설명”하여 미국과학재단이 주는 상도 받았다는 보요발트의 자신감이 묻어나는 문장이 있다.

“만약 오랫동안 어려운 공부를 하지 않은 비전문가에게 설명하여 이해시킬 수 없다면 우리가 정말로 세상을 이해하고 있다고 말할 수 있을까? (…) 우리가 무언가를 이해하고 있는지를 판명하는 진정한 시험은, 아무것도 예상하지 않는 열린 마음을 가진 비전문가에게 지식을 설명하여 이해시킬 수 있는지를 보는 것이다."

이 책을 읽으면서 크게 두 가지에 관전 포인트를 두었다. 도대체 그가 '빅뱅 이전'에 대해서 '어떤 새로운 이야기를 늘어놓고 있나' 하는 것과 그것을 '어떤 방식으로 잘 설명하고 있나' 하는 것이었다.

'빅뱅 이전'에 대해서 이야기를 하자면 먼저 우주의 시작점 근처의 초기 우주에 대해 이야기를 해야만 한다. 빅뱅 우주론, 즉 우주가 팽창하고 있다는 우주론을 설명하기 위해서는 일반 상대성 이론에 대한 사전 설명이 필요하다. 우주가 시작하는 빅뱅의 순간, 즉 아주 작았던 초기 우주에 대한 기술을 위해서는 양자 이론에 대한 설명이 필수적이다.

첩첩산중이지만 그도 별 수 없이 본론에 들어가기 전에 거쳐야 할 이런 길고 평범한 통과 의례의 방식을 택했다. 사실 이 부분이 과학책을 저술하거나 대중 과학 강연을 하는 사람들에게는 엄청나게 큰 딜레마 중 하나다. 현대 과학의 핵심적인 내용이나 최신의 결과를 이야기하기 위해서는 먼저 일반 상대성 이론과 양자 이론에 대한 이해가 필요하다. 그런데 일반인들은 물론 과학자들도 이에 대한 사전 지식이 부족한 경우가 많다.

하나하나 차분하게 설명을 하자니 내용이 점점 길어지고 어려워져서 정작 이야기하고 싶은 내용을 꺼내기도 전에 독자들은 겁을 먹고 지쳐버리기가 일쑤다. 생략을 하자니 그다음 이야기는 그야말로 이해할 수 없는 몽환적이고 신비로운 환영처럼 느껴지는 경우가 허다하다.

보요발트는 일반 상대성 이론에 대해서 조근조근 잘 설명했지만 평범했다. 몇몇 구절에서 신선한 비유와 느낌이 있었지만 그뿐이었다. 양자 이론 부분은 좀 나았다. 물론 그의 명성대로 평균 이상은 되었지만 기대가 컸던 만큼 아쉬움도 컸다. 그의 개념적이고 정성적인 설명은 명확하고 공감할 수 있는 것이었지만 천재적이거나 획기적이지는 않았다.

여기까지의 내 관전평은 그의 설명은 평균 이상이었고 매력적이었으나 그에게도 모든 사람을 유혹시킬 수 있는 파트리크 쥐스킨트의 '향수'는 없었다는 것이다.

또 다른 딜레마는 수학의 사용이다. 수학을 사용하면 설명도 명확해진다. 물론 독자가 수학의 언어를 이해하고 있다는 비현실적인 가정이 통하는 경우에만 말이다. 그도 그런 유혹과 미련을 버리지 못했던 것 같다. "수학의 역할에 대한 간주곡: 방정식 속의 세상"이라는 단원에서 수학의 중요성에 대한 넋두리를 늘어놓았다. 과학 저술가로서 대중 과학 강연자로서 너무나 동감하는 내용이었다.

그러고는 (일반 상대성 이론에 의한) 빅뱅 우주론의 아킬레스건인 특이점 문제를 지적했다.

"빅뱅 모델은 공간과 시간 그리고 중력을 설명하는 데 필요한 일반 상대성 이론과 초기 우주를 구성하고 있던 물질의 성질을 이해하기 위해 꼭 필요한 양자 이론을 바탕으로 한다. (…) 우주의 시간적 진화에 대한 모델을 찾아내기 위해 일반 상대성 이론 방정식을 풀면 항상 우주의 온도가 무한대가 되는 빅뱅 특이점에 도달한다. (…) 그런 곳에서는 물리학 방정식들이 모든 의미를 상실한다. (…) 수학 방정식이 무한대의 값을 나타내는 시점이 시간의 시작(또는 끝)일 수 없다. 그보다는 이 이론이 한계를 드러내는 곳이라고 해야 적절하다."

'빅뱅 이전'에 대한 질문은 빅뱅 우주론의 이론적 바탕이 되는 일반 상대성 이론의 특이점 문제 때문에 오랫동안 금기시되어 왔다. 그러니 '빅뱅 이전에 무엇이 있었는가?'라는 질문 자체가 성립할 수 없었다. 오랫동안 이 질문이 '멍청한' 질문으로 분류되어 왔던 것은 어쩌면 당연한 일이었다. 따라서 금기시되었던 이 질문을 깨는 시작점은 당연히 특이점 문제의 해결에 있을 것이다.

"특히 일반 상대성 이론과 양자 이론의 결합 방법의 하나로 최근에 관심을 끌고 있는 루프 양자 중력은 특이점이 없는 빅뱅과 관련된 결과를 제공했다. 이 이론에 의하면 우주는 빅뱅 이전에도 존재했다."

보요발트는 빅뱅 특이점을 해결할 수 있는 희망이 '양자 중력 이론'에 있다고 단언한다. 현재 몇몇 이론들이 이 분야에서 경합하고 있는데, '1차원 루프' 형태를 만물의 기본 단위로 하는 자신의 '루프 양자 중력'이 가장 진리에 가깝다고 역설하고 있다. 루프 양자 중력을 바탕으로 하는 '루프 양자 우주론'으로 빅뱅 특이점 문제를 해결할 수 있고 따라서 이제는

'빅뱅 이전'에 대해서 이야기를 할 수 있다는 것이다.

> "빅뱅의 특이점은 항상 인력으로만 작용하여 붕괴를 초래한 고전적 중력에 맞서 반대 방향으로 작용하는 루프 양자 우주론의 새로운 반발력으로 막을 수 있다. 수축하는 우주의 붕괴에 의해 우주가 양자 이론이 활약할 수 있을 정도로 작은 크기에 도달하면 우주는 우선 수축 속도를 늦추다가 일정한 시간 후에는 완전히 정지한다. 그리고 다시 팽창 상태로 돌입한다. 우리는 이런 사실을 바탕으로 우주 역사의 일부를 대략 상상해 볼 수 있다. 빅뱅 이전에는 현재 우리가 보고 있는 우주와는 반대로 수축하고 있었다. 붕괴에 의해 더 작아지고 뜨거워져 빅뱅 상태로 들어갔다. 그다음에는 양자 효과가 지배했다. 그리고 수축 속도가 줄어들다가 다시 현재 우리가 보고 있는 팽창하는 우주가 나타났다."

요약하면, 루프 양자 우주론에 따르면 우주는 수축했다가 팽창하기를 반복하면서 무한히 순환하는 우주라는 것이다. 우리는 현재 팽창하는 상태에 있는 우주에 살고 있는데 '빅뱅 이전'에는 우주가 수축하고 있었다는 것이다. 보요발트의 문장 하나를 빌려 일반화시켜서 다시 쓰면 이렇다.

> "양자 우주론은 부분적으로 순환적인 우주론 쪽이다."

나의 중간 관전평은 일단 호의적이다. 내가 그동안 '루프 양자 우주론'에 대해서 알고 있던 것은 이 이론이 여러 양자 중력 이론 중 하나라는 것과 막연하게 1차원 루프를 기본 단위로 하겠거니 하는 것뿐이었다. 보요발트는 나 같은 문외한에게도 자신의 이론이 어떻게 '빅뱅 이전'에 대한 이야기를 이끌어낼 수 있는지를 비교적 차분하게 잘 설명했다고 생각한다. 그의 이론을 수학을 통해서 접해보고 싶다는 욕망도 생겼다. 그런 면에서 그는 나를 그의 자기장 속으로 끌어들이는 데 성공했다고 할 수 있다.

하지만 『빅뱅 이전』의 하이라이트인 "양자 중력: 모든 것의 결합" 단원 이후에는 '이게 뭐지' 하고 고개를 갸우뚱하게 하는 글들이 이어졌다. 저자가 어려운 자신의 이론을 더 잘 설명하기 위해서 욕심을 좀 냈던 것 같다. 우주 탄생과 관련된 신화도 등장시키고 비유도 더 선보였고 좀 생뚱맞은 에세이도 몇 편 이어졌다. 사족이라고 생각한다. 차라리 그 모든 내용을 좀 더 냉정하게 다듬고 가지를 친 후 앞의 본문 중에 녹여 넣었으면 좋았을 것 같다.

그의 '빅뱅 이전'에 대한 이론적인 논리 전개는 아름다웠지만 현실이 아직 그를 포용하고 있는 것 같지는 않다.

> "양자 중력 연구의 많은 분야는 아직 완성 단계에 이르지 못했다. 일반 상대성 이론과 양자 이론이 발전하던 20세기 전반부와는 달리 양자 중력의 이론적 식들을 증명할 관측 결과는 아직 나오지 않았다."

> "모든 종류의 특이점을 방지할 수 있을 정도로 충분히 강한 반발력이 루프 양자 중력의 일반적인 성질이라는 점은 아직 증명되지 않았다. 이 연구는 아직도 진행 중이다."

“루프의 역학은 매우 복잡해서 아직 하나의 해도 찾아내지 못하고 있다. 그리고 가까운 장래에 이런 상황이 바뀔 거라고 생각하지 않는다.”

결국 그의 말처럼 그의 이론은 ‘아직 증명되지 않았다. 이 연구는 아직도 진행 중이다.’

최종 관전평도 비슷하다. ‘우주론을 가장 알기 쉽게 설명’한다는 보요발트도 뾰족한 수가 없었던 것 같다. 어려운 것은 어려운 것이다. 하나하나 차분하게 설명하는 길밖에 없는 것 같다. 하지만 결론적으로 그는 나름대로 성공한 것 같다. ‘빅뱅 이전’이라는 화두가 갖고 있는 문제점과 그 이론적 해결책에 대해서 비교적 명확하게 자신의 목소리를 냈다고 생각한다.

어쩌면 『빅뱅 이전』의 더 큰 미덕은 아직은 오리무중이지만 이제 막 ‘빅뱅 이전’이라는 성역에 도전하고 있는 따끈따끈하고 생생한 연구 현장을 생중계하고 있다는 것일지도 모르겠다.

거의 모든 것의 최후

크리스 임피, 『세상은 어떻게 끝나는가』

주기적으로 서평을 쓰기 시작하면서 내가 책을 읽는 방식도 많이 변했다. 우선 책을 많이 읽지 못하게 되었다. 한 달에 마흔 권 정도를 읽었었는데 요즘은 여섯 권 남짓 읽고 있다. 오랫동안 속독을 해왔는데 요즘은 정독을 한다. 낯선 책들을 주로 읽었었는데 친숙한 대중 과학책을 많이 보게 되었다.

시집은 매달 다섯 권을 읽었는데 먼저 쭉 훑어보다가 마음에 드는 시가 나오면 소리를 내어 몇 번이고 낭독하고 하면서 편하게 읽었다. 소설도 열 권 정도를 손에 잡았는데 보통 빠르게 여기저기 훑어보다가 마음에 들면 처음부터 다시 읽는 방식을 택했다. 고전적인 의미에서 '정독'한 것은 두 권 정도였다.

여러 분야의 이런저런 책들도 열 권가량 읽었다. 주로 그 당시 관심이 새롭게 생긴 분야의 책들이었다. 전체적인 맥락을 잡기 위한 독서를 했다. 두 권 정도를 정독했다. 화집이나 도감도 다섯 권 정도는 꼼꼼하게 챙겨서 봤다. 새로 나온 책은 열 권 정도를 빠른 속도로 살펴보다가 마음에 들면 천천히 읽었다. 대중 과학책은 기껏해야 한두 권을 속독으로 살펴보곤 했다.

돌이켜 보면 한 달에 마흔 권을 읽었다고 했지만 대부분 그저 살펴본 정도였고 사실은 대여섯 권 정도를 완독하고 정독해서 읽은 셈이었다.

서평에세이를 격주로 연재하면서 책을 완독하고 정독하게 되었다. 자주 반복해서 읽기도 했다. 선택의 여지가 없었다. 책을 꼼꼼하게 읽는 것은 지은이에 대한 최소한의 예의였다. 정독하고 내재화시킨 후 글을 쓰는 것이 내 서평을 읽을 독자에 대한 예의라는 생각도 했다.

그러다 보니 어느새 다른 책들도 정독하는 습관이 들었다. 서평을 쓰기 위해서 읽는 책 세 권, 고르고 골라서 읽는 다른 책 두 권, 되새기면서 천천히 읽는 시집 한 권, 이렇게 여섯 권 정도가 내가 요즘 한 달 동안 정독하는 책의 전부다. 물리적으로 이외에 다른 책을 정독할 시간이 없다. 그리고 서평에서 주로 대중 과학책을 다루기 때문에 그동안 던져두었던 과학 분야 책들을 다시 손에 잡게 되었다.

크리스 임피가 쓴 『세상은 어떻게 끝나는가』(박병철 옮김, 시공사 펴냄)도 그 전 같았으면 차례만 훑어보고 그냥 넘어갔을 책이다. 천문학을 전공한 내게는 비교적 친숙한 주제여서 차례만 살펴봐도 어떤 내용이 책에 담겨 있을지가 뻔했기 때문이다. 하지만 서평을 쓰기 위해 『세상은 어떻게 끝나는가』를 꼼꼼하게 읽기 시작하면서 나는 조금씩 이 책에 매료되기 시작했다.

먼저 『세상은 어떻게 끝나는가』와 함께 세상의 종말을 향해서 달려가 보자.

“당신과 내가 앞으로 죽을 확률은 얼마나 될까? 어디 보자……. 소수점 다섯 자리를 옮겨서 제곱근을 취하고, 여기에 다시 로그를 취하면…… 거의 끝나 간다…… 오케이, 답이 나왔다. 100퍼센트다!”

‘세상은 어떻게 끝나는가’, 즉 세상의 종말에 대한 질문을 할 때마다 그 질문의 화살이 제일 먼저 가리킬 곳은 아마도 우리 자신일 것이다. 『세상은 어떻게 끝나는가』도 인간의 죽음에 대한 이야기를 펼쳐놓으면서 시작된다. 지구상의 모든 생물은 어떤 형태로든 ‘죽음’이라는 방식을 통해서 세상과 작별한다. 100퍼센트!

지구에 살고 있는 생명체들은 소행성이나 혜성의 충돌 같은 돌발 상황을 만나거나 지구 자체의 국부적인 변화에 따라서 멸종을 거듭해왔고 그 와중에 살아남은 종은 진화를 계속해서 현재의 생명체가 되었다. 하지만 이런 상황이 계속된다는 보장은 전혀 없다. 거의 0퍼센트!

“지구에서 바라볼 때 종말에 이른 붉은 태양은 부피가 대책 없이 커지다가 결국은 하늘 전체를 덮어버릴 것이다. 지구가 태양으로부터 멀어지고는 있지만, 이보다는 태양이 부풀려지는 속도가 훨씬 빠르다. 따라서 지구는 결국 적색 거성에게 잡아먹히면서 파란만장했던 삶을 마감하게 될 것이다.”

현재 태양의 나이는 50억 살인데 50억 년 정도 더 생존할 것이다. 40억 년 후면 태양은 적색거성이 되어서 팽창과 수축을 거듭하면서 지구를 삼켜버릴 것이다. 지구 생명체 입장에서는 모든 것이 끝장이다. 물론 그 전에 태양계를 탈출할 수 있다면 조금 더 연명할 수는 있을 것이다.

"M31은 초속 130킬로미터(시속 46만 8000킬로미터)라는 무시무시한 속도로 우리를 향해 돌진하고 있다. 앞으로 30억 년이 지나면 은하수와 안드로메다은하는 하나로 합쳐지게 된다."

태양이 종말을 고하기 한참 전에 안드로메다은하(M31)와 우리은하가 충돌해서 합쳐질 것으로 예상하고 있다. 그 소용돌이 속에서 태양계는 안드로메다은하로 튕겨져 나갈 수도 있고 새로 형성된 타원은하의 중심으로 추락할 수도 있다. 지구의 종말이 더 앞당겨질 수도 있다는 이야기다.

"별의 시대는 이것으로 끝이다. 자연은 은하수의 에너지 효율을 서서히 저하시켜서 종말로 몰고 간다. 은하수는 그다지 특별한 은하가 아니기 때문에, 우주에 퍼져 있는 500억 개의 다른 은하들도 이와 비슷한 과정을 겪게 될 것이다. 단, 대형 성단에 속해 있는 은하는 예외이다. 이곳의 은하들은 중력에 의한 혼합과 합병을 계속하면서 조금 더 버틸 수 있다. 그러나 대형 성단도 늙거나 죽은 별들로 이루어진 거대 은하로 마감될 것이다."

안드로메다은하와 우리은하가 충돌해서 형성될 타원은하 안에서는 시간이 흐르면서 별들이 탄생하고 죽는 과정이 계속 반복된다. 하지만 이 과정도 영원할 수는 없다. 별을 만드는 재료가 다 떨어지면 더 이상 별을 만들 수 없기 때문이다. 그렇게 은하도 죽어간다. 위의 인용문에서 옮긴이가 사용하고 있는 용어에 다소 어색한 것들이 있다. '은하수'는 '우리 은하'로, '성단'은 '은하단'으로 고쳐 써야 의미도 맞고 자연스럽다.

> "먼 미래의 우주에 은하 같은 것은 존재하지 않는다. 개개의 죽은 별들이 광활한 우주 공간을 외롭게 떠다닐 뿐이다. 그러다 운수 사납게 거대한 블랙홀을 만나면 곧장 빨려 들어간다. 밤하늘은 완전한 어둠에 잠기고, 오로지 중력만이 자신의 목소리를 내고 있다."

우주는 이렇게 '블랙홀의 성장'과 '별의 증발'이라는 말로 대변되는 암흑세계가 되어갈 것이다. 현재 우주는 가속 팽창을 하고 있다. 가속 팽창의 원동력으로 지목되고 있는 암흑 에너지가 시간과 공간에 대해서 변하지 않는다는 가정 하에서 추정할 수 있는 우주는 이렇다.

> "가속되는 상황에서 중력은 새로운 천체를 만들어낼 수 없으므로 현존하는 천체들은 점점 더 고립될 것이다. 은하단과 은하군은 빠르게 커져 가는 시공간 속에서 하나의 점으로 남게 되고, 이들은 다른 은하단이나 은하군과 서로 접촉하고 꼬이면서 조그만 '섬 우주'가 될 것이다. 이 고립된 천체 속에 존재하는 질량은 지평선 안에 존재하는 암흑 에너지의 수조 분의 1에 불과하다. 이때가 되면 물질은 거의 있으나 마나 한 존재가 된다."

우주는 그 후에도 계속 가속 팽창을 할 것이고 "모든 은하에서 방출된 빛들마저 지평선 너머로 사라져서, 섬 우주 안에는 광자가 하나도 남지 않고, 서서히 변하는 전기장만이 유령처럼 주변을 에워싸고 있을 것"이다. 이때까지도 우주에 생명체가 살고 있다면, "그들은 물질과 복사를 모두 빼앗긴 그들만의 시공간 주머니에 갇혀서 극히 제한된 곳만 바라볼 수 있을 것"이다. 그리고 10,100년이 지나면 "양성자는 모두 붕괴되고 별들도 사라지고, 블랙홀은 하나도 남지 않고 모두 증발"한다. 결국 남는 것은 "뉴트리노와 전자, 양전자 그리고 관측 가능한 우주보다 파장이 긴 광자들뿐"이다. 우리가 살던 우주는 결국 영원히 암흑 속에 묻힌 존재로 남을 것이다.

현재 우주는 가속 팽창을 하고 있지만 만약 '가속도가 증가하는' 팽창을 한다면 '빅 립' 같은 더 엄청난 일이 생길 것이다. 요즘 유행처럼 회자되고 있는 다중우주로 이루어진 세상에 우리가 살고 있다면 주기가 반복되는 우주 속에서 또 다른 이야기를 추측할 수 있을 것이다. 『세상은 어떻게 끝나는가』에는 여기서는 다하지 못한 이런 이야기들도 담겨 있다.

> "마술 같은 사건으로 가득 찬 이 우주에서 마지막에 어떤 일이 일어나건, 그게 무슨 상관인가?"

크리스 임피는 375쪽에 걸쳐서 인간의 죽음부터 우주의 종말까지 온갖 세상의 '종말' 이야기를 늘어놓고서는 책 끝에서는 '그게 무슨 상관이냐'고 너스레를 떤다. 사실 따지고 보면 하루하루를 살아가는 생활인들에게 그게 도대체 무슨 상관이겠는가, 그런 생각을 하다가 문득 『세상은 어떻게 끝나는가』가 연속극 같다는 생각이 들었다.

연속극은 뻔하게 끝나는 경우가 많다. 가끔씩은 깜짝 놀랄 만한 결말을 보여주기도 하지만, 그게 도대체 무슨 상관이란 말인가. 나는 연속극의 묘미가 끝이 아니라 극이 진행되는 순간순간에 알콩달콩 이어지는 긴장감 있는 이야기와 이를 표현하는 디테일에 있다고 생각한다.

『세상은 어떻게 끝나는가』는 잘 만들어진 연속극 같은 책이다. 그래서 읽는 재미가 쏠쏠하다. 책 곳곳에 유쾌한 이야기가 담겨 있고 그 이야기들이 재미있고 디테일하게 소개되고 있다. 이 책에서 우주적 스케일로 이야기하고 있는 세상의 종말에 대한 거대 담론은 멋지고 감동스럽다. 하지만 어쩌면 '연속극 같은 재미'에 이 책의 진짜 장점이 있고 이 책을 읽는 진짜 묘미가 숨어 있다는 생각이 든다.

유쾌한 웃음을 주었던 몇 장면을 옮겨 적으면 이렇다.

"세계에서 가장 오래 살았던 사람은 장 루이 칼망으로 알려져 있다. 그녀는 1875년 프랑스의 아를에서 태어나 1997년에 122살을 일기로 사망했다. 칼망은 13살 때 빈센트 반 고흐를 보고는 '몸은 더럽고 옷도 엉망이고 불쾌한 사람'이라 평가했다고 한다."

"변화와 영속은 배뿐만 아니라 인간의 몸에도 똑같이 적용된다. 몸을 이루는 세포만 놓고 보자면 당신은 10년 전의 당신과 완전히 다른 존재이다. 세포의 평균 수명이 약 10년이기 때문이다. 세포의 수명은 '몸'이라는 전쟁터에서 각자 맡은 역할에 따라 조금씩 다르다. 위의 세포는 5일밖에 견디지 못하고, 적혈구는 3개월 동안 1600킬로미터를 여행한 후 수명이 끝난다. 간세

포의 수명은 약 1년이고, 두개골을 이루는 세포는 뼈를 분해하고 재생하는 세포에 의해 10년마다 새것으로 교체된다. 사람의 수명만큼 사는 세포는 안구의 수정체와 대뇌피질에 있는 뉴런뿐이다."

"장미는 북반구에만 자라는 풍토성 식물로서, 3500만 년 전인 올리고세 지층에서도 장미의 화석이 발견된다. 장미는 자신의 아름다움을 찬양하는 인류가 지구에 출현하기 훨씬 전부터 지구를 아름답게 장식하고 있었다."

"평균치보다 밝게 빛나는 유성이 천문학자의 눈에 뜨이면 '파이어볼'이라 하고, 지질학자의 눈에 뜨이면 '볼라이드'가 된다."

이 책에 사용된 몇몇 용어는 고쳐 써야 한다. 그래야 의미가 명확해지고 자연스러워질 것 같다. '은하수'라는 용어가 여러 번 사용되고 있는데, 원문을 대조해 보지는 않았지만 아마 'The Milky Way'를 번역한 것 같다. 'The Milky Way', 'Our Galaxy' 그리고 'The Galaxy'는 모두 '우리 은하'로 번역해야 그 뜻이 명확하다. 다만 272쪽의 "지난 30년 동안 천문학자들은 은하수의 크기와 질량, 그리고 그 안에 들어 있는 별의 수를 여러 차례 수정해왔다"에서 쓰인 '은하수'는 말 그대로 밤하늘에 보이는 은하수를 나타내는 것이니 그대로 쓰면 된다.

이 글 중에 인용한 문장 중에 쓰인 '성단'도 '은하단'으로 고쳐야 할 것이다. 254쪽에서는 NASA의 '아메스' 연구 센터라고 표기했는데, 모두들 그렇게 부르고 있기도 하니 '에임즈'로 쓰는 것이 맞다. 272쪽에 사용한 '라디오 망원경'이라는 용어는 사용하지 않고 '전파망원경'이라고 쓰고 있다.

『세상은 어떻게 끝나는가』는 '끝'을 이야기하는 책이지만 한편 다른 '시작'을 유도하는 책이기도 하다. 아마 이 책의 시즌 1이었을 크리스 임피가 쓴 다른 책이 빨리 번역되었으면 좋겠다. 벌써부터 읽고 싶어진다.

우주 초기의 모습이 궁금하다면…

크리스 임피, 『세상은 어떻게 시작되었는가』

현재 과학자들이 측정하고 있는 가장 신빙성 있는 우주의 현재 나이는 약 137억 년이다. 우주는 현재 팽창하고 있는데 팽창하는 속도가 가속되고 있는 상황이다. 시간이 흐를수록 점점 더 빨리 커지고 있다는 이야기다. 우주의 끝이 어떻게 될 것인지에 대해서도 아직은 의견이 분분하다. 크리스 임피는 『세상은 어떻게 끝나는가』(박병철 옮김, 시공사 펴냄)에서 우주의 미래에 대한 다양한 담론을 소개하고 있다. 결론은 우리가 여전히 많은 것을 모르고 있다는 것이었다. 우주의 '미래'에 대해서 확실히는 모른다는 것이다. 그렇다면 우주의 시작에 대해서는?

『세상은 어떻게 시작되었는가』(크리스 임피 지음, 이강환 옮김, 시공사 펴냄)가 번역되어 나오기를 기다리고 있었다. 임피의 책을 좋아하기도 했지만 그가 다른 책에서 보여준 풍성한 입담으로 우주의 시작에 대해서 어떤 이야기를 늘어놓을지가 궁금했기 때문이기도 했다.

"부처님은 모든 것은 변화한다고 말했다. 오늘 진리인 것이 내일은 진리가 아닐 수도 있다. 우리는 과학자들이 우주에 대한 우리의 가장 근본적인 질문에 답을 할 수 있을지 알 수 없다. 알버트 아인슈타인은 말했다. "현실과 비교해보면 우리의 모든 과학은 원시적이고 유치하다. 하지만 이것은 여전히 우리가 가진 가장 소중한 것이다." 우리는 젊은 종족이고 우리의 과학은 아직 성숙하지 못했다. 우리는 어둠을 무서워할 정도로 어리지는 않지만 그것을 완전히 이해할 수 있을 정도로 영리하지는 못하다. 우리의 여행은 이제 시작일 뿐이다."

『세상은 어떻게 시작되었는가』는 이렇게 끝을 맺고 있다. 책 제목으로 쓰인 질문이 무색할 만큼 평범하고 규범적이고 평범한 결말이다. 하지만 우주의 시작에 대해서 임피가 쓴 이 문장보다 더 정직한 대답이 또 어디에 있겠는가. 결론은 우리가 아직 우주의 시작에 대해서도 역시 잘 모른다는 것이다.

그렇다면 이 책은 무엇을 위한 책일까.

"이 책의 목표는 우주를 여행하는 시간여행자들의 안내서가 되는 것이다. 이 책은 거리로는 더 멀리 시간적으로는 더 과거로 나아가며 세 부분으로 구성되어 있다."

우주의 나이와 우주의 크기를 생각하면 우리가 점유하고 있는 시간과 공간은 초라하기 짝이 없다. 137억 년 동안 이어져온 우주 진화의 역사를 쭉 지켜볼 시간도 없을 뿐만 아니라 광활한 우주의 한 지역을 직접 가보는 것도 거의 불가능한 일이다. 이런 우리에게 우주가 준 선물이 있다. 바로 빛의 속도가 유한하다는 것이다. 빛은 우주에서 가장 빠른 정보 전달 수단이지만 그 속도는 초속 30만 킬로미터 정도로 유한하다.

빛이 아무리 빨리 달려도 유한한 속도를 갖고 있기 때문에 우리는 항상 어떤 물체의 과거의 모습만을 볼 수 있다. 우리가 보는 달빛은 1.3초 전에 달에서 출발한 빛이다. 태양빛은 8분도 넘는 시간 전에 출발한 빛을 우리가 보는 것이다. 4광년 떨어진 어느 별을 본다는 것은 그 별에서 4년 전에 출발한 빛을 우리가 본다는 것이다. 1억 광년 떨어진 거리에 있는 어느 은하를 관측하면 그 은하로부터 1억 년 전에 출발한 빛을 관측하는 것이다. 따라서 우주 공간에서는 거리가 곧 시간의 척도가 된다.

우리는 비록 아주 짧은 인생을 살고 가지만 밤하늘에는 가까운 과거로부터 먼 과거까지 시간 순서대로, 즉 거리 순서대로 우주 진화의 역사를 한눈에 보여주는 파노라마 극장이 열려 있다.

임피가 이 책에서 '우주의 시작'을 이해하는 전략으로 선택한 것은 가까운 곳으로부터 먼 곳으로 나아가는 여행을 떠나는 것이었다. 가까운 곳은 먼 곳보다 최근의 과거일 테니 더 멀리 가다 보면 결국은 시작의 순간에 도달할 것이다. 그 과정은 결국 우주가 시작되어서 오늘날에 이르게 된 빅뱅 우주론의 진화 과정을 거꾸로 거슬러 올라가는 추억 여행이기도 하다. 시작을 이야기하려고 하는데 결국은 시작으로부터 현재에 이르는 과정에 대한 이야기가 되고 마는 것이다.

이 책은 결국 '시작에 이르는 과정'에 대한 책인 것 같다. 물론 『세상은 어떻게 시작되었는가』의 마지막 부분은 아직은 과학과 SF의 경계에 놓여 있는 것처럼 보이는 우주의 기원에 대한 이야기를 하고 있기는 하다. 다중우주 이야기는 흥미롭지만 과학적인 관측의 문제로 가면 아직은 성숙되지 못한 과일처럼 SF의 나무에 달려 있다. 상상력이 한 걸음 더 나아간 지대에서 만나는 우주의 기원론도 설렘을 주지만 과학의 경이로움을 주기에는 구체성이 떨어진다.

임피는 이런 딜레마를 잘 알고 있었던 것 같다. 우주의 시작, 즉 기원에 대한 이야기는 우리들이 궁극적으로 추구하고 있는 진리지만 현재 우리가 알고 있는 것은 미천하다는 것을 깨닫는 것도 진리라는 것을 잘 설명해 주고 있는 것 같다. 이런 상황에서 우리에게 가치 있는 것은 어쩌면 '과정' 자체인지도 모른다는 생각이 든다. 『세상은 어떻게 시작되었는가』라는 제목이 붙은 책의 대부분을, 그 시작의 지점으로부터 시작된 현재까지의 진화 과정에 대한 이야기로 채운 임피의 의도도 그런 것이었을 것 같다.

제목을 보고 명확하고 궁극적인 해답을 기대했다면 실망할 것이다. 과학은 시대의 과학이고 늘 불완전했고 자신이 이룩한 견고한 패러다임을 스스로 깨부수면서 진화해왔다는 점을 받아들이면 이 책은 멋진 울림으로 다가올 것이다. 절대적이고 종교적인 결론을 기대했다면 실망할 것이다. 그냥 책을 덮어라. 그러나 과정을 즐길 준비가 되었다면 이 책은 기대를 저버리지 않고 풍성한 이야기를 들려줄 것이다.

『세상은 어떻게 시작되었는가』를 읽으면서 오래된 나의 고민이 다시 새록새록 떠올랐다. 이 책은 우주의 시작에 대한 과학 담론으로부터 우주 진화의 세세한 과정까지 '거의 모든 것의 역사'라고 불러도 좋을 만큼 우주의 거의 모든 것에 대해서 풍성한 이야기를 들려주고 있다. 내가 고민하고 있는 문제가 바로 여기에 있다. 책 한 권에 어느 정도의 정보를 넣어야 할 것인가, 궁극적인 문제에 대한 이야기를 다루는 책에서는 그 문제에 접근하기 위해서 어디서부터 시작해야 하는가 하는 것이 나의 오랜 고민이다.

이 책은 우주의 시작을 이야기하기 위해서 다른 거의 모든 것을 이야기하는 방식을 채택했다. 내용이 풍성한 것은 분명히 장점일 것이다. 하지만 이 책을 읽어내기가 쉽지 않았다는 점을 고백하지 않을 수 없다. 내용의 난이도가 각 장마다 크게 차이가 나서 내용의 연결이 매끄럽지 못하다는 느낌을 갖게 한다. 너무 넘치는 내용의 풍성함 때문에 오히려 읽으면서 좀 지치기도 했다. 읽다가 다시 이전으로 돌아가서 무슨 내용인지를 확인해야 하는 번거로움도 좀 있었다. 개인적으로는 너무 내용이 많다는 생각이다. 오히려 '우주의 시작'이라는 화두 자체에 임피의 풍성한 입담을 더 집중시켰더라면 하는 아쉬움이 남는다. 나라면 그렇게 했을 것이다.

넘치는 내용의 풍성함이 좀 벅차기는 하지만 『세상은 어떻게 시작되었는가』는 여러 면에서 좋은 책이다. 내용이 정확하고 알차다. 번역된 다른 과학책에서 만나기 힘든 내용도 자세히 설명하고 있다는 면에서는 참고 자료로서의 가치도 있다고 하겠다. 무엇보다 어려운 내용을 재미있게 잘 풀어놓았다. 여전히 문장을 좀 더 다듬어서 간략하게 했으면 하는 아쉬움은 여운처럼 계속 남긴 하지만.

『세상은 어떻게 시작되었는가』와 함께 『세상은 어떻게 끝나는가』를 읽어보면 좋을 것 같다. 우주의 기원과 진화와 미래에 대해서 통시적으로 이해할 수 있도록 도와주는 역작이다. 여기에 『우주 생물 오디세이』(크리스 임피 지음, 전대호 옮김, 까치글방 펴냄)까지 더한다면 그야말로 '거의 모든 것'에 대한 책 시리즈가 될 것이다. 『세상은 어떻게 시작되었는가』의 넘치는 풍성함에 대한 불편함에도 불구하고 이 세 권의 책을 추천하면서 나는 임피의 팬임을 고백하지 않을 수 없다.

현실과 상상을 줄타기하는 재미

콜린 윌슨, 『우주의 역사』

"이 책은 나의 50번째 저서지만, 사실은 나의 처녀작이었어야 했던 것이다. 왜냐하면 나는 열 살 때부터 이런 책을 쓸 준비를 하고 있었기 때문이다."

콜린 윌슨은 숙부로부터 선물 받은 책에서 화성에 운하가 있다는 로웰의 이야기를 읽은 것이 계기가 되어 도서관에서 천문학 책들을 닥치는 대로 읽기 시작했다고 한다. 그것이 그로 하여금 수많은 책을 쓰게 만든 동인이었음은 다시 말할 필요가 없을 것이다. 윌슨이 『우주의 역사』(한영환 옮김, 범우사 펴냄)의 머리말 첫 문장을 이렇게 시작하고 있는 것은 자연스러워 보인다.

"나는 앞으로도 그 해답은 인간의 마음속에 있다고 믿으려 한다. 이 『스타시커즈』의 이야기는 지금도 나의 마음을 들뜨게 한다. 문제를 해결하는 인간의 놀라운 능력이 거기에 나타나 있기 때문이다. 그러나 인간이 자기 자신의 숨겨진 능력의 본질을 이해하기 시작했을 때 비로소 우주의 기원이 점차

이해될 것이다."

『우주의 역사』 머리말의 끝 문장은 이렇게 마무리되고 있다. 윌슨은 어린 시절 친구들 사이에서 아인슈타인 숭배자로 불렸고 과학자를 꿈꿨다. 하지만 그는 "과학이 모든 의문을 해결해 주지는 못하지 않나 하는 두려움을 느꼈다"고 머리말에 고백한 것처럼 과학자의 길로 나아가지는 못했다. 과학의 경이로움 자체보다는 오히려 과학적 발견을 찾아가는 과학자들의 여정에 더 관심을 보이고 애착을 느낀 것 같다.

이 책도 그의 이런 전형적인 태도가 만들어낸 흥미로운 결과물이다. 『우주의 역사』의 원제가 바로 위 문장에서 윌슨이 언급한 『스타 시커즈』(*Star Seekers*)다. 이 책의 내용이나 윌슨의 서술 스타일로 봐서도 번역된 책에 붙은 제목보다는 원제가 훨씬 잘 어울리고 이 책의 의미를 더 잘 함축하는 것 같다.

『우주의 역사』는 내가 정말 아끼고 사랑하는 책이다. 교양 천문학 책으로서만 평가를 해서 점수를 주자면 50점도 겨우 줄까 말까 할 정도로 높게 평가를 하고 있지는 않지만 그럼에도 불구하고 사랑하지 않을 수 없는 매혹적인 책이다. 교양 천문학 책이라면 마땅히 보여주어야 할 과학 자체의 경이로운 결과와 그것에 관한 기술적인 서술이 많이 부족하다는 점에서 50점을 감점했다. 하지만 나머지 50점은 나를 매료시키기에 충분하고도 남았다.

이 책을 읽으면서 처음 든 느낌과 생각은 다른 사람들에게 보여주고 싶다는 것이었다. 크게 홍보하는 것이 아니라 내밀하게 속삭이듯이, 약간의 노출증과 약간의 관음증을 동반한 몽환적인 분위기로 친한 사람들에게 속닥속닥 이야기하고 싶다는 것이었다.

『화랑세기』(김대문 지음, 이종욱 옮김, 소나무 펴냄)를 처음 읽었을 때의 기분과 비슷했다. 그 책 속의 이야기들은 잘 알려지지 않은 것들이었지만 개연성이 있었다. 사실이었는지의 여부를 떠나서 개연성 속에 살아 숨쉬는 사람 냄새가 났었다. 『우주의 역사』 속에서도 사실 여부를 떠나서 천문학자들의 속내를 공감할 수 있었다.

윌슨은 에드거 앨런 포가 『유레카』라는 책에 써놓은 직관적인 발상 이야기를 하면서 『우주의 역사』를 시작한다. 포가 오늘날 빅뱅 우주론이라고 불리는 팽창 우주의 개념을 이 책 속에서 이미 직관적으로 주장하고 있다는 것이었다. 이 이야기는 꽤 유명한 일화여서 많은 교양 천문학 책에서 양념처럼 에피소드로 다루고 있다. 윌슨은 포의 직관에 주목하고 있었다. 그의 이야기에 바로 이어서 '뇌는 좌우 기능이 다르다'는 이야기를 꺼내면서 소위 좌뇌와 우뇌 이야기를 이어간다. 직관과 논리적 판단에 대한 이야기를 천문학 이야기와 엮어보겠다는 포석이었다.

'고대인은 탐지자였다'라든지 '마술에서 과학으로' 같은 소제목이 표출하는 것처럼 『우주의 역사』에서는 인간의 우주 이해의 역사를 좌뇌와 우뇌의 기능의 역할에 대한 이야기와 교차시키면서 전개하고 있다. 직관적인 능력의 중요성과 의미를 강조하고 있는 것이다. 그런 세상을 지나서 논리적 판단이 득세하는 근대로 넘어오며 벌어지는 우주론의 변화 과정을 사람 중심으로 풀어가고 있다. 그쯤에서 인간 무의식의 역할을 다시 한 번 역설하고 있다.

때로는 당혹스러울 정도로 촌스러운 음모론에 가까운 이야기를 꺼내기도 하지만, 대부분은 귀엽게 봐 줄 수 있는 정도의 것이었다. 그의 '우주의 역사' 아니 '인간의 우주 이해의 역사' 이야기가 갖는 진짜 매력은 촌스러울 수 있는 음모론적인 이야기에 활력을 불어넣었다는 점일 것이다. 야사로서의 재미는 물론이거니와 역사적 개연성을 부여해서 그럴듯하게 보이게 하는 능력은 최고라고 할 수 있다.

이를 통해서 우리는 개연성 있는 상상의 세계로 갈 수 있다. 그 속에서 자유로운 역사의 세상을 마음껏 여행할 수도 있다. 현실과 상상을 줄타기하는 아찔한 재미, 윌슨은 우리를 그런 경계 지역으로 데리고 가는 여행 가이드다.

종교나 신화나 설화는 원형이 되는 이야기에 그 이야기를 전파하는 사람들 개개인의 이야기가 눈덩이처럼 덧붙여지기도 하고 조약돌처럼 물에 깎여나가기도 하면서 생명력을 얻어서 허구의 스토리가 된다. 그리고 스토리텔링을 통해서 증폭되어 나간다. 과학은 관측과 실험의 검증을 통해 모형을 수정하거나 폐기하면서 자기 혁신을 통해서 새로운 이야기를 만들어 나가며 생명력을 유지한다. 하나는 어쨌든 원형을 지키려는 관성으로, 다른 하나는 원형을 철저하게 부정하는 방식으로 자신의 권역을 유지해 나간다.

『우주의 역사』에서 윌슨은 자칫 종교나 신화가 될 뻔한 야사들을 과학의 영역을 넘보는 개연성 있는 이야기로 재생산해 내고 있다. 가끔씩 아찔한 순간이 있긴 하지만 허구와 음모론을 재미라는 도그마 속에 묶어 두는 기지도 발휘하고 있다. 종교와 신화와 음모론이 재미라는 판도라의 상자를 벗어나서 실체 행세를 하기 시작하면 문제가 생기는 것이다.

윌슨은 노련한 조련사처럼 그 경계를 즐기면서 천연덕스럽게 스토리텔링을 이어간다. 나를 매혹시킨 것이 바로 그 지점이다. 그를 사랑하지 않을 수 없는 이유도 아마 거기에 있을 것이다. 그는 과학도 문화와 유착되어 있다는 사실을 직관적으로 간파한 사람인 것 같다. 과학적 경이로움을 이야기하는 것도 사람이고 그것을 발견해내는 과학자들도 사람이다. 마땅히 과학을 문화로 바라보아야 그들을 이해할 수 있을 것이다. 인간적으로 따뜻하게.

윌슨의 이야기는 그래서 섬뜩하거나 황량하지 않고 따뜻하다. 나는 그런 이야기를 큰 소리로 홍보할 생각은 없다. 다만 윌슨이 내게 했듯이 내가 좋아하는 사람들의 귀에 그저 나지막하게 속삭여주고 싶을 뿐이다.

하지만 『우주의 역사』는 다른 사람들 앞에 선뜻 내어놓기엔 부끄러운 책이기도 하다. 이 책의 원서가 처음 출간된 것이 1982년이라는 점을 감안하더라도 윌슨은 당시의 천문학의 경이로운 발견을 담아내는 작업에 여전히 실패하고 있기 때문이다.

과학 혁명기의 천문학자들의 속내를 들춰내는 데는 성공했지만, 그 이후 현대로 이어지는 과정에서 벌어진 일들에 대해서는 사건 자체에 대한 이야기도 그저 그렇고 그 속에서 우주를 이해하기 위해서 노력한 사람들에 대한 이야기도 별다른 특징 없이 나열되고 있다. 기술적인 발전을 따라가는 윌슨의 인문학적 소양이 그 한계에 도달한 것이 아닌가 하는 의구심이 드는 부분이다. 『우주의 역사』 앞부분에서 보여주었던 모든 미덕이 뒷부분에서는 사라져 버렸다. 아쉬운 장면이다.

특히 『우주의 역사』의 마지막 소단원인 '열쇠는 무의식에 있는가'에 가면 앞부분에서 보여주었던 재치 있는 발상과 과감한 상상력은 보이지 않고 과학에 대한 포스트모더니스트들의 허망한 몰이해의 모습을 보는 것 같아서 안타까웠다. 당연하게 여겨지고 있는 것들에 대한 질문은 늘 도전적이고 멋진 일이지만 질문의 내용은 엄밀하게 따져보고 평가해야 할 것이다. 『우주의 역사』 앞부분에서 그가 제기했던 발랄한 문제 제기와는 다르게 뒷부분에서는 맥이 빠지는 질문을 에필로그처럼 남겼다.

> "밀른은 특수 상대성 이론뿐만 아니라 일반 상대성 이론의 일부에도 반대했다. 먼저 그는, 빛의 속도는 단지 실험적 사실에 불과하며 그것을 자연의 법칙이라 부르는 데는 뭔가 잘못이 있다고 주장했다. 뒤이어 그는 아인슈타인의 중력의 법칙도 납득할 수 없다고 덧붙였다. '공간이 휘어 있다는데 도대체 뭐가 휘어 있는가? 공간이 팽창하고 있다면 팽창하는 것은 도대체 뭔가? 정말로 이 방의 공간이 팽창하고 있단 말인가? 그럼 왜 우리 태양계는 팽창하지 않는가?'"

예를 들면 윌슨은 밀른의 주장을 옮겨 적으면서 자신의 속내를 드러냈다. 이런 질문은 교양 천문학 책에서 상대성 이론을 설명하기 위한 도입부에 미끼처럼 던지는 흔한 질문이다. 그리고 이런 질문에 대해서 현대 천문학적인 답을 하나하나 설명해 나가는 것이 교양 천문학 책이 보여주는 전형적인 서술 방식이다. 윌슨의 질문은 재미가 없다. 별 의미도 없다. 앞부분에서 보여줬던 패기도 호기도 없다. 그의 질문은 시시하다. 당연히 에필로그 부분에서의 그의 주장도 허망하다. 1982년에 쓰인 책이라는 점을 감안하더라도 그렇다. 상상력이 사라졌기 때문일 것이다. 상상력의 기본은 과학적 사실일 텐데 현대 천문학에 대한 윌슨의 탐구가 부족했다는 생각이 든다.

그렇다고 『우주의 역사』를 향한 내 사랑이 식은 것은 아니다. 화려했던 시절의 애인의 늙은 모습마저도 안타까우면서 사랑스럽기 때문이다. 『우주의 역사』는 내겐 그런 책이다. 그것만으로 충분히 가치가 있는 책이다. 더 큰 기대는 애당초 과욕이었는지도 모른다. 50번째 책으로 나온 『우주의 역사』가 그의 마음속 처녀작이었던 것처럼 그의 마지막 책은 『스타 시커즈 2』(*Star Seekes II*)였으면 좋겠다. 그 책 속에는 『우주의 역사』에서 다하지 못한 현대 우주론을 만든 천문학자들의 이야기가 담겼으면 좋겠다.

‘피타고라스의 정리’의 발견자는 중국인

지즈강, 『수학의 역사』

중학교 1학년인 딸아이가 아직 유치원생이었을 때의 일이다. 남이섬 근처에 살고 있는 고등학교 문예반 후배의 집에 가족들과 함께 놀러 간 적이 있었다. 후배들과 나는 쏘가리 매운탕에 반주를 곁들이며 느긋한 점심 식사를 즐기고 있었다. 점심을 후딱 해치운 아이들은 매운탕집 마당 한구석에 있는 닭장으로 몰려가서 닭과 병아리를 보면서 놀고 있었다.

한참 후에 밥상 앞에 다시 돌아온 아이들은 제각각 닭과 병아리에 대해서 이야기를 늘어놓고 있었다. 어떤 녀석은 어느 병아리가 제일 귀여웠다고 했고 다른 녀석은 어느 닭의 벼슬이 제일 멋있었다고 했다. 그런데 내 딸아이는 수탉이 몇 마리, 암탉이 몇 마리 그리고 노란색 병아리가 몇 마리, 이런 식으로 구체적인 숫자를 통해서 닭에 대해 이야기를 늘어놓았다.

딸아이는 지금도 숫자를 갖고 장난치면서 놀기를 좋아하고 학교에서 배우는 과목 중에서도 수학을 제일 좋아한다. 수학 문제를 풀다가도 왜 그런 수학 기호가 나오게 되었는지, 처음 그런 도구를 발명한 사람이 누구인지 늘 궁금해한다. 내가 알고 있는 한도 내에서 그때 그때 답을 해주면서 언젠가 마땅한 책이 있으면 딸아이에게 '수학의 역사'에 관한 책을 한 권 추천해야겠다는 생각을 하고 있었다.

유학 시절에 가끔씩 만나던 천문학 전공 중국인 학생이 있었다. 그는 다른 도시의 학교에 다니고 있었는데 우리는 가끔씩 만나서 밥도 같이 먹고 맥주도 같이 마시곤 했었다. 그런데 이 친구는 술이 들어가기만 하면 이 세상 모든 것들이 중국에서 먼저 발견되었거나 발명되었다고 우기는 주사가 있었다. 그에겐 수학도 예외가 아니었다. 피타고라스의 정리도 이미 중국에서 만들어져서 사용되었다고 하면서 그 이름을 바꿔야 한다고 주장하곤 했었다. 음수도 중국에서 처음 사용했다고 했었다. 물론 그의 주장에 따르면 다른 모든 것들도 중국 수학의 산물이었다.

호기심에 도서관에서 중국의 수학에 대한 책을 찾아서 읽어본 적이 있었다. 그가 말한 내용의 대부분은 과장된 것이었지만 맞는 말도 있었다. 중국의 수학은 생각보다 더 오래되었고 그 깊이와 활용도 생각했던 것보다 훨씬 깊고 넓었다. 그렇게 단편적으로 중국 수학의 위대함에 대한 맛은 볼 수 있었지만 몇 권 안 되는 책 속에 서술된 중국 수학은 마치 생뚱맞은 부록이나 다른 먼 섬나라 이야기처럼 또는 외계 문명의 결과처럼 기록되어 있었다. 당시 중국 수학을 수학의 역사 속에서 개연성 있게 서술한 책을 만나보지 못한 것이 내내 아쉬움으로 남아 있었다.

한동안 '조만간 읽어볼 책'으로 분류되어 내 책꽂이 한쪽에 놓여 있던 『수학의 역사』(지즈강 지음, 권수철 옮김, 더숲 펴냄)를 꺼내 들었다. 그럴듯해 보였다. 우선 중국인이 쓴 수학의 역사에 관한 책이라는 것이 눈에 들어왔다. 중국인 수학사 학자가 쓴 책이라면 중국의 수학을 수학의 역사 속에서 제대로 자리매김하고 있지 않을까 하는 기대를 갖게 했다. 분량이 많지 않고 글자 간격도 시원해서 잘 읽힐 것 같았다.

내용의 난이도도 그렇게 높아 보이지 않았다. '수학을 잘하기 위해 먼저 읽어야 할'이라든지 '통합형 공부를 준비하기 위한 현명한 선택' 같은 책 표지의 수사학적 문구들은 여전히 신뢰가 가지 않았지만 딸아이에게 권할 만한 수준의 '수학의 역사' 책이 아닐까 하는 생각을 갖게 하기에는 충분한 미끼였다. 요약하자면, 수학의 역사 입문서로 적당해 보였다.

화장실 앞 책꽂이에 『수학의 역사』를 꽂아두고 오다가다 틈틈이 읽었다.

기대했던 것처럼 속도감 있게 잘 읽혔다. 책 속에 수록된 많은 사진들을 보는 재미도 쏠쏠했다. 이 책의 가장 큰 미덕 중 하나는 지은이가 수집한 수많은 사진이 책 속에 수록되었다는 것이라고 자신 있게 이야기할 수 있겠다. 이미지 자료를 통해서 수학이라는 추상적인 사고 체계가 어떻게 인류의 문명 속으로 삶 속으로 침투해 왔는지를 직관적으로 보여주고 있다.

중국인 수학사 학자가 쓴 책답게 기대를 저버리지 않았다. 중국인 친구가 이야기했던 것처럼 중국인들이 만들어낸 수학은 위대했다. 십진법을 사실상 처음 사용한 것도 중국인들이었다.

> "현대의 십진법에 가장 근접한 위치기수법은 중국의 산대 계산법이다. 산대는 손가락 몇 배만한 길이의 작은 대나무 막대를 산관 위에 올려놓고 계산하

는 방식이다. 남북조 시대의 『손자산경』에는 산대로 계산하는 구결이 기록되어 있다."

피타고라스 정리를 먼저 알아낸 것도 역시 중국인들이었다. 피타고라스 정리를 '구고의 정리'라고 불렀으며 이미 실생활에 사용하고 있었다. 상고가 고대 중국의 주공에게 답한 내용을 옮겨 적으면 이렇다.

"곡척을 접어 아랫변을 3, 직각인 세로변을 4가 되도록 하면 빗변은 5가 됩니다. 그리고 아랫변과 세로변을 한 변으로 하는 정사각형을 그립니다. 이미 그려진 빗변의 반대 방향으로 곡척을 사용하여 또 정사각형을 그립니다. 이 직각삼각형에 아래, 옆, 위에 각각 정사각형을 붙이면 큰 정사각형을 얻게 됩니다. 즉 길이가 3, 4, 5인 세 정사각형이지요. 두 삼각형의 넓이의 합은 25이고, 이는 큰 사각형의 넓이와 같습니다."

서양보다 1000년이나 앞서서 정확한 원주율을 계산해서 사용한 것도 중국인들이었다. 음수를 수학에 도입한 것도 중국 수학이 먼저였다.

하지만 이 책은 이런 단편적인 사실만을 나열하는데 그치지 않고 중국의 수학이 어떻게 현대 수학의 기원으로 자리매김하는지를 역사적 맥락과 다른 문명권과의 교류 과정을 추적하면서 이야기하고 있다. 이 점이 이 책 『수학의 역사』를 특별하게 만드는 지점인 것 같다. 내 옛 중국 친구의 치기어린 중국 수학 자랑에 그치지 않고 과장하지 않는 진정성을 견지하면서 중국 수학의 위대함을 보여주고 있다.

중국 수학은 위대했으며 다른 문명을 앞서 갔으며 한 시대를 풍미했다. 다른 문명과의 교류를 통해서 중국 수학은 현대 수학의 기원을 형성하는 데 큰 영향을 미쳤다. 그러고는 역사 속으로 들어갔다. 아라비아를 거쳐서 서양 수학이 현대 수학의 역사가 된 후 그 수학이 다시 중국으로 들어왔다. 지은이는 이런 수학 역사의 과정을 중국 수학의 고고한 품격을 지켜내면서 담담하게 그려내고 있다.

『수학의 역사』는 현대 수학의 쟁점들이 어떻게 형성되었는지, 그 과정에서 수학자들은 어떤 고민을 했고 어떻게 현안 문제들을 해결해 왔는지를 역사의 맥락 속에서 보여주고 있다. 수학은 단순한 숫자 놀음이 아니라 바로 우리 인류의 자존심이고 문명 자체라는 것을 밝혀내고 있다. 이 책 속에는 수학을 문명으로 만든 숱한 수학자들의 이야기가 나온다. 수학자 다비드 힐베르트의 말 속에 그들의 자존감이 엿보인다.

"역사는 우리에게 과학 발전은 연속성을 갖는다는 점을 일깨워줍니다. 우리는 시대마다 새로운 문제가 제시된다는 점을 알고 있습니다. 이 문제는 해결되기도 하고 또는 아무런 이익이 없기 때문에 잊히거나 새로운 문제로 대체되기도 합니다. 이제 우리가 미래 수학 지식 세계를 전망한다면, 과거 해결되지 못한 문제를 먼저 살펴보고 현재 과학에서 제시되었거나 앞으로 해결될 가능성이 있는 문제부터 검토해봐야 합니다. 저는 세기가 교차되는 지금 이 순간이 점검의 최적기라고 생각합니다. 왜냐하면 한 위대한 시대의 종식은 우리에게 과거를 되돌아보게 하고 우리의 아이디어를 미지의 미래로 이끌어주기 때문입니다."

하지만 길지 않은 지면 속에 너무 많은 이야기와 너무 많은 수학자들이 등장하면서 전체적으로 산만한 느낌이 드는 것은 피할 수 없었다. 한 사건에 대해서 그 맛을 느낄 여유도 없이 또 다른 사건으로 넘어가버리기 때문이다. 이 책의 특성이자 한계일 것이다. 긍정적으로 생각하자면 수학의 역사를 물 흐르듯 따라가면서 전체를 조망할 수 있는 수학의 역사 입문서라고 할 수 있을 것이다. 부정적인 측면에서 보자면 제한된 분량에 정보가 넘쳐서 내용을 놓쳤다고 할 수 있겠다.

『수학의 역사』가 살짝 살짝 보여주는 수학자들의 삶의 모습은 그 수학자를 더 알고 싶다는 욕망을 자극하기에 충분한 것 같다. 나는 이 책을 읽으면서 '페르마 대정리'로 유명한 피에르 페르마보다도, '괴델의 불완전성 정리'로 유명한 쿠르트 괴델보다도, '우리는 알아야 한다. 우리는 알게 될 것이다!'라고 했던 힐베르트의 삶이 무척 궁금해졌다. 이 책에서 언급된 콘스탄스 리드가 지은 『현대 수학의 아버지 힐베르트』(이일해 옮김, 사이언스북스 펴냄)를 찾아서 읽어볼 참이다.

표지에 나열한 수식어들은 역시 과장된 표현이었다는 생각이 든다. 이 책은 '수학을 잘하기 위해 먼저 읽어야 할' 책이 아니라 오히려 수학을 잘하고 좋아하는 사람이 이 책 속에서 자신의 마음에 와 닿는 수학자를 찾아보는 게임을 해보기에 적당한 책인 것 같다. 그러면서 수학에 더 이끌리게 해줄 것 같은 책이다.

그럼에도 불구하고 처음 읽어야 할 수학의 역사 입문서로 『수학의 역사』를 손꼽는 데 주저하지는 않겠다. 이 정도 분량에 이 정도의 밀도로 수학의 역사를 균형감 있게 담아낸 책도 드물 것이기 때문이다. 하지만 중학교 1학년 딸아이에게는 아직은 이 책을 권하고 싶지는 않다. 이 아이가 미분 적분이 뭔지 알고 난 다음 그 기원에 대한 궁금증이 증폭되었을 때쯤 이 책을 읽어보라고 건네주고 싶다.

『수학의 역사』는 수학의 역사를 처음 접하는 사람에게 첫 입문서로 선뜻 권하고 싶으면서도, 마음 한편에서는 이 책을 읽는 사람은 그야말로 이 책을 읽을 수학적인 준비가 된 사람이었으면 하는 역설적인 마음을 불러일으키는 묘한 책이다.

뇌는 어떻게
감정과 의식을 만들어냈을까

수전 그린필드, 『브레인 스토리』

몇 달 전쯤의 일이었다. 아들 녀석이 갑자기 뇌과학을 공부해보고 싶다는 이야기를 했다. 아들 녀석은 원래 미국의 한 대학교의 심리학과에 입학했었다. 범죄학으로 전공을 바꾸려고 다른 대학교의 예비학교에서 과목을 이수하던 중 휴학을 하고 군복무 중이다. 장래 희망이 그때그때 변하고 있는 중3 딸아이도 (현재 시점에서 그녀의 장래 희망은 '백수'다. 아빠가 돈을 많이 갖고 있는지 그걸 자기와 평생 나눌 수 있는지 진지하게 물어온 적도 있다.) 얼마 전에 뇌과학을 공부하고 싶다는 이야기를 했다.

엄마가 뇌종양으로 수술을 받고 투병 중이라는 상황이 아이들에게 영향을 미쳤을 수도 있다. 가족 중에 아픈 사람이 있어서 의사가 되었다는 후일담을 흔히 듣지 않았던가. 하지만 나는 두 아이가 모두 비슷한 시기에 뇌과학에 대한 관심을 보인 것은, 뇌과학이 21세기 과학의 화두 중의 화두로 떠올라 있는 환경에서 비롯된 우연이라는 데 좀 더 무게를 두고 싶다. 나는 아주 어린 시절 금성과 아폴로 11호에 매혹되어서 천문학을 공부하게 되었다. 내가 21세기에 어린 시절을 보내고 있다면 분명 뇌과학에 훨씬 더 자주 노출이 되었을 것이고 그래서 더 많은 관심을 갖게 되었을 개연성이 높다. 우연이 숙명을 만든다.

나는 뇌과학을 공부하고 싶은 마음의 흔들림이 찾아온 아이들에게 뇌과학 공부로 나아가는 길이 크게 세 가지가 있다고 일러주었다. 내 좁은 소견일 수도 있지만 뇌과학을 연구하는 지인들에게 주워들은 이야기를 정리해서 전달한 것이기도 하다. 첫째, 뇌는 생물학적인 존재이니 당연히 그 출발점에 생물학이 있을 것이다. 둘째, 뇌를 하나의 네트워크로 보고 연구하기에는 물리학이 적합하다. 실제로 복잡계 이론을 뇌의 연구에 도입해서 흥미로운 결과들을 많이 얻고 있다. 셋째, 인간의 뇌를 직접 다루는 것이 궁극적인 관심사라면 의사의 길로 들어서서 뇌과학으로 나아가야 할 것이다. 생물학이든 물리학이든 의학이든 뇌과학 공부를 위한 출발점은 심리학이 아니라 기초과학이라는 것을 이야기해 주고 싶었다.

덧붙여서 아들 녀석에게 수전 그린필드가 지은 『브레인 스토리』(정병선 옮김, 김종성 감수, 지호 펴냄)를 읽어보라고 권했다. 아직 어린 딸아이에게는 조금 어려울 수 있다는 생각에 이 책 대신 청소년들이 볼 만한 책을 급히 수소문해서 권했다.

> "새로운 세기에 들어선 지금, 1990년대가 '뇌의 10년'으로 불렸다는 것을 생각하면 놀랍기 그지없다. 우리 인체 가운데서 가장 매혹적인 기관의 거대한 신비가 그 10년 안에 다 풀릴 것처럼 보였었다! 다시 생각해 봐도 그렇게 근시안적인 견해는 아니었던 것 같다. 지난 세기를 통해 뇌 전반에 관한 우리의 지식이 크게 진보했으며, 우리는 뇌가 기본적인 수준에서 어떻게 활동

하는지에 대해 더 깊이 이해할 수 있게 되었다. 물론 가야 할 길은 여전히 멀지만, 뇌 연구자들은 이제 기본적인 개념의 상당 부분을 잘 알고 있다. 많은 연구자들에게 있어 앞으로의 과제는 이미 자리 잡은 이론적 틀을 고수하면서 간극을 메우는 것이다. 그러나 우리들에게 그 모험은 이제 막 시작되었을 뿐이다."

『브레인 스토리』는 원래 BBC 다큐멘터리 6부작으로 먼저 만들어졌는데 그 내용에 보강을 해서 책으로 나온 것이다. 다큐멘터리와 책이 나온 때가 2000년이니 『브레인 스토리』는 20세기의 뇌과학의 성과를 담은, 조금은 낡은 책이다. 21세기를 뇌과학의 시대라고 부르는 것조차 민망할 정도로 뇌과학의 새로운 성과들이 넘쳐난다. 하지만 다른 한편, 위에 인용한 수전 그린필드의 서문에서 '1900년대'를 '2000년대'로 바꿔도 그 문장이 그대로 유효하게 보이는 것처럼 뇌과학의 발전은 21세기에도 현재형이다. 그 틈바구니에서 『브레인 스토리』는 오래된 책이지만 여전히 생명력을 유지하는 몇 권 되지 않는 훌륭한 뇌과학 책이다.

제대로 된 정신을 유지하고 있는 사람이라면 감정이나 의식이나 마음 따위가 뇌의 산물이라는 보편적 결론에 대해서 동의할 것이다. 『브레인 스토리』에서 이야기하려고 하는 주제가 바로 이 책의 부제이기도 한 '뇌는 어떻게 감정과 의식을 만들어냈을까?'이다. 이런 보편적인 주제를 독자적인 관점과 서술로 이어갈 수 있는 힘이 『브레인 스토리』에 있는 것 같다. 바로 그 주제에 대한 이야기를 펼치는 대상이 '사람'이라는 것이다. 물론 뇌병변 환자들의 임상적 연구를 바탕으로 한 이야기들이지만 뇌가 물리적 변화에 어떻게 반응했는지를 통해서 뇌의 본질에 접근하고 있다.

> "이 책은 입문서와 전문적인 연구서의 중간쯤에 위치하는 책이다. 이것은 마음에 관한 개인적인 의견이지만 동시에 과학에 기초한 견해이다. 바로 여러분의 뇌 이야기다."

『브레인 스토리』가 오래된 책임에도 불구하고 낯설지 않고 고루해 보이지 않는 또 다른 이유는 이 책이 입문서이지만 꼭 필요한 전문적인 내용들을 비켜가지 않고 적절하게 다루었다는 점이다. 결론만이 아닌 과정의 과학성이 풍부한 책이기 때문이다.

다큐멘터리가 먼저 나왔었다는 것도 내가 이 책을 좋아하는 이유 중 큰 부분을 차지한다. 요즘 들어서 책을 읽는다는 것, 특히 대중 과학을 읽는다는 것의 의미를 자주 생각해 보게 된다. 책보다 더 책 같은 다큐멘터리가 많다. 책을 읽으면서 나름대로의 상상력을 키우는 것은 책 읽기의 오랜 장점이자 매력이다. 하지만 과학의 경이로움을 느끼기에는 실제 영상과 애니메이션으로 무장한 다큐멘터리가 훨씬 더 큰 기능을 하는 것 같다. 상황이 이런데도 고전적인 책 읽기만을 고집해야 할까 하는 고민이 있다. 나는『브레인 스토리』를 다른 사람에게 권할 때면 늘 다큐멘터리와 함께 보라는 말을 덧붙인다. 그것까지 포괄해야 온전한 대중 과학책 독서가 된다는 생각에서다.

청년 시절을 보냈던 네덜란드에서 나는 많은 문화적인 충격과 각성을 겪었었다. TV 방송 내용도 내가 처음 부딪혔던 문화적 충격 중 한 부분이었다. 생생한 성기와 체모 노출은 기본이고 섹스 장면도 적나라하게 볼 수 있었다. 금기라는 것이 최소화되어 있는 열린 문화는 충격이었지만 신선한 바람으로 다가왔다. 한번은 뇌수술 장면을 생중계하는 것을 본 적이 있었다. 환자의 얼굴 가죽을 통째로 벗겨서 고정시켜놓고 뇌수술을 하는 장면이었다. 여러 시간을 해설과 함께 생중계했다. 나는 늘 물질적인 뇌로부터 마음이나 정신이 비롯된다는 너무나 보편적인 결론을 아무런 생각 없이 받아들이고 있었다. 그날 그 뇌수술 장면을 보면서 처음으로 강렬하게 뇌의 물질적 실체에 대한 각성을 하는 경험을 했었다.

『브레인 스토리』 책 속에서는 뇌병변 환자들의 임상적인 결과를 생생하게 보여주고 있다. 6부작으로 방영된 다큐멘터리 〈브레인 스토리〉의 영상의 생생함은 말할 필요도 없을 것이다. 자칫 오래된 낡은 뇌과학이 될 수도 있었을 『브레인 스토리』가 여전히 설득력 있는 책으로 남아 있는 것은 이런 현장의 감흥이 이 책 속에 여전히 살아 있기 때문이다.

학생들과 함께 대중 과학책을 읽고 토론하는 수업을 십년이 넘도록 이끌었었다. 열 권 남짓 읽어야 할 책을 정해주는데 뇌과학을 대표하는 책으로 주로 『브레인 스토리』를 내세웠었다. 뇌과학 책들은 홍수처럼 쏟아져 나오고 있다. 당연히 내용 면에서나 시의성 면에서나 『브레인 스토리』보다 훌륭한 책들도 많다. 그런데도 나는 여전히 『브레인 스토리』를 축구의 주전 수비수처럼 계속 기용하고 있다.

『브레인 스토리』를 생각하면 맨체스터 유나이티드의 수비수로 그 구단의 영광의 시절을 같이했던 비디치나 퍼디낸드 같은 선수들 생각이 난다. 오랜 시간 팀의 기둥 역할을 해왔던 베테랑들이다. 그들의 스피드는 세월과 함께 약해졌고 몸싸움에서도 밀리기 시작했다. 하지만 그들은 최근까지도 여전히 맨체스터 유나이티드 수비 전술의 핵심이었다. 드디어 비디치의 이적이 확정되었다는 보도가 나왔다. 퍼디낸드는 주전 수비수에서 밀린 지 오래됐다. 그들의 시대가 가고 있다.

『브레인 스토리』도 내 수업 책 목록에서 든든한 수비수 자리를 차지하고 있었다. 하지만 더 좋은 책으로 교체되기를 기다리는 운명도 함께 갖고 있다. 아직은 『브레인 스토리』를 온전히 대체할 만한 책을 찾아내지 못하고 있다. 당분간 이 책은 주전 수비수로서 내 과학책 읽기 팀의 기둥으로 버티고 있을 것이다.

죽음 앞에 서서

셔윈 눌랜드, 『사람은 어떻게 죽음을 맞이하는가』

갑자기 가슴에 심한 압박이 느껴졌다. 몸과 정신이 모두 가슴 한복판으로 붕괴하는 것 같은 고통이 뒤따랐다. 가슴을 꽉 조이고 쥐어짜는 것 같은 느낌이었다. 조여 오는 가슴을 움켜잡았다가 두드렸다가 하면서 소파에 누웠지만 저절로 눈물이 흐르고 발버둥이 쳐졌다. 몸이 심하게 경련을 일으켰다.

의식은 어어 하는 사이에 희미해져 가고 있었다. 그 극심한 통증이 찾아온 것은 갑자기 추워진 날씨에 반팔 반바지 차림으로 1층부터 4층까지 김장 배추를 여러 번에 걸쳐서 옮긴 후 물 한 잔 마시고 나서 좀 쉬려고 소파에 앉은 지 1분도 채 지나지 않았을 때였다. 2010년 11월 말 어느 일요일 밤의 일이었다.

심야 전기 히터 위에 걸터앉아 있던 아내는 가슴을 치면서 떼굴떼굴 구르는 나를 빤히 쳐다보면서 장난치지 말라고 하고는 다시 텔레비전 쪽으로 눈길을 돌렸다. 당시 초등학교 5학년이었던 딸아이가 핸드폰을 누르는 것이 얼핏 보였다. 딸을 향해서 간신히 한마디를 던졌다. 조금 전에 계단에서 미주쳤던 의사인 여동생의 이름을 불렀던 것 같다.

그 와중에 의사인 여동생을 떠올린 건 정말 큰 행운이었다. 나중에 들으니 딸아이는 가슴을 붙잡고 고통스러워하는 내 모습을 보면서 며칠 전에 같은 반 친구의 아버지가 갑자기 쓰러져서 죽었던 일이 생각나서 무의식적으로 119번을 눌렀다고 했다. 무슨 이유였는지 119번에는 전화 연결이 되지 않았다.

딸아이의 연락을 받고 여동생이 바로 뛰어왔다. 나를 바로 응급실로 데리고 가야 한다고 아내를 다그쳤다. 같은 건물의 다른 층에 살고 있던 남동생이 나를 업다시피 부축해서 차에 태웠고 아내는 운전을 했다. 다행히 집에서 10분 거리에 종합병원이 있었고 일요일 밤이라 교통 체증도 없었다.

나는 운이 좋게도 첫 통증을 느낀 지 20~30분 안에 병원 응급실에 도착할 수 있었다. 바로 응급조치가 취해졌다.

응급실에 도착하자 당직 의사가 이것저것 물어보더니 (내 의식은 아련하게 희미해져가고 있었지만 나는 온갖 힘을 다 모아서 고개를 끄덕이는 식으로 묻는 말에 충실히 대답을 하려고 애를 쓰고 있었다!) 팔에 주사기를 꽂고 약을 투여하기 시작했다. 언뜻 보기에도 여섯 개 정도의 비닐 튜브에서 내려오는 갖가지 약이 주사 바늘을 통해서 내 몸 속으로 들어오고 있었다.

내 몸 상태를 재는 기계들이 온갖 파동을 만들어내고 있었다. 맥박수가 너무 낮은 것 같다는 간호사의 말이 들려왔다. 바로 옆에서 하는 말이 장막 저편 먼 곳에서 들려오는 소리같이 들렸다. 혀 밑에는 5분여 동안 작은 응급약(나중에 알고 보니 협심증 치료제인 니트로글리세린이었다) 세 알이 차례로 들어왔다.

통증을 완화시키기 위해서 마약 성분을 투여한다고 의사가 말했지만 더 이상 고개를 끄덕일 여력이 없었다. 나는 본능적으로 내 의식이 점차 사라져가고 있다고 느끼고 있었지만 아직은 상황을 분간할 정도의 의식은 붙잡고 있었다. 계기판의 숫자도 저게 뭘까 하면서 무의식적으로 읽고 있었다.

다른 의사가 와서 비슷한 질문을 반복해서 던졌지만 더 이상 고개를 끄덕이지 못했다. 의식은 점점 더 약해져 가고 있었지만 가슴의 통증은 이때 이미 어느 정도 완화되어 가고 있었다. 심전도를 재기 위해서 약물을 내 가슴에 발랐을 때는 차가운 느낌이 통증보다 더 가깝게 다가왔다.

통증이 줄어들면서 의식도 조금씩 또렷해져 가고 있었다. 갑자기 속이 울렁거려서 크게 한번 토하고 나서는 통증도 많이 완화되었고 의식도 제법 맑아졌다.

이 모든 일이 그야말로 아련하게 남의 일처럼 느껴지면서 흘러갔다. 상태가 좀 호전되고 말을 할 수 있게 되고 나서야 비로소 나는 주변에 눈을 돌릴 수 있었다. 계속 옆을 지키고 있었던 아내에게 이제는 괜찮다고 말할 여유도 생겼다. 다음 날 수업과 강연 그리고 그다음 날 미팅 같은 일정을 취소하는 연락을 해달라고 부탁도 했다. 주머니에 있던 핸드폰을 아내에게 넘긴 것도 그 시점이었던 것 같다. 딸아이 안부도 묻고 옆에 있던 남동생에게 고맙다는 인사를 했고 여동생한테도 고맙다는 말을 전해달라고 여유도 부리고 있었다.

곧이어 의사가 다가와 관상동맥이 막히면서 '급성심근경색'이 와서 내가 쓰러진 것이라고 알려주었다. 이미 심장의 한쪽 벽면의 근육이 죽었다고도 말했다. 철망같이 생긴 일종의 스프링인 스텐트를 관상동맥에 집어넣는 시술을 곧 시작할 예정이라면서 통증이 얼마나 심한지 그런 질문을 했다.

이번에는 말로 대답할 수 있었다. 아내는 수술 동의서를 작성하기 위해서 내 곁을 떠났다. 이 시점부터 이런저런 생각이 내 의식을 치고 들어오기 시작하고 있었다. 어쨌든 그렇게 나는 죽을 고비를 넘기고 살아나고 있었다.

침대에 누워서 수술실로 옮겨가면서 내내 천장을 바라볼 수밖에 없었다. 바닥을 보면서 움직인 적은 있었지만 천장을 보면서 이동한 경우는 없었다. 새로운 경험이었다. 그렇게 느낄 만큼 의식이 충분히 돌아와 있었다. 한편으로는 이젠 살았다는 안도감을 느끼고 있었지만 혹시 내가 죽는다면 그런 생각도 계속 밀려오고 있었다.

죽음 자체에 대한 두려움은 생각보다 적었다. 그럼 생각도 멈추겠지, 참 허무하네, 이런 생각들이 스쳐지나갔다. 가족들 생각이 먼저 들었다. 아내와 아이들 걱정이 앞섰다. 죽으면 그냥 영영 이별이란 생각에 눈물이 핑 돌았다. 그러고는 사람들 생각이 밀물처럼 몰려왔다가 썰물처럼 밀려갔다.

그때마다 가슴이 먹먹해졌다. 목숨이 경각에 달린 그 상황에서도 하느님 따위를 찾지 않은 자신이 대견하다는 생각도 하고 있었다. 그즈음으로 잡혀 있던 외국 출장이 취소되지 않았다면 나는 지금쯤 인도네시아의 어느 정글에서 죽어가고 있었겠지, 나는 운이 좋아, 그런 생각도 밀려

들어왔다.

그러다가 생뚱맞게도 유학 시절에 읽었던 셔윈 눌랜드의 『*How We Die*』(Knopf 펴냄)에 나오는 장면 하나가 떠올랐다. 급성심근경색으로 쓰러진 환자가 병원 응급실로 실려 갔다가 고비를 넘기고 목숨을 건진 사례를 설명하던 장면을 떠올렸는데, 그 상황이 내 경우와 너무 비슷하다는 생각에 나도 모르게 피식 웃어버리고 말았다.

수술실로 들어가면서 아내에게 나는 괜찮을 것이라고, 이젠 통증도 거의 없다고 말했다. 혼자 집에 남겨진 딸아이 생각에 가슴이 좀 떨렸다. 그 아이가 날 살렸다는 생각도 들었다. 시술 과정에서 생길 수 있는 위험성에 대해서 의사가 설명하기 시작했다. 나는 이제 다시 고개를 끄덕일 수 있었고 말로 대답할 수도 있었다.

혹시 잘못되면 어떡하지 하는 걱정이 들었다. 하지만 금방 이제 와서 뭘 더 바라겠느냐 그런 생각이 밀려들어왔다.

혈관 조영술을 통해 풍선으로 혈관을 넓혀가며 필요한 곳에 스텐트를 넣어서 막힌 관상동맥을 뚫는 작업이 시작되었다. 의사들끼리 하는 이야기를 들을 수 있었다. 별 문제없이 시술이 진행되고 있는 것 같았다. 머릿속에 온갖 자질구레한 생각들이 오고갔지만 이제 나는 살았다는 생각이 점점 커지고 있었다. 나는 언제부터인지 안도하고 있었다. 『*How We Die*』의 장면들이 계속 머릿속에 맴돌았다.

결국 스텐트 두 개를 관상동맥에 시술했다. 가슴이 좀 뻑뻑한 것 같은 느낌은 있었지만 다른 증상은 없었다. 회복실을 거쳐서 나는 중환자실로 옮겨졌다. 아내와 남동생이 다시 찾아왔다. 아내 손을 한번 잡아보고 걱정 말라고 안심을 시켰다. 딸아이에게 잘 말해주라고 당부도 했다. 그 와중에 아내에게 『*How We Die*』에 나오는 장면과 내 상황이 너무 비슷하다는 말도 했다. 아내는 그런 생각 하지 말고 그냥 푹 쉬라고 했다.

내가 중환자실에서 지낸 이틀 (이 글을 쓰면서 다시 확인은 안 했지만 그렇게 기억하고 있다) 동안 내 앞 침대에 있던 할아버지와 왼쪽 대각선 방향에 있던 환자가 죽어서 나갔다. 스텐트 시술 후 이미 회복 단계에 들어선 나는 중환자실에서는 가장 멀쩡한 환자에 속했다. 중환자실에서 보낸 첫 밤이 지난 다음 날 새벽에 아내가 면회를 왔다. 나는 내가 정말 다시 살아났다는 것을 새삼 실감하고 있었다. 일반 병실로 옮겨서 얼마간 경과를 본 후 나는 드디어 집으로 돌아올 수 있었다.

집에서 요양 생활을 하면서 기운이 좀 돌아오자 나는 책장을 뒤져서 『*How We Die*』를 찾았다. 마침 이 책의 한국어판 『사람은 어떻게 죽음을 맞이하는가』(명희진 옮김, 세종서적 펴냄)도 눈에 들어왔다. 우리말 번역본은 오래전에 사놓았는데 미처 읽지는 못했었다. 수술실에 들어가면서 떠올렸던 장면도 확인할 겸 이번 기회에 정독을 할 생각이었다. 그런데 아내가 먼저 그 책을 읽겠다고 나섰다.

아내는 『사람은 어떻게 죽음을 맞이하는가』를 읽으면서 내가 말했던 내용과 책 내용이 좀 다르다는 말을 했다. 나중에 읽으면서 확인해 보라고 했다. 아내와 나는 평소에도 죽음에 대한 이야기를 자주 나누었는데, 아내가 이 책을 읽기 시작하면서 우리는 죽음에 대해서 좀 더 다양한 관점에서 이야기를 나눌 수 있었다.

죽음에 대한 아내의 태도는 죽으면 그야말로 그만이라는 것이었다.

죽음에 이르는 과정이 두려운 것이지 죽고 나면 아무런 인식도 없으니 두려울 것이 없다는 것이었다. 반면 나는 죽음이라는 것을 통해서 나 자신이 사라져버리는 것이 너무나도 두렵다는 생각을 하고 있었다.

아내는 겨울 동안 이 책을 다 읽었고 내게 책을 넘겼다. 봄이 되면 『사람은 어떻게 죽음을 맞이하는가』를 정독하면서 읽어볼 생각을 하고 있었다. 3월이 되면서 나는 나들이도 조심스럽게 할 수 있게 되었고 이 책도 읽기 시작했다. 그런데 이번에는 아내에게 뜻밖의 병환이 찾아왔다.

나는 내가 병자라는 것도 잊어버리고 허둥대면서 지난 1년을 보내야만 했다. 얼마 전에야 다시 이 책을 집어 들고 읽을 수 있었다. 그런데, 아내의 말처럼 내가 떠올렸던 내 경우와 비슷한 상황은 이 책 속에 없었다. 『사람은 어떻게 죽음을 맞이하는가』의 첫 장인 '발렌타인의 몰락: 심장질환'에는 이런 사례가 소개되어 있었다.

"9월 초의 무더운 늦여름 밤 여덟 시경, 맥카티는 흉골 뒤편에서 일어난 강한 압박감이 뒷골 부분과 왼팔 쪽으로 퍼져나가는 증세를 보여 병원 응급실로 실려 왔다. 압박 증세는 병원에 도착하기 한 시간 전, 늘 하던 대로 캐멀 담배 몇 대를 피워대며 기름진 저녁식사를 끝낸 뒤, 세 아이들 중 막내에게서 걸려온 전화 때문에 신경이 곤두선 상태에서, 대학교 1학년생인 젊은 여자와 성관계를 갖고 난 직후에 일어났다고 했다."

"응급실에서 맥카티를 진찰한 인턴은 잿빛으로 변한 안색에 발한 증세와 불규칙한 맥박 상태 등을 기록했다. 그로부터 10분이 지나 심전도 기기에 연결된 후부터 약하게 혈색이 돌면서 맥카티의 심장 박동은 정상치로 돌아왔다. 그러나 심전도는 심근경색이 일어났음을 나타내고 있었다. 그것만 제외한다면 그의 상태는 거의 정상적으로 보였다."

"내가 침대 옆에 앉자마자 맥카티는 갑자기 목을 뒤로 꺾더니 가슴 깊은 곳으로부터 끌려나오는 괴성을 질러댔다. 그리고 주먹 쥔 양손을 들어 가슴을 힘껏 두들기기 시작했다. 그와 동시에 순간적으로 목과 얼굴이 보라색으로 팽창되었다. 눈동자가 밖으로 튀어나올 듯이 크게 부풀어 오른 뒤 그는 깊게 그리고 허덕거리는 한숨을 내쉬면서 숨을 거두어버렸다."

"소독된 수술 장비 포장을 뜯어내 외과용 메스를 잡아든 뒤 나는 거의 무의식적으로 손을 놀렸다. (…) 피가 흐르지 않는 근육질을 몇 차례 메스질 하고 난 뒤에야 흉곽 내에 도달할 수 있었다. 메스를 내려놓은 뒤 나는 양 날개가 달린 금속제 견인기를 절개된 늑골 사이로 밀어 넣은 다음, 날개 쪽에 달린 미늘 톱니바퀴를 있는 대로 다 돌렸다. 그러자 손이 들어갈 수 있을 정도의 틈이 생겼다. 나는 그 틈으로 손을 집어넣어 맥카티의 멈춰버린 심장을 힘껏 움켜잡았다."

이처럼 내가 수술실로 가면서 떠올렸던 (내 경우와 거의 같다고 생각했던) 내용과는 비슷한 점보다 다른 점이 더 많다. 맥카티는 성관계를 맺은 직후 응급실로 실려 갔다가 갑자기 죽었고, 나는 배추를 나르고 나서 쓰러져서 응급실로 갔고 결국은 스텐트 시술 후 살아났다. 내가 왜 『사람은 어떻게 죽음을 맞이하는가』에 나오는 사례를 수술실로 실려 가면서 떠올렸는지는 (그것도 제멋대로의 기억으로) 알 수 없는 노릇이다. 이 책을 이제야 다시 읽고 보니 그동안 그런 얘기를 하고 다녔던 자신이 쑥스럽기도 하고 그런 잘못된 기억을 진짜로 감쪽같이 믿고 있던 내 자신이 좀 우습기도 하고 그렇다.

『사람은 어떻게 죽음을 맞이하는가』는 저자인 눌랜드가 의사로서 오랜 세월 동안 목격한, '죽음' 자체가 아닌 '죽어가는 과정'에 대한 내용을 담고 있는 책이다. 그 죽어가는 과정에서 만날 수밖에 없는 심장 질환, 알츠하이머 질환, 에이즈 그리고 암을 비롯한 각종 '질병'에 대한 이야기를 담고 있다. 그는 여기서 더 나아가서 살인, 사고, 자살, 안락사 같은 죽음의 과정에 대해서도 많은 사례를 들면서 이야기를 끌어간다. 눌랜드는 '우리의 진짜 적, 즉 정작 맞서 싸워야 할 상대는 바로 험상궂게 다가서는 질병이다'라고 역설하고 있다.

> "죽음에 이르는 상세한 과정을 알고 나면 죽음이라는 존재 앞에서 나름대로 공포와 두려움을 벗어던질 수 있을 것이고, 그런 뒤에야 비로소 죽음을 준비할 수 있을 것이며, 더 나아가 자기기만과 환멸 속으로 우리를 끌고 가는 회백색 죽음의 공포로부터 빠져나올 수 있을 것이다."

퇴원해서 집으로 오면서 일단 1년만 잘 버텨보자 그렇게 다짐했었다. 그리고 드디어 1년이 지났다. 아내의 병과 내 병이 겹치면서 혼란스럽고 견디기 힘든 세월을 보냈다. 그 사이 좀 달라진 것은 내가 드라마 『천일의 약속』에서 자신의 기억을 잃어가는 수애가 내뱉는 대사 하나하나에 징그러울 정도로 공감하고 집착하고 있다는 것과 고등학교 때 광주에 살던 한 문학 청년 친구가 써 보내왔던 "사는 것은 살기 위해 사는 것"이라는 시구를 새삼스럽게 정색을 하면서 애절하게 떠올린다는 것이다.

그 사이 내 삶에서 정말 달라진 것은 아마도 죽음과 함께 살아갈 숙명을 좀 더 구체적으로 받아들이는 과정을 직접 겪었다는 것과 죽음의 그림자를 내 몸뚱아리로 그때그때 즉각적으로 느끼는 것에 익숙해졌다는 것일 것이다.

네덜란드 유학 시절에 시장에서 생선을 파는 상인에게서 들은 이야기다. 어부들이 청어를 잡아서 산채로 가져오면 더 많은 돈을 벌 수 있는데 청어란 놈은 스트레스를 잘 받아서 잡히면 금방 죽어버린다고 한다. 그래서 생각해낸 것이 잡아놓은 청어들 사이에 새끼 상어를 한 마리 풀어놓는 것이었다고 한다. 그러면 청어는 상어를 피해서 살아남기 위해 죽어라고 도망을 다니게 되는데 그 결과 어부는 살아있는 청어를 팔 수 있게 된다는 것이다. 지난 1년, 나는 바로 그 청어처럼 살았다. 그래서 살아남았다.

누구에게든 이 이야기를 막 쏟아내고 싶었다. 그래야 살 수 있을 것 같았다. 이제 넋두리는 끝났고 나는 이 책을 마음속에서 지워버릴 수 있을 것 같다. 지난 1년 동안 제법 의연하게 잘 버텨왔다고 자위해본다. 그런데…참…미치겠다. 그래도 또 1년만 더 버티고 살아 봐야겠다고 다시 다짐한다. 그 청어처럼.

5부

과학적으로 사고하는 법

진화론에 대한 흔한 오해 하나

제이 호슬러, 『눈썹진드기 우상탈출 프로젝트』

과학 소설(SF) 작가들과 만날 때마다 관성처럼 서로 아옹다옹하는 것이 있다.

과학자로 훈련받은 나는 작가들이 현장으로 들어와서 과학 공부를 더 깊이하면서 그 경험과 지식을 작품 속에 녹여 넣어야 한다고 주장하곤 한다. 그래야 진짜 SF 작품이 태동한다는 주장이다. 그런데 작가들은 특히 하드코어 SF 같은 분야에서는 과학자들이 직접 글을 써야 한다고 받아친다. 이런 공방을 버릇처럼 재미있게 한 차례 치른 후에야 우리들은 진짜 이야기로 넘어가곤 한다.

아마도 작가의 글은 작가의 글대로 과학자의 글은 과학자의 글대로 부족한 부분이 있으니 늘 이런 공방을 벌이곤 하는 것일 것이다. 대체로 과학자들(물론 SF 작가에게 관심이 있고 애정이 있는 과학자들)은 작가들이 너무나 빨리 변해가고 상상을 넘어서는 발견이 마구 쏟아지는 현대 과학을 잘 따라가지 못한다는 아쉬움을 갖고 있다. 그들이 과학의 자기장 속으로 들어와서 직접 체험하기를 바라는 것이다. 그러고 나서야 현대 과학의 구석구석이 작품 속에 반영될 것이라는 생각 때문일 것이다.

작가들은 당연히 작가로 훈련받아 왔다. 과학 자체가 중요한 것이 아니라 스토리가 더 중요할 것이고 SF의 본질인 '경이로움'에 대해서도 과학자들보다 더 고민하고 더 넓고 깊은 담론을 공유하고 있을 것이다. 과학자들의 좁은 식견으로 이야기하는 SF는 주로 하드코어 SF일 터인데 작가들이 보기에는 그쪽 분야 정도는 과학자들이 직접 써도 좋을 것이라 생각할 수 있다. 물론 글을 쓸 줄 아는 과학자를 먼저 찾아야 하겠지만.

과학자로서 자신의 연구 분야 또는 다른 사람들의 연구 결과를 이해하는 것과 그것을 글로 써내는 것은 좀 다른 이야기다. 물론 충분한 이해가 전제 조건일 것이다. 하지만 글을 쓰는 행위를 시작하면 '어떻게' 이야기를 풀어갈 것인가에 대한 화두가 전면으로 떠오른다. 꼭 SF 작품이 아니더라도 과학에 관한 이야기를 쓰는 과학자의 첫 번째 덕목은 (해당 분야의 지식은 전제 조건이니 빼고) 과학자가 아닌 것처럼 자연스럽게 글을 쓸 줄 아는 능력일 것이다. 만화를 그린다면 물론 그림을 (과학자가 아닌 것처럼) 잘 그리는 것도 추가되어야 할 것이다.

하지만 그런 과학자를 찾기가 정말 어려운 것이 현실이다. 언뜻 떠올리려고 하니 정말 손가락으로 가늠할 정도로 몇몇의 이름만이 떠오른다. 물론 과학 이야기를 잘하는 과학자들은 많다. 과학 만화를 잘 그리는 과학자도 주변에 두어 명은 바로 떠오른다. 그런데 과학자가 쓴 글이나 그린 만화를 보면 늘 아쉬움이 남는 부분이 있다. 우선 대체로 재미가 없다. 그리고 종종 선생님이 가르치는 교실에 와 있는 느낌을 받기도 한다.

아마 과학자로서 알고 있는 많은 과학 이야기를 짧은 지면에 모두 담으려는 욕심이 넘쳐나는 경우가 많기 때문에 개념 없이 사실을 꾸역꾸역 나열하는 강의 같은 글이 되어버리는지도 모르겠다. 여기에 교훈까지 담으려고 하는 경우가 종종 있는데, 이 경우가 최악이다. 과학 이야기의 깊이 있는 설명에 신이 나서 그 깊이가 끝도 없이 내려가기 시작하면 독자들은 책을 덮는다. 그러다 보면 재미는 기대할 수도 없게 된다. 과학자라는 속성 때문에 대중을 위한 글을 쓰거나 만화를 그릴 때 어쩔 수 없이 흔히 저지르는 실수다.

과학자이자 작가이자 만화가인 제이 호슬러가 쓰고 그린 만화책 『눈썹진드기 우상탈출 프로젝트』(김기협 옮김, 서해문집 펴냄)와 『꿀벌가문 족보 제작 프로젝트』(김기협 옮김, 서해문집 펴냄)는 과학자가 그린 것 같지 않은 멋진 과학 만화책이다. 두 책 모두 과학이 넘치지 않고 이야기와 균형을 맞추고 있다. 이야기가 전개되면서 자연스럽게 그 속에 녹아 있던 '과학'이 하나씩 튀어나온다. 쉽지 않은 내용을 긴장감 있게 끌고 나가고 있다.

그 저력에는 이야기를 구사하는 작가의 서사의 힘도 있겠지만 과학자로서의 장점을 한껏 활용한 내용의 디테일도 한몫을 하는 것 같다. 오랜만에 과학자가 쓰고 그린, 그러나 과학자가 쓰고 그리지 않은 것 같은, 그러면서도 과학자가 책 속에 녹여 넣을 수 있는 요소를 잘 첨가한 미덕을 갖춘 책을 만났다. 이들 책 속에서는 이야기의 서사와 과학적 디테일이 서로의 끈을 팽팽하게 당기고 있다. 그 끈의 팽팽함이 내내 튀어 올랐다. 재미있게 봤다.

"1일째 : 아무래도 운명으로 받아들여야 할 일 같군. 이건 아무것도 아냐!

2일째 : 아이쿠.

3일째 : 야, 잘됐다. 마침 다리가 아쉽던 참인데.

5일째 : 제대로 돼가는 것 같구먼.

7일째 : 에구, 목이 없어! 목이 있어야 할 텐데.

8일째 : 휴우~ 좀 낫다. 히히… 날개가 생기려니까 간지럽네.

12일째 : 다 돼 간다.

13일째 : 견딜 만하구먼. 이제… 어쩌지?

탈바꿈 13일째(니유키가 알에서 나온 지 21일째) : 각죽! 각죽! 각죽! / 각죽! 삐걱! 끼익! / 야! / 각죽! 삐걱! 각죽! / 짜잔!"

『꿀벌가문 족보제작 프로젝트』의 한 장면이다. 두 쪽에 걸친 그림은 여기에 못 옮기고 글만 따왔다. 어떤 장면인지 상상이 갈 것이다. 호슬러의 과학적 디테일과 그의 만화 그림의 단순함이 균형을 이루면서 내게 묘한 감동을 주었던 장면이다. 이렇게 서사와 디테일의 긴장감은 책이 끝나는 순간까지 이어졌다.

개인적으로는 분봉 장면이 제일 멋있었다. 그림은 이 책을 펼치기 전까지는 상상에 맡기겠다.

"야, 여왕님 어디 계셔?

저기 계시는구나.

여왕님을 붙잡아!

어이쿠!

떠날 때가 됐습니다. 폐하.

알았어. 알았어. 떠밀지 좀 말아.

히야~ 우리 분봉 간다!

준비 완료!

됐어. 다들 하나, 둘, 셋에 떠난다….

1, 2, 3

분봉!

야호~

으악!

가세, 가세!

떠밀지 좀 맙시다.

히야~

하하하!

조심!"

『꿀벌가문 족보제작 프로젝트』가 서사와 디테일의 균형 속에 줄타기를 하는 만화라면 『눈썹진드기 우상탈출 프로젝트』는 다윈의 수염 속에 사는 눈썹진드기와 다윈의 대화를 통해서 다윈의 생애와 진화론 이야기를 해나가는 정이 넘치는 작품이다. 그 정겨움 속에 '신'이라는 우상을 탈출해나가는 눈썹진드기의 잔잔한 탐험기가 들어 있기도 하다. 책 중간 중간에 등장하는 진화론 강의 같은 노트북은 정겨움으로 다소 처질 수 있는 이야기 전개 과정에서 긴장감을 올리고 지적 욕구를 충족시켜줄 수 있는 좋은 도구인 것 같다.

"님? 우리 이러고 있어도 되는 거예요?

우리 날개 진화시킬 일이 급해요!

안 돼. 안 돼. 그렇게는 안 돼.

개체는 진화하지 않는 거야, 마라.

자연 선택이 생존을 위해 짚어내는 대상은 개체지만, 오랜 시간을 두고 진화를 일으키는 것은 집단이야."

작가는 이 장면에 대해서 '변이의 노트북' 코너에서 "진화론에서 흔히 잘못 이해되는 문제 하나를 꺼냈다. 개체가 진화하는 것이 아니라는 사실이다. 포켓몬 세대가 대학에 진학할 무렵이 걱정된다. 잘못 배웠던 것을 바로잡을 것이 너무나 많다"라고 적고 있다. 이번 기회에 이것 하나만은 다시 한 번 확실하게 새기고 넘어가자.

오랜만에 과학자가 만든 것 같지 않은, 과학자가 쓰고 그린 만화책 덕분에 내 눈이 호강을 했다. 재미있었고 부러웠다.

과학자들을 인터뷰하다

마굴리스 · 푼셋, 『과학자처럼 사고하기』

지난 2011년은 내게 무척 아쉽고 안타까운 한 해였다. 온 가족이 함께 오랜 친구들을 찾아 떠나는 긴 여행이 계획되어 있었다. 서로의 일정도 조율이 거의 끝난 상태였다. 개인적으로는 그동안 해오던 일을 정리하고 새로운 작업을 시작하려고 준비하고 있었다.

그중 하나는 지난 반세기 동안 외계 지적 생명체 탐색(SETI) 프로젝트를 기획하고 진행했던 사람들을 만나서 인터뷰를 하는 작업이었다. 2008년에 파리에서 열렸던 한 SETI 학회에서 이런 작업을 해보고 싶다는 이야기를 꺼냈더니 학회에 참가한 동료들의 반응이 의외로 좋았다. 2009년 10월에 대전에서 열렸던 국제우주대회에 참가했던 SETI 과학자 몇 분과 이 작업을 구체화하기 위한 미팅을 했었다. 3년 계획으로 생존해 있는 1세대와 2세대 SETI 연구자들을 모두 인터뷰한 후 책으로 묶자는 것이었다.

2010년 초반에는 인터뷰할 대상 목록 작성을 마쳤다. 인터뷰 진행은 내가 맡기로 했다. 두 번 정도 인터뷰 여행을 할 수 있는 재원도 마련되었다. 첫 인터뷰는 2011년 3월에 이탈리아에서 세 명의 SETI 과학자들을 인터뷰하는 것으로 확정되었다. 이 프로젝트의 이름은 잠정적으로 '세티 아카이브'(SETI Archive)로 하기로 했다. SETI 연구소를 방문하는 2011년의 두 번째 인터뷰 여행 일정을 잡기 위해서 조율 중이었다.

2010년 말 나는 급성심근경색으로 쓰러졌고, 아쉽게도 야심차게 준비했던 2011년의 계획들은 모두 물거품이 되어버렸다.

내가 과학자들을 인터뷰한 책에 대해서 관심을 갖게 된 것은 유학 시절 읽었던 『*Origins*』(Alan Lightman · Robert Brawer 지음, Havard University Press 펴냄) 때문이었다. 현대 우주론을 개척하고 완성한 살아있는 27명의 천문학자와 물리학자들의 생동감 넘치는 목소리를 들으면서 막연하게 나도 나중에 저런 책을 써봐야겠다는 생각을 했었던 것 같다.

그런 생각이 남아 있어서였을까. 기회가 주어질 때마다 이런저런 인터뷰를 마다하지 않고 진행해왔다. 한 달에 세 명을 인터뷰하고 기사 세 편을 써서 한국천문연구원 뉴스레터에 1년 동안 연재한 적도 있었다. 힘든 작업이었지만 언젠가 작업하게 될 나의 인터뷰 책을 위한 연습이라고 생각했었다. 『문더스트』(앤드루 스미스 지음, 이명현 · 노태복 옮김, 사이언스북스 펴냄)를 번역하면서 인터뷰를 통한 책 쓰기 방식에 대해서 한 번 더 생각할 기회를 가졌다. 이런 작업들의 수렴점이 SETI 과학자 인터뷰 프로젝트가 될 수 있었다.

그런 의미에서 『과학자처럼 사고하기』(린 마굴리스 · 에두아르도 푼셋 지음, 김선희 옮김, 이루 펴냄)는 내겐 의미가 남다른 책이다.

"이 책에 수록된 36편의 인터뷰는 독자들로 하여금 몇몇 탁월한 과학자들의 마음을 들여다볼 수 있게 해주며, 그들이 어떻게 사고하고 자신의 작업을 어떻게 바라보는지 보여준다."

데이비드 T. 스즈키가 추천의 글에 쓴 것처럼 이 책의 핵심은 당연히 과학자들의 이야기에 있다. 독자들은 마땅히 이 부분에 초점을 맞춰서 독서를 해야 할 것이다. 그런데, 내 관심사는 애당초 이 책의 내용이 아니었다. 인터뷰어의 인터뷰 진행 방식에만 관심이 쏠려 있었다. 그런 의미에서 내가 책을 읽는 동안만은 이 책은 적어도 내게는 인터뷰 기술을 일러주는 실용서였다.

인터뷰 기사 앞에 '도입' 부분을 배치한 것이 무척 마음에 들었다. 이 부분은 인터뷰어 자신이 마땅히 숙지해야 할 내용을 정리한 것이기도 하고 독자들로 하여금 인터뷰하려고 하는 사람의 입에서 어떤 내용이 나올 것인지 상상할 수 있도록 해주는 유익한 장치라고 생각한다. 한 과학자의 인터뷰에서 다른 과학자의 인터뷰로 넘어가는 동안 휴지기를 갖게 해주는 역할도 하는 것 같다.

인터뷰 기사의 끝을 일관성 있게 충분히 긴 인터뷰이의 진술로 마감하고 있는 것도 적절해 보였다. 정리되는 것 같은 느낌을 주는 안정감이 돋보였다. 인터뷰 진행의 흐름도 시원해 보였다. "쥐는 기하학적인 형태를 싫어합니다. 그래서 기하학적 장소에 가둬 놓으면 무척 우울해합니다"라고 정리를 하다가 "하지만 쥐에게는 융통성이 있지 않나요?" 하면서 내용을 받아치는 질문을 던지기도 한다. 질문과 정리를 적절하게 섞어서 진행하는 인터뷰 방식은 군더더기 없이 깔끔해 보였다(물론 긴 녹취 원고에서 쳐내고 쳐내면서 간략한 포맷이 나온 것이겠지만).

내가 이 책에서 특히 관심을 갖고 살펴본 부분은 인터뷰 시작 부분이었다. 인터뷰를 어떻게 어떤 말로 시작하는가 하는 것이 그 인터뷰의 분위기와 결과에도 제법 큰 영향을 미친다는 것을 경험적으로 알고 있었기 때문이다. 크게 네 가지 정도의 패턴이 보였다.

> "동물은 기계와 다르다고 말씀하시지만, 동물의 학습 과정은 매우 정교하고 때로 인간의 학습에서 나타나는 것과 같은 원칙에 의해서 지배된다고 해야겠죠."
>
> "선생님은 진화의 역사에서 우리가 더 위대한 것을 향해 나아간다는 어떤 표지도 보지 못한다고, 진화에서 진보의 방향을 발견하지 못한다고 종종 말씀하셨죠."

핵심 인터뷰 주제에 대한 인터뷰이의 평소 견해를 간략하게 정리하면서 자신의 질문이나 의문 내용을 살짝 가미하는 도입인 것 같다. 인터뷰의 주제뿐만 아니라 방향까지도 넌지시 제시한다. 차분하게 이야기를 끌어내기에 좋은 도입이다.

아래와 같은 단도직입적인 질문을 던지면서 인터뷰를 시작하면 처음부터 긴장감 넘치는 분위기를 만들 수 있을 것이다. 특히 논쟁의 여지가 있는 주제에 대한 인터뷰를 할 때 효과적인 도입인 것 같다는 생각이 들었다.

"고릴라는 악명이 높지 않습니까?"

"사이코패스에 대해 말씀해 주시죠."

"그러니까 우리의 몸은 기계처럼 정신이 없다는 건가요?"

"우리가 지구 너머에서 생명을 발견한다면 우주에서 로봇을 발견할 수도 있을까요?"

아무래도 긴 호흡을 갖고 천천히 하나하나 짚어가면서 인터뷰를 해야 할 때가 있다. 이럴 땐 역시 일상의 이야기를 던지고 워밍업을 하면 좋을 것이다. 특히 인터뷰이의 특별한 상황을 화제로 삼으면 좋을 것 같다는 생각이 들었다.

"선생은 캘리포니아의 스탠포드 근처에 있고, 저는 바르셀로나에 있습니다. 9시간의 시차가 있네요."

"선생님 서재는 오악사카에 대한 책으로 가득 차 있네요. 그곳의 요리며 식물에 대한 책이 많습니다. 오악사카의 어떤 점이 마음에 드셨나요?"

실제 인터뷰에서는 어쨌든 인터뷰어가 첫 번째 말을 꺼냈겠지만, 『과학자처럼 사고하기』에서처럼 가끔씩은 인터뷰어의 질문 대신 인터뷰이의 서술을 첫 문장으로 내세우는 것도 좋아 보였다. 너무 빤한 첫 질문을 던져야 할 때 사용해볼 만한 기술이다. 폴 데이비스를 인터뷰한 글은 인터뷰어가 아닌 인터뷰이 폴 데이비스의 사설로 시작되고 있다.

"우리는 어느 정도까지 시간을 여행하지만 미래로의 여행일 뿐 과거로 돌아가지는 못합니다. 과거 여행이 어려운 것은 기술의 발달에 의존하기 때문입니다. 100년 안에 우리가 미래로 여행할 수 있겠느냐고 제게 묻는다면, 그럴 가능성이 매우 높다고 대답하겠습니다. 과거로 여행하는 법을 알아내는 데는 훨씬 더 많은 시간이 걸릴 것으로 생각합니다만."

인터뷰 진행에 대한 관찰이 끝나자 이번에는 '나라면 어떻게 대답할 것인가?'라는 관점에서 이 책을 다시 보게 되었다. 물론 편집자의 정리가 주효했겠지만 대부분의 과학자들은 설명을 주어진 시간 안에 가능한 한 명확하고 간결하게 하는 특성을 갖고 있었다. 그들의 인터뷰 자체가 그렇게 진행되었는지 편집자의 마술의 손을 거쳐서 그렇게 되었는지는 알 수 없지만 '명확하고 간결한 설명'이 모범답안이라는 것을 다시 확인할 수 있었다.

『과학자처럼 사고하기』는 인터뷰어나 인터뷰이 모두에게 하나의 모범적인 전형이 될 만한 책이다.

"그러므로 이 책은 텔레비전에 나오는 유명한 특별 손님이 들려준, 매력적이지만 서로 무관한 장들을 모아놓은 것이 아니다. 남을 가르치려 드는, 이해할 수 없는 전문가들의 고결한 목록이 아니다. 오히려 진정한 과학적 탐구가 갖는 제한적인 성격이 열정적인 과학자들이 스스로에게 던지는 커다란 질문의 맥락 속에서 드러난다. 우주의 본질은 무엇인가? 생명이란 무엇인가? 생명은 어떻게 생겨났고, 진화했으며 그리고 죽음이란 정말 무엇인가?

어떻게 인간의 마음은 마음의 물리적, 사회적 환경을 지각하는가? 독자들은 인터뷰에 참여한 과학자들이 자신의 정직한 탐구에 기이할 정도로 몰입한다는 사실을 간과할 수 없을 것이다. 퍼즐의 작은 조각을 설명하려는 열의가 열성적인 대답에서 바로 느껴진다. 우리의 짧은 논평, 참고문헌, 가끔씩 등장하는 각주는 독자들이 자신의 길을 찾도록 돕기 위한 것이다. 과학적 탐구 결과의 잠재적 연계성은, 최소한 원칙적으로는 과학 연구가 어떻게 결국에는 일관되고 단일한 전체의 모습을 형성하는지를 보여준다. 과학은 우리에게 쉽고 보편적인 대답을 주지는 않지만, 연구는 모든 곳의 모든 사람을 위한 커다란 질문의 해답에 진실하게 접근할 수 있도록 해준다."

린 마굴리스가 쓴 '서문을 겸한 감사의 글'에서 적시한 것처럼, 『과학자처럼 사고하기』 독서의 핵심 중 핵심은 세상만사에 대한 과학자들의 진솔한 이야기를 듣는 것이다. 나는 첫 번째 독서에서 사심을 다 채웠고 이제 핵심으로 돌아가서 이 책을 다시 읽으려고 한다. 독서를 즐기는 독자로서.

기적보다 경이로운 과학

리처드 도킨스, 『현실, 그 가슴 뛰는 마법』

리처드 도킨스가 글을 쓰고 데이브 매킨이 그림을 그린 『현실, 그 가슴 뛰는 마법』(김명남 옮김, 김영사 펴냄)은 아름다운 책이다. 나는 우리말로 번역된 책을 보기 전에 아이패드에서 전자책으로 먼저 만났었다. 언뜻 보기에도 그동안 나온 전자책과는 확연히 다른 격조를 갖추고 있었다.

글의 내용이야 도킨스의 콘텐츠와 그만의 탄탄한 스토리텔링의 내공이 있으니 두말할 것도 없었다. 그런데 눈에 띄는 것이 책 속의 그림과 다른 장치들이었다. 그림은 명확하고 아름다웠다. 내용을 보완하고 설명하는 애니메이션과 직접 간단한 실험을 해볼 수 있는 시뮬레이션 게임도 적절한 위치에 적절하게 그만큼만 있었다.

"이 책은 장 제목들이 대부분 질문이다. 내 의도는 그 질문에 답하는 것이다. 적어도 가장 그럴듯한 대답, 과학적인 대답을 제공하는 것이다. 하지만 나는 신화적인 대답을 먼저 제시할 것이다. 다채롭고 흥미로우며, 한때 현실에서 사람들이 믿었던 이야기들이다. 심지어는 요즘에도 믿는 사람들이 있다."

종이책으로 나온 『현실, 그 가슴 뛰는 마법』도 글과 그림이 잘 어울려서 좋았다. 도킨스는 먼저 누구나 한번쯤은 스스로 던져봤을 것 같은 질문으로 이 책의 각 장의 소제목을 달고 그에 대한 이야기를 시작한다. 질문은 이런 것들이다.

현실은 무엇인가? 마법은 무엇인가?

최초의 인간은 누구였을까?

왜 세상에는 이렇게 많은 종류의 동물이 있을까?

사물은 무엇으로 만들어졌을까?

왜 밤과 낮이, 겨울과 여름이 있을까?

태양이란 무엇일까?

무지개란 무엇일까?

세상은 언제, 어떻게 시작되었을까?

우주에는 우리뿐일까?

지진이란 무엇일까?

왜 나쁜 일이 벌어질까?

기적이란 무엇일까?

도킨스는 제2장 '최초의 인간은 누구였을까?'에서도 무릎이 없고 꼬리가 달린 최초의 인간에 대한 태즈메이니아 원주민 부족의 신화 이야기를 먼저 꺼내들었다. 이어서 후에 기독교의 설화가 되는 히브리 부족의 신화인 아담 이야기도 이어갔다. 현재 우리가 우주와 세상에 대해서 알고 있는 지식보다 훨씬 못 미치는 정보를 갖고 있었던 옛날 사람들의 당시 생각이 화석처럼 각인되어 있는 창조 신화나 종교 설화를 들여다보는 것은 무척 흥미로운 일이다. 중요한 것은 도킨스가 여기서 멈추지 않고 진정한 대답, 즉 과학적인 대답을 통해 '정말로 최초의 인간은 누구였을까?'라는 질문에 대해서 진실을 말하고 있다는 점이다.

도킨스의 안내를 따라서 『현실, 그 가슴 뛰는 마법』의 책장을 넘기다 보면 우리는 어느새 우리들의 4,000세대 전(약 10만 년 전) 할아버지를 만날 수 있다. 현재 우리들의 모습과 많이 달라서 조금은 낯설지만 도마뱀을 닮은 170,000,000세대 전(약 3억 1000만 년 전) 우리들 할머니의 위풍당당한 모습도 볼 수 있을 것이다. 물속에 살고 있었던 185,000,000세대 전(약 4억 1700만 년 전) 물고기 할아버지의 무심한 모습도 볼 수 있다. 그렇게 우리는 아주 느리고 점진적으로 진화해왔던 것이다.

어떤 장은 신화 이야기로 시작하지 못하기도 했다. 예를 들자면, '사물은 무엇으로 만들어졌을까?'에 대한 신화를 찾기가 힘들었다고 도킨스는 고백하고 있다. 사실 신화라고 하는 것이 그것이 발명될 당시 사람들의 가치관과 세계관을 시공간을 압축한 스토리 속에 투영한 것이니 그야말로 그 시대의 이야기만 담겨 있을 것이다.

"다른 장들과 달리 이 장은 신화로 시작하지 않았다. 이 주제에 대한 신화를 하나라도 찾기가 어려웠기 때문이다. 가령 아주 작은 것들의 환상적인 세계는 원시인들의 주목을 끌지 못했던 모양이다. 사실 그다지 놀랄 일도 아니다. 그들은 그런 세계가 존재한다는 사실조차 알 턱이 없었으니, 당연히 그것을 설명하는 신화를 발명하지 못했을밖에!"

마지막 장인 '기적이란 무엇인가?'에서는 신화와 종교가 어떻게 '기적'이라는 환상을 만들어내는지에 대해서 이야기하고 있다. 그리고 어떤 식견이 소위 기적에 대한 과학적인 안목인지 설명하고 있다.

"또 다른 유명한 기적 이야기를 살펴보자. 예수라는 유대 설교자가 물을 포도주로 바꿨다는 이야기다. 이번에도 세 가지 가장 가능성 있는 설명을 적어볼 수 있다.

(1) 정말로 벌어졌던 일이다. 물이 정말 포도주로 변했다.
(2) 교묘한 마술적 속임수였다.
(3) 그런 일은 전혀 벌어지지 않았다. 누군가 지어낸 허구의 이야기다. 혹은 실제 사건은 그보다 훨씬 놀랍지 않았는데, 사람들이 부풀렸다.

누구나 별다른 의문 없이 가능성 높은 순서대로 나열할 수 있을 것이다. (1)이 옳다면, 그것은 우리가 아는 기본 과학 법칙들의 일부를 위반하는 일이다. 그 이유는 1장에서 호박과 마차, 개구리 왕자에 대해 이야기한 것과 같다. 순수한 물 분자들이 알코올, 타닌, 다양한 당, 그 밖의 여러 물질로 구성된 복잡한 혼합물로 바뀌어야 하기 때문이다. 다른 대안들을 제쳐두고 이 설명을 선호하려면, 대안들이 정말이지 굉장히 가능성 낮은 사건들이어야만 한다.

(2)의 속임수 마술도 가능한 설명이지만(무대나 텔레비전에서 흔히 선보이는 마술보다 훨씬 교묘해야 할 것이다), (3)보다는 덜 그럴듯하다. 사실 이것이 실제로 벌어졌던 일이라는 증거가 없는 마당이니, 구태여 속임수 마술을 제안할 이유조차 없다. (3)이라는 훨씬 그럴싸한 해설이 있으니까.

누군가 이야기를 지어냈다. 사람들은 늘 이야기를 지어낸다. 그것이 픽션이다. 이 이야기가 픽션이라는 설명은 무척 그럴싸하므로, 우리는 구태여 속임수 마술을 떠올릴 필요가 없거니와 하물며 과학 법칙을 위반하고 우주의 작동 방식에 대한 모든 지식과 이해를 전복하는 진정한 기적을 떠올릴 필요는 더더욱 없다."

과학은 기적을 확률과 우연으로 설명한다. 그 결과는 우리 눈앞에 실현된 현실이고 그 자체가 마법이다. 도킨스는 말한다.

"기적, 마법, 신화, 모두 재미있는 이야기다. 우리는 이 책에서도 그 재미를 한껏 누렸다. 이 책의 장들은 대부분 신화로 시작했는데, 그런 이야기가 여러분에게 즐거웠기를 바란다. 그러나 나는 각 장에서 신화 다음에 온 과학적 이야기가 여러분에게 더 즐거웠기를 바란다. 진실에는 고유의 마법이 있다는 생각에 여러분이 동의하기를 바란다. 진실은 어떤 신화보다, 허구의 미스터리보다, 기적보다 더 마법적이다. 마법이라는 단어가 지닐 수 있는 가장 훌륭하고 흥미로운 의미에서 그렇다. 과학에는 고유의 마법이 있다. 현실의 마법."

도킨스는 종교라는 이름으로 신화의 벽을 넘지 못하는 사람들에 대해서도 우려를 섞어서 한마디 덧붙였다.

> "호박이 마차로 변했다는 이야기를 웃어넘기는 사람들이, 실크손수건이 정말 토끼로 변한 것은 아니라고 완벽하게 이해하는 사람들이, 예언자가 물을 포도주로 바꿨다거나, 또 다른 종교의 신자들 말마따나 예언자가 날개 달린 말을 타고 하늘로 올라갔다는 이야기는 기꺼이 믿는다."

이런 우려가 오늘 이 땅에서 현실이 되어 나타나고 있다. 얼마 전엔 어느 대형 교회 목사가 신문 광고 시리즈를 통해서 자연과학의 원리와 진화론에 대한 무지를 바탕으로 한 아집을 적나라하게 드러냈던 우울한 사건이 있었다. 그 목사를 옹호하고 추앙하기까지 하는 어처구니없는 사건이 이어지기도 했다. 서울랜드에 창조과학 상설관이 들어선다는 믿을 수 없는 일이 벌어지는 곳이 이곳 한국이다.

최근에는 과학 교과서에서 생명의 역사와 진화를 가르치는 것을 막으려는 반동적인 시도가 시작되었다. 아마 먼저 전략적으로 교과서에 실린 낙후된 진화론 관련 내용을 문제 삼아서 하나씩 하나씩 밀어내고 궁극적으로는 진화론을 과학 교과서에서 빼려는 것이 그들의 속셈이고 로드맵일 것이다. 문제는 그런 근본주의 기독교 세력이 활개를 칠 수 있는 분위기가 이명박 정부 들어서 조성되고 만연되었다는 것이다. 그 틈을 노려서 집단적이고 조직적인 작업이 시작된 모양이고 실제로 과학 교과서에서 일부 내용이 빠지게 될 모양이다.

이런 사태에 대해서 페이스북에 어느 중학교 과학 선생님이 글을 하나 올렸다. 중학교 교과서에선 이미 큰일이 벌어져 있었다. 그대로 옮겨 적는다.

"교과 과정에서는 생명의 역사도, 유전과 진화도 빠져 있습니다. 그렇게 바뀐 과정도 석연치 않았어요. 내년부터 새로 적용되는 과정엔 다시 들어간다고 해서 다행이라고 생각했는데요. '정통' 과학계의 강력한 대응이 필요합니다."

과학 이전에 먼저 상식과 이성의 회복이 시급한 시절이다.

도킨스는 결국 이 책을 통해서 "나는 현실 세계에서도 마법이 있다는 것을 보여주려 한다. 현실이기에 더 마법적이고, 우리가 그 작동 방식을 이해하기에 더 마법적이다. 현실이야말로 가슴 뛰는 마법이다"라는 말을 길게 하고 싶었던 것 같다. 도킨스의 말처럼 이렇게, 또 옮긴이의 말처럼 아이와 같이 『현실, 그 가슴 뛰는 마법』을 마음껏 유쾌하게 읽고 싶다.

이 책에 실린 과학의 최전선에서 일어나고 있는 일들이 과학 교과서에 실려야 마땅하다. 그런데 이런 아름다운 책을 읽으면서 지금 일어나고 있는 우울한 생각을 떠올려야만 하는 현실이 안타깝다. 『현실, 그 가슴 뛰는 마법』 같은 책은 정말이지 가슴 뛰는 열정으로 이런 우울한 소리 안 하고 그냥 아름답게 읽고 싶다.

침팬지에게서 인간을 보다

제인 구달, 『인간의 그늘에서』

"나는 조심스레 몸을 움직여 그가 무얼 하고 있는지 보려고 했다. 그는 흰개미굴의 붉은 흙더미 곁에 쪼그리고 앉아 흙더미의 구멍 안으로 긴 풀줄기를 조심스럽게 집어넣고 있었다. 잠시 후 데이비드는 그 풀줄기를 꺼내어 끝에서부터 무언가를 훑어 먹었다. 너무 멀어 그가 무엇을 먹고 있었는지는 알 수 없었지만, 그가 실제로 풀줄기를 도구로 사용하고 있었다는 사실만은 분명했다."

"가장 흥미로운 일은 때때로 이들이 잎이 달린 잔가지를 집어서 잎들을 떼어 내며 용도에 맞게 다듬는다는 것이다. 이것은 야생동물이 물체를 도구로 단순히 '사용하는 것'뿐만 아니라 실제로 물체를 변형시켜서 사용하는 도구 '제작'의 시초를 보여주는 예로서, 기록된 것 중에는 최초의 것이었다. 이전에는 인간만이 유일하게 도구를 제작하는 동물로 간주되어 왔다. 사실은 인간의 정의로 널리 받아들여지는 조항 중 하나가 '도구를 규칙적이고 정해진 양식으로 만드는 동물'이다. 물론 침팬지들은 도구를 어떠한 정해진 양식으로 만들지 못한다. 그러나 그들의 원시적 도구 제작 능력에 대한 나의 초기 관찰로 인해, 많은 과학자들은 인간의 정의가 좀 더 복합적이어야 한다는 것을 절감하게 되었다. 이와 같이 정의를 새롭게 세우는 작업이 없다면 우리는 루이스 리키의 말대로 정의에 따라서 침팬지를 인간으로 받아들여야 할 것이다."

제인 구달이 쓴 『인간의 그늘에서』(최재천·이상임 옮김, 사이언스북스 펴냄)에서 뽑은 문장들이다. 여기 등장하는 루이스 리키는 '감사의 글' 글머리에, 데이비드는 끝자락에 먼저 그 이름을 올렸다.

"우선 가장 고마운 분은 말할 나위 없이 리키 박사님이다. 내게 처음으로 침팬지를 연구해 보라고 제안하셨고, 나의 초창기 연구에 필요한 연구비를 마련해 주었으며, 내 연구 결과를 케임브리지 대학교에 박사학위 논문으로 제출할 수 있도록 도와주신 분이다."

"루스는 내가 침팬지들에게 고마워하며 이 감사의 글을 마치기를 원한다고 믿는다. 우리들 자신에 대해 너무나 많은 걸 가르쳐 주는 동시에 우리로 하여금 그들 자신에게 매료되게끔 만드는 저 영화로운 동물들에게 말이다. 그 어느 누구보다도 우리는 데이비드 그레이어드와 플로에게 큰 빚을 졌다."

루이스 리키는 야생 침팬지를 관찰하고 연구하기 위해서 1960년 제인 구달을 탄자니아의 곰비로 보냈던 인물이다. 인류학자였던 그는 당연히

'인간이란 무엇인가?'라는 화두를 갖고 살았을 것이다. 그는 인간의 진화론적 사촌들인 영장류들의 야생 생활을 관찰하고 연구하면 인간에 대한 이해를 높일 수 있을 것이라고 생각했다. 그리고 침팬지 연구를 위해서 제인 구달을 탄자니아에 보낸 것처럼, 고릴라를 연구하는 다이앤 포시를 콩고로 보냈다. 비루테 갈디카스는 리키의 후원 아래 오랑우탄을 연구하러 인도네시아 보르네오로 떠났다. 영장류 동물행동학 연구의 시작이었다.

언젠가 친구인 장대익 교수가 어떤 사람을 이해하려면 그 사람의 친인척이나 주변 친구들을 집중적으로 살펴보면 된다고 말한 적이 있다. 어쩌면 너무 당연한 말일지도 모른다. 하지만 '인간'을 연구한다면서 여전히 '동물이 아닌 인간'을 연구 대상으로 고집하는 분야가 현존하고 있는 현실을 보면 그 평범한 말이 보편적으로 실천되기까지는 아직 한참 멀었다는 생각이 든다.

인간에 대한 이해를 위해서 공동조상으로부터 갈라져 나온 사촌들인 침팬지, 고릴라, 오랑우탄을 연구 대상으로 삼은 당시의 리키의 혜안이 놀랍다. 생뚱맞은 이야기 같지만, 정직한 직구만을 스트라이크존 한가운데 꽂아 넣는 투수보다 스트라이크 비슷한 볼을 잘 던져 넣는 투수가 훨씬 더 좋은 투수라는 말을 들었던 것이 기억난다. 주변과 관계와 역사를 고려해야 더 크고 더 넓은 범위에서 인간을 볼 수 있는 창이 열릴 것이다. 리키의 혜안에 따라서 제인 구달이 그 창문 중 하나를 열었다. 『인간의 그늘에서』는 그 과정에 도달하는 생생한 관찰기이자 여행기라고 할 수 있다.

『인간의 그늘에서』보다는 대중적으로 덜 알려져 있지만 고릴라 이야기를 담은 『안개 속의 고릴라』(다이앤 포시 지음, 최재천·남현영 옮김, 승산 펴냄)와 오랑우탄 이야기가 담긴 『에덴의 벌거숭이들』(비루테 갈디카스 지음, 홍현숙 옮김, 디자인하우스 펴냄)도 우리들의 진화론적 사촌인 영장류를 이해하는 데 (결국은 우리 자신을 이해하는 데) 도움이 될 것이다.

지인들 중에는 아직도 '인간은 동물'이라는 평범한 사실을 받아들이지 않는 사람들이 있다. 친구가 '동물하고는 다르게 인간은'이라는 말로 어떤 이야기를 시작하려고 하면 나는 말을 가로채서 조금은 의도적으로 침팬지 이야기를 길게 늘어놓곤 한다. 그럴 때 제일 먼저 시작하는 이야기가 제인 구달의 『인간의 그늘에서』에 나오는, 도구를 사용해서 개미를 잡아먹는 데이비드 이야기다.

친구들은 자주 데이비드라는 이름에 미혹되어서 그가 침팬지가 아니라 원시 부족의 어느 누구라고 착각하곤 한다. 하품을 하거나 외면하거나 내 말에 끼어들려고 하는 친구들을 앞에 두고 나는 기어이 『인간의 그늘에서』 이야기를 다 마치곤 한다. 그러고는 그 이후 영장류 연구의 결과 이야기까지 강연하듯이 이어가서 끝을 보고야 만다. 친한 친구들이니 맘껏 몽니를 부려보는 것이다. 세상을 향한 답답함을 그런 모양새로 토로하는 나의 만용을 받아주는 친구들이 고맙다.

"한 종으로서 인간의 놀라운 성공은 무엇보다도 도구의 사용과 제작, 논리적인 사고, 신중한 협동, 언어로 문제를 해결할 수 있는 뇌가 발달한 결과이다. 침팬지와 인간이 생물학적 측면에서 놀랄 만큼 유사한 점 중 하나는 뇌의 구조이다. 침팬지는 원시적인 추론 능력을 지니고 있으며, 현존하는 다른 포유류들보다 인간과 가장 가까운 형태의 지능을 가지고 있다. 아마도 오늘날 침팬지의 뇌는 수백만 년 전 최초로 유인원의 행동을 지배했던 뇌의 형태와 그리 다르지 않을 것이다."

"인간과 그의 가장 가까운 친척 침팬지 간의 중요한 차이점 중 하나는 말할 것도 없이 침팬지가 말하는 능력을 발달시키지 못했다는 것이다. 어린 침팬지에게 말하기를 가르치려는 열성적인 노력들은 결국 모두 실패하고 말았다. 말로 하는 언어는 인간의 진화에 있어서 실로 엄청난 진보였다."

『인간의 그늘에서』에 적힌 이런 구절들은 이제는 너무 당연해서 식상하기까지 한 이야기들이다. 하지만 영장류의 진화론적인 보편성에 대한 관찰 결과를 받아들일 때 오히려 인간의 특성이 도드라진다는 것을 보여주었던 현장의 기록물로서 이 책의 가치는 더 빛날 것이다. 제인 구달의 관찰 연구 이후 영장류에 대한 행동학적 연구는 큰 진전을 보였다. 뇌과학이나 진화심리학의 발달과 더불어서 과학적으로 더 낮은 분자 단계에서의 연관성과 보편성도 드러나기 시작했다. 인간을 구별 짓는 특성 중 하나인 음성 언어의 발달에 대한 진화생물학적 연구도 한창이다.

제인 구달의 『인간의 그늘에서』는 그 모든 것이 시작되던 탄자니아 곰비에서 한 과학자와 침팬지들 사이에 벌어진 교감에 대한 이야기라고 할 수 있다. 이 책이 위대한 이유는 발견의 기록에만 머무르지 않았다는 데 있다. 발견으로 다가가는 과정에서의 객관성과 주관적 관찰 사이의 경계에 대한 자체적 실험의 기록이기 때문에 더욱 빛이 난다. 교감도 관찰의 일부라는 것을 잘 보여주는 따뜻한 책이다.

『인간의 그늘에서』 이후 제인 구달의 책들이 '생명'에 초점을 맞춰가는 것은 우연이 아닐 것이다. 교감 있는 관찰의 결과 생겨난 연민이야말로 제인 구달의 핵심일 것이다. 그런 그녀의 '시작'을 적나라하게 보여주는 책이 『인간의 그늘에서』다.

> "만약 침팬지가 멸종되지 않고 계속 살아남는다면 갑자기 '슈퍼 두뇌'를 지닌 침팬지 종족이 만들어지고 전혀 새로운 도구 문화가 생겨날지도 모른다."

제인 구달은 이렇게 적어놓았지만 내 생각은 조금 다르다. 구달이 지금도 이렇게 생각하는지 궁금하기도 하다. 〈혹성 탈출〉이라는 영화가 이런 생각을 바탕으로 만들어졌을 것이다. ('혹성'은 일본에서 쓰는 용어이고 우리말 용어로는 '행성'이다. 하지만 영화 제목으로 계속 사용되어 왔던 것이니 구태여 〈행성 탈출〉로 바꿀 필요는 없다고 본다. 잘못 사용된 것도 하나의 문화이니만큼.) 특히 실험실에서 살고 있는 몇몇 보노보 침팬지들이 보여주는 뛰어난 지능을 보면 정말로 '슈퍼 두뇌'를 지닌 침팬지가 나타날 수도 있을 것이라는 생각이 든다.

하지만 다른 한편, 멸종 위기에 처한 그들을 보면 아무리 뛰어난 몇몇이 나타나더라도 그것은 해프닝일 뿐, 그들의 삶의 구조가 이미 인간의 조작에 의해서 결정되는 구렁텅이로 떨어졌다는 것을 인정할 수밖에 없을 것도 같다. 침팬지가 인간의 뒤를 이어 문명을 지배하게 될 것이라는 단선적인 생각보다는, 오히려 공동 운명체로서 침팬지를 바라보는 것이 더 현실적이지 않을까 생각해본다. 물론 100% 장담이라는 것은 어리석겠지만 어떤 원인에서든 인간이 멸종의 길로 접어든다면 침팬지도 그 궤도에서 결코 벗어날 수 없을 것이다. 진화의 긴 세월 속에서 보편성의 일부를 공유하는 동시대 친척으로서 침팬지를 대하는 태도가 중요할 것이다. 제인 구달의 『인간의 그늘에서』는 그런 정서로 흠뻑 젖어 있는 감성이 철철 넘쳐흐르는 책이다.

침팬지는 고사하고 사람을 대하는 가장 기본적인 태도의 기반이 무너져가는 이 수상한 시절에 『인간의 그늘에서』를 권한다. 침팬지라는 거울을 보고 다시 성찰해야 할 시간이다. 우리가 인간이라고 계속 주장하려면. 반드시.

사족: '인간이란 무엇인가'라는 부제를 단 과학책 읽기 수업을 오랫동안 진행했었다. 『인간의 그늘에서』는 그 책 읽기 여정에서 꼭 거쳐 가야만 하는 위치에 늘 자리 잡고 있었다. 책을 읽고 온 학생들에게 토론에 앞서 생각을 정리할 시간을 주기 위해서 쪽글을 작성하도록 했었다. 내 자신에게 묻는 질문이기도 하다. 이 글을 읽는 분들에게도 던지고 싶은 질문이다.

"(1) 같이 수업을 듣는 모든 친구들의 학과와 이름을 써봅시다. 최소한 세 명의 친구들과는 침팬지 인사법으로 서로에게 인사를 해봅시다. 인사를 주고받은 친구들의 서명을 받을 것.

(2) 인간들이 수행하는 야생 침팬지 연구가 왜 중요한가?

(a) 인간의 관점에서 (b) 침팬지의 관점에서

(3) 인간과 침팬지 사이의 유사점과 차이점에 대한 내용 중 가장 인상 깊었던 것은?

(4) 인간과 유전적으로 가장 가까운 동물 중 하나로서 침팬지의 기본권(인간의 인권 같은)은 보장되어야 한다고 생각하는가? 또한, 우리에게 침팬지를 멸종시키는 따위의 행위를 통해서 침팬지가 진화하는 것을 막을 권리가 있다고 생각하는가?"

'이상한 것을 믿는' 세상에서 상식인 되기

대럴 커닝엄, 『과학 이야기』

같은 동네에 살던 만화가가 한 명 있었다. 역시 같은 동네에 사는 몇몇 사람들과 가끔씩 동네에서 만나서 이러저런 이야기를 나누곤 했었다. 더 자주 만나기로 의기투합하면서 그는 조만간 나를 해물누룽지탕 맛이 일품인 동네 중국집에 데리고 가겠다고 다짐했다. 그런데 그런 다짐을 한 지 얼마 되지 않아서 그는 춘천으로 떠나버렸다. 나는 가끔씩 야속한 그를 생각하면서 그 중국집에서 혼자 자장면이나 짬뽕을 먹는다. 하지만 해물누룽지탕은 언젠가 그와 함께 먹을 생각으로 결코 주문하지 않는다. 이건 소심한 자존심의 문제다.

그 만화가는 처음에는 주중에 춘천에 있는 한 병원에서 시간을 보내고 주말에는 서울 집으로 돌아오는 '거꾸로 기러기 아빠' 생활을 했다. 역시 만화를 좋아하고 직접 그리기도 하는 병원장과 함께 의학 만화를 만드는 프로젝트를 시작한 것이었다. 병원에서 일어나는 일상과 환자들을 관찰하면서 스케치를 하는 것이 그의 임무였다. 그러다가 그는 점점 더 병원 일을 돕는 시간이 많아졌다. 얼마간의 시간이 지난 후 가족들이 아예 춘천으로 이사를 갔다. 동네 친구를 잃어버린 나는 그 중국집을 찾아가서 자존심을 허물어버린 채 해물누룽지탕을 시켜먹으면서 쓸쓸함을 달래야만 했다.

그러는 사이 그는 진짜 의료인이 되었다. 간호조무사 자격증을 딴 것이었다. 만화를 더 잘 그리기 위한 방편이었겠지만 일상을 살아가야 한다는 현실적인 요구도 있었을 것이다. 들리는 말에 따르면 의학 만화 프로젝트에 어느 정도 진척은 있었지만 처음 의도한 만큼의 성과는 아직 없는 것 같다. 얼마 전 춘천의 한 닭갈비집에서 그를 잠깐 만나서 회포를 풀 기회가 있었다. 만화가의 분위기보다 의료인의 느낌이 물씬 풍기는 그를 마주하면서 약간의 낯섦을 느꼈다. 간호조무사로서의 그의 모습이 만화가로서의 그의 모습보다 더 자연스러웠다고나 할까.

그는 지금 생활인과 만화가 사이에서 큰 갈등을 겪고 있을 것이다. 하지만 나는 바로 이 순간이야말로 그가 진짜 의학 만화를 완성할 수 있는 적기라고 생각한다.

춘천에 다녀와서 한구석에 놓아두었던 『과학 이야기』(대릴 커닝엄 지음, 권예리 옮김, 이숲 펴냄)를 꺼내보면서 그 만화가 친구 생각을 많이 했다. 커닝엄은 미술을 전공하고 만화가로 활동하고 있지만 간호조무사로도 오랜 시간 일을 했었다. 그 경험을 바탕으로 펴낸 만화책이 바로 『정신병동 이야기』(권예리 옮김, 함병주 해설, 이숲 펴냄)다. 내 만화가 친구가 제일 간호조무사다워졌을 때 역설적으로 속에 숨어 있던 그의 창작의 분수가 터질 것이라 나는 믿는다. 춘천 병원에서의 간호조무사 경험이 녹아든 멋진 작품이 나오리라 기대해본다.

만화가 친구를 처음 만났을 때, 그가 내게 던진 질문 중에는 달 착륙 조작설에 대한 것도 있었다. 나는 상식적인 설명 몇 마디를 들려주었고 그는 바로 내 이야기의 핵심을 파악하고 음모론의 허구성을 간파했다. 사실 대부분의 음모론은 한두 마디의 상식적인 설명이면 다 해결되고 이해되는 것들이다. 하지만 여전히 음모론이 팽배해 있는 것이 현실이고 그것은 아마도 수렵채집 시절에 살아남기 위해서 형성되었던 '이상한 것을 믿는' 인간의 진화심리학적 속성이 발현되기 때문일 것이다.

> "이 책은 과학과 비판적 사고를 옹호하지만, 그렇다고 해서 우리가 뛰어난 과학자들을 무조건 추종해야 한다고 주장하지는 않는다. 나는 과학적 사고와 절차를 소개했을 뿐, 과학계를 홍보할 생각은 추호도 없었다. 여러 사람이 모인 곳에서는 으레 그렇듯이 과학계에서도 거짓말, 속임수, 사기극, 정치 비리, 뇌물 수수, 조작된 결과가 얼마든지 문제를 일으킬 수 있다. 그러나 과학적 절차는 믿고 의지할 수 있다. 그렇지 않다면 전구에 불이 들어오지도, 휴대전화가 작동하지도, 인공위성이 지구 주위를 돌지도 않을 것이다. 과학은 신념이나 관점의 문제가 아니다. 훌륭한 과학은 실험하여 확인할 수 있고, 재현할 수 있으며, 오랜 세월이 지나도 변함없다. 과학으로 입증되지 않은 것이 하나둘 물러나고 결국 남는 것을 우리는 '진리'라고 부른다."

『과학 이야기』는 커닝엄이 맺음말에 쓴 것처럼 과학적 사고와 비판적 사고로 본 과학과 사이비 과학의 모습이다. 이 책은 전기충격요법, 동종요법, 웨이크필드 사건의 진실, 달 착륙 조작설, 기후변화, 진화론, 카이로

프랙틱, 과학부정론 같은 이야기를 주제로 다루고 있다. 과학적 사고나 상식적 사고를 하는 사람에게는 그 구별이 너무나 명확하지만 여전히 많은 사람들이 종교처럼 맹목적으로 추종하고 있는 것들에 대한 이야기가 이 책 속에 담겨 있다. 『과학 이야기』는 그만큼 음모론과 사이비 과학의 실체를 잘 보여주고 있다. 지은이의 간결하면서도 호소력 있는 스토리텔링 방식과 눈에 잘 들어오는 편안한 그림은 그의 이야기를 더 설득력 있게 만들어준다. 과학자가 아닌 상식인의 눈으로 보고 풀어낸 만큼 일반 독자들과 더 공감할 수 있는 공간이 있는 책이기도 하다. 혼탁한 세상에서 만난 반가운 책이다.

강연을 다니다 보면 강연 주제와는 상관없이 음모론과 관련된 질문을 많이 받는다. 주로 달 착륙 조작설이나 외계인 감금설 같은 것들이다. 나는 가능하면 차분하게 내가 그 만화가 친구에게 설명했던 것처럼 상식적인 설명을 하려고 노력한다. 하지만 질문을 한 사람들 중 대부분은 내 설명이 시작되면 외면하기 시작한다. 그들의 종교적인 믿음과 다른 이야기를 하기 때문일 것이다. 그럴 때면 힘이 쭉 빠지기도 하지만, 어쨌든 나는 끝까지 설명을 마치려고 노력한다. 조금이라도 귀를 기울이는 사람이 있으면 읽어볼 책을 권하기도 한다. 나는 『과학 이야기』를 조금이라도 귀를 기울여주는 상식적인 마음이 남아 있는 사람들에게 권하는 책 목록에 포함시키고 싶다. 가벼운 인문서로 소개하기에 딱 좋은 책이다.

내 만화가 친구가 『정신병동 이야기』 같은 만화책을 만들어내고 나면, 나는 『과학 이야기』 같은 과학 만화도 그려보라고 권하고 싶다. 내가 들려준 지극히 상식적인 몇 마디를 듣고 음모론의 실체를 단박에 파악하는 감각이라면 과학 만화를 그리기에 전혀 손색이 없으리라는 생각이 들었기 때문이다. 과학 만화를 위해서 시민천문대에 취직하라고 권하고 싶다. 천문지도자 자격증도 따면 좋겠다. 천체사진가가 되어도 좋다. 과학은 상식적인 사람들이 향유할 수 있는 학문이다. 과학적 사고를 하는 예술가들의 입을 통해서 튀어나오는 과학 이야기를 더 많이 듣고 싶다.

사실 내 만화가 친구와 나는 책을 한 권 같이 내기로 하고 출판사와 계약한 적이 있었다. 내가 내용 구성을 하고 글을 쓰고 그 친구가 만화를 그리는 방식으로 협업을 하기로 했다. '만화로 본 세상' 정도로 이름 붙일 수 있는 만화 시리즈 중 한 권을 맡기로 한 것이었다. 이런저런 이유로 우리 작업은 그냥 기획 상태로만 머물러 있었다. 다른 팀들의 작업도 별 진전 없이 답보 상태에 있었기 때문에 나는 이 기획 전체가 무산된 것이 아닌가 하는 의구심을 품고 있었다.

『미니스커트는 어떻게 세상을 바꿨을까?』(김경선 글, 이경희 그림, 부키 펴냄)가 출간된 것을 보고는 가슴이 철렁했다. '만화로 보는 20세기의 역사' 시리즈의 첫 권일 가능성이 크기 때문이었다. 우리 작업을 더 이상 미룰 수 없다는 생각에 잠시 가슴이 철렁했지만, 한편으론 이제야말로 드디어 만화가 친구와 협업을 할 시간이 되었다는 생각에 새삼 설렘이 솟아오르기도 했다. 출판사에서 이 책을 내게 보내주지 않은 것으로 봐서, 아직까지는 우리를 압박할 생각이 없는 것 같다는 생각에 안도감과 섭섭함이 뒤섞여서 다가온다. 하지만 이제는 정말 『우주 개발은 어떻게 세상을 바꿨을까?』(가제; 이명현 글, 신성식 그림, 부키 펴냄)를 만들어내야겠다는 생각이 든다. 조만간 춘천에 다녀와야겠다.

고전의 함정

앨런 라이트먼, 『과학의 천재들』

'고전 읽지 말자!'

몇 년 전 이공계 대학생을 위한 과학 커뮤니케이션 학교에서 고전 읽기에 대한 강연을 한 적이 있었는데, 그때 내가 뽑은 강연 제목이 바로 '고전 읽지 말자'였다.

물론 고전을 진짜 읽지 말자고 선동하는 것은 아니었다. 고전을 읽겠다고 마냥 덤벼들기보다는 사전 준비를 충분히 한 후 제대로 읽어보자는 취지의 강연이었다. 예를 들자면, 현재 한창 이슈가 되고 있는 책들부터 읽고 거꾸로 그 책들의 원류에 해당하는 고전을 찾아서 읽는 방식의 독서를 제안했다. 고전이 갖는 현대적 의미를 새기면서 독서를 하자는 것이었다.

내가 정말 하고 싶었던 이야기는 사실 과학 고전에 대한 것이었다. 20세기의 대표적인 과학적 성과는 책이 아닌 학술 논문의 형태로 발표되었다. 그러니 과학 고전의 목록을 뽑으면 현대 과학의 성취를 대변할 만한 책이 눈에 보이지 않는 것은 어쩌면 당연한 일일 것이다. 그러니 우리는 늘 과학 고전 목록에 『알마게스트』나 뉴턴이나 갈릴레이의 책 정도밖에 올려놓지 못하고 있는 것이다. 그런데 이런 책들도 우리말로 아직 번역이 되지 않았거나 출판되었더라도 절판된 경우가 많아서 구해서 읽어보기가 쉽지 않다.

학술 논문에 실렸던 과학적 성취의 원전은 아주 예외적인 경우를 제외하고는 우리말로 접할 길이 없다. 논문 자체가 번역되어 출판되는 경우가 거의 없기 때문이다. 2005년에 아시아·태평양이론물리센터(APCTP)에서 아인슈타인의 논문들을 번역해서 묶은 책자를 발간한 적이 있지만 이는 극히 예외적인 일이다. 원문으로 찾아보는 것도 쉽지 않은 일이다. 잘 알려지지 않은 학술지에 실린 경우도 많기 때문이다.

『과학의 천재들』(앨런 라이트먼 지음, 박미용 옮김, 이성렬 · 임경순 · 김창규 논문 옮김, 다산초당 펴냄)은 이런 갈증을 조금이나마 해소할 수 있게 해주는 고마운 책이다. 20세기의 과학적 발견을 25편의 논문을 통해서 살펴보고 있다. 지은이는 해설에 덧붙여서 원전 논문을 붙여놓았다. 이 책을 번역하면서 논문도 우리말로 번역할 것인가에 대한 논란이 있었다고 전해 들었다. 나는 이 책의 핵심은 결국 앨런 라이트먼의 해설이 아니라 선택된 스물다섯 편의 논문에 있다고 생각한다. 최종적으로 번역이 되어서 나온 것은 다행한 일이다.

"나는 철학과 학생들이 칸트의 『순수이성비판』을 읽고, 정치학을 전공하는 학생들이 미국 헌법을 읽으며, 문학을 전공하는 학생들이 『햄릿』과 『백경』

을 읽는데 과학을 전공하는 대부분의 학생들은 멘델레예프나 퀴리 부인, 또는 아인슈타인의 업적을 원문으로 읽지 않는 것에 충격을 받곤 한다."

철학이나 문학 전공 학생들이 그 분야의 고전을 읽는 동안 과학을 전공하는 학생들은 아직 학술지에 정식으로 실리지도 않은 최신의 논문들을 인터넷을 통해서 읽는다. 라이트먼은 발끈했지만 과학 전공 학생들이 오래된 원전 과학 논문을 읽지 않는다고 크게 비난할 일은 아니라고 생각한다.

다만 그런 논문들을 읽을 때 느끼는 감흥에 대해서 진지하게 이야기해줄 필요는 있다고 생각한다. 그래서 그들도 궁금하고 안달이 나서 아인슈타인의 논문을 찾아서 읽도록 유도할 수만 있으면 더할 나위가 없겠다. (그래도 또 다른 문제는 남는다. 아인슈타인 논문의 대부분은 독일어로 쓰여졌다.)

『과학의 천재들』에는 상대성 이론과 양자역학 그리고 우주의 팽창까지 20세기 물리학의 가장 중요한 발견을 알리는 논문들이 라이트먼의 해제와 함께 실려 있다. 호르몬과 항생제, DNA 이중나선 구조의 발견 그리고 인공 생명체의 탄생을 포함한 생물학과 화학의 성과에 대한 논문들도 함께 소개하고 있다.

스물다섯 편의 논문을 살펴보았다. 내가 직접 읽어본 것은 아인슈타인의 논문 두 편, 허블의 우주팽창 논문, 펜지어스와 윌슨의 우주배경복사 발견에 대한 논문, 왓슨과 크릭의 DNA 이중나선 구조 발견에 대한 논문, 이렇게 다섯 편뿐이었다. 먼저 지은이의 해설을 읽은 후 논문을 살펴보는 방식으로 독서를 했다. 읽어보았던 논문들도 다시 꼼꼼하게 읽어보았다.

"내 관점에서 보면 과학의 위대한 발견을 담은 최초의 보고서는 예술 작품과도 같다. 이 논문들은 시와 리듬과 이미지, 아름다움 그리고 진리가 담겨 있다. 고심해서 선택한 단어와 비유가 있고 간단하지만 심오한 주장이 있으며 불확실성과 고찰이 있기 때문에 우리는 요약본이나 해설서가 제공하지 못하는 위대한 과학자의 마음을 들여다볼 수 있다. 이 논문들에서 우리는 세상의 본질을 이해하려는 인간의 재능이 얼마나 엄청나게 발휘되는지를 보게 된다. 전문적이거나 수학적인 내용이 과학도가 아닌 사람들에게는 이해되지 않을 수도 있다. 그렇지만 그들의 생각이 어떻게 흘러가는지 그 흐름 정도는 좇을 수 있다."

라이트먼의 말대로 그의 해설과 함께 논문을 읽으면서 과학적 성취를 이루었던 과학자들의 생각의 흐름은 파악할 수 있었다. 하지만 내게 익숙한 몇몇 논문들을 제외하면 대부분의 논문들은 읽어내기가 힘들었다. 생물학과 화학 계통 논문들은 노력은 했지만 온전히 이해하지도 못했고 읽는 동안 집중력도 많이 떨어졌었다고 고백할 수밖에 없다. 그나마 지은이의 해설에 많이 의존해서 완독할 수 있었다.

"하지만 이 위대한 과학자들 모두 공통적으로 가지고 있는 것이 있다. 그것은 진실을 알고자 하는 열정, 퍼즐을 풀어내는 순수한 즐거움, 그리고 독립적인 사고다."

라이트먼의 이 말에 전적으로 동의한다. 아마 이해하지도 못하는 논문을 끝까지 읽었던 것도 과학자들의 그런 매력이 논문 속에 숨어 있었기 때문일 것이다.

내가 관심 있게 본 논문은 (이전에 읽었던 논문들은 제외하고) "이하의 내용은 소마젤란 성운에 있는 25개 변광성의 변광 주기를 다루고 있으며 작성자는 미스 리비트임"으로 시작하는 리비트의 논문이었다. 세페이드 변광성의 주기와 밝기가 상관관계를 갖고 있다는 것을 발견하고 보고하는 논문인데, 하버드 천문대 교수인 피커링이 발표하는 형식을 취하고 있다. 하버드 천문대 조수였던 여성 천문학자 리비트는 자신의 이름으로 논문조차 발표할 수 없었다. 그녀의 발견을 바탕으로 천문학자들은 비로소 은하와 은하 사이의 거리를 측정할 수 있게 되었다. 박사 학위 논문을 쓸 때부터 꼭 한 번 읽어보고 싶었던 논문이었는데 반가웠다.

가장 인상 깊게 본 사진은 프랭클린과 고슬링의 논문에 삽입된 DNA X-선 회절 사진이었다. 전에도 여러 번 본 적이 있지만 논문에서 보니 새로웠다. 이 사진을 들여다보고 있던 프랭클린의 모습이 자꾸 떠올랐다. 논문 글자들 사이에 자리 잡은 사진을 보면서 수줍게 자신의 비밀을 드러내는 유전자의 미소 같다는 생각을 했다. 하이젠베르크의 불확정성 원리에 대한 논문은 기대를 저버리지 않고 아름다웠다. 차분하면서도 단호한 전개가 우아했다.

『과학의 천재들』은 어렵지만 즐거운 책이다. 라이트먼의 해설은 친절하면서도 깊이가 깊고 폭이 넓어서 유용했다. 같이 실린 논문들은 과학에 조예가 깊지 않은 일반 독자들이 읽어내기에는 역부족일 것 같다. 하지만 과학적 성취를 알리는 논문을 직접 읽을 수 있는 (혹은 살펴만 보더라도) 기회를 제공했다는 것만으로도 높이 평가할 만하다. 언젠가는 다시 가보고 싶은 고향처럼 스물다섯 편의 논문이 『과학의 천재들』 속에 자리 잡고 있었다.

최근의 과학책들은 대부분 일반인들을 겨냥한 것들이다. 현대 과학의 성취를 잘 설명해주는 완성도 높은 책들이 많이 출판되고 있다. 그중에는 칼 세이건의 『코스모스』(홍승수 옮김, 사이언스북스 펴냄)처럼 이미 고전의 반열에 오른 책들도 있다. 우리말로의 번역도 비교적 잘 이루어지고 있다. 그런데 20세기 초·중반의 (대중을 위한) 과학책들 중 고전의 반열에 올릴 수 있는 책들도 많이 있는데 우리나라에는 거의 번역되지 않고 있는 실정이다.

빅뱅 우주론에 대한 최신의 대중 과학책을 읽다가 천문학자 허블에 대해서 흥미를 갖게 되었다고 하자. 『*Edwin Hubble: Mariner of the Nebulae*』 같은 허블 평전을 바로 구해서 읽고 그의 책 『*The Realm of the Nebulae*』를 읽어보면 될 것이다. 그러고도 관심이 멈추지 않는다면 우주팽창에 대한 그의 논문을 읽으면 될 것이다. 그런데 여기에 큰 구멍이 있다. 『*Edwin Hubble: Mariner of the Nebulae*』도 『*The Realm of the Nebulae*』도 우리말로 번역되어 있지 않다. 허블의 1929년 논문은 그나마 『과학의 천재들』에서 만날 수 있다.

다른 대부분의 경우도 마찬가지일 것이다. 앞서 말한 그 강연에서 고전 읽기의 방식으로 현재 한창 이슈가 되고 있는 책들부터 읽고 거꾸로 거슬러 올라가면서 차차 그 책들의 원류에 해당하는 고전을 읽는 방식의 독서를 제안했었다. 그런데 최소한 과학 분야에서는 이런 작업을 할 수 있는 환경이 전혀 조성되어 있지 않다.

지적 여행의 도로는 곳곳이 막혀 있다. 그런데 어떻게 고전을 읽으라는 말인가. 그래서 그 강연에서 과학 고전을 읽지 말자고 몽니를 부려본 것이다. 읽고 싶어도 책이나 논문을 구할 수가 없다.

『과학의 천재들』은 그 간극을 메워줄 수 있는 작지만 의미 있는 돌멩이일 것이다. 이 책이 계기가 되어서 더 많은 책들이 번역이 되고 더 많은 과학 논문들이 묶여서 출판되었으면 한다. 그러고서야 젊은이들한테 (과학) 고전을 읽으라고 권할 수 있을 것이다. 당시 내 강연은 '제발 고전 읽을 수 있도록 번역 좀!'으로 마무리 지어졌다.

막힘없이 시원하게 뚫린 지적 여행의 고속도로가 완성되는 그날이 올 때까지 내 강연의 제목은 여전히 '고전 읽지 말자'로 남아 있을 것이다.

힉스 입자를 '초딩' 수준으로 설명하라고?

이종필, 『신의 입자를 찾아서』

계속되는 더위만 해도 견디기 힘들어 죽겠는데 치수염까지 겹쳤다. 너무 아팠다. 우리 집에서 가까운 곳에 개업을 하고 있는 친구를 찾아가서 치과 치료를 받는 중이다. 치과 실습 건수를 채워야 했던 아내 때문에 튀어나오지도 않은 사랑니를 억지로 수술해서 빼낸 적은 있었지만 본격적인 치과 치료는 처음이다. 치통이 이렇게 사람을 지치게 하고 미치게 만드는 고통인지는 정말 몰랐다.

내 치아 치료를 맡은 치과 의사 친구는 평소에도 자주 만나는 친한 친구였다. 내 눈에 그 친구는 고등학교 시절이나 지금이나 껄렁껄렁하고 물러터진 사람 좋은 동네 친구였다. 그런데 신경 치료를 받으면서 그 친구가 달리 보이기 시작했다. 여러 차례 신경 치료를 하는 과정에서 그가 보인 모습은 (당연히) 숙련되고 진지한 치과 의사의 모습이었다. 늘 그렇지만 가까운 곳에 있는 것들의 가치를 알아채지 못하는 것은 숙명인가 보다.

최근 들어서 물리학에서는 아주 근원적이고도 흥미로운 일들이 벌어지고 있다. 뉴트리노(중성미자)의 속도가 빛의 속도보다 빠른 것으로 측정되었다는 발표가 온 세상을 뒤흔들어 놓기도 했다. 일단 해프닝으로 끝나는 것처럼 보이지만 어쨌든 그 수습 과정 자체도 흥미로운 질문을 던졌던 사건이었다. 얼마 전에는 대형 강입자 충돌기(Large Hadron Collider, LHC) 실험 결과 힉스 입자를 '사실상' 발견했다는 발표가 나왔다.

나는 이런 흥미로운 사건들에 대해서 일반인들에게 친절하게 해설하는 일종의 과학 토크를 몇몇 사람들과 함께 진행하고 있다. 얼마 전에는 물리학자 두 사람과 과학 소설(SF) 작가 한 사람과 함께 힉스 입자의 '사실상'의 발견에 대한 대화를 나눴다. 보통 검출된 신호와 잡음의 비율이 5 정도 되면 '발견'이라고 하는데, 얼마 전 LHC에서 발표한 값은 5에 약간 못 미치는 값이었다. 그래서 이런저런 이유로 '사실상'이라는 제한적인 수식어를 붙여놓은 것이다.

이 대담을 준비하면서 한참 책장에 묵혀 두었던 이종필의 『신의 입자를 찾아서』(마티 펴냄)를 꺼내서 읽었다. 입자 물리학자인 이종필 박사와는 강연을 같이 하기도 하고 사적으로도 자주 만나면서 친분을 유지하고 있다. 그런데 가만히 생각해 보니 그의 강의나 강연을 제대로 들어본 적이 없는 것 같다. 두 사람 모두 자기 강연을 하는 입장이었지 상대방의 강의나 강연을 듣는 입장이 아니었기 때문이다.

그가 쓴 책에 대해서도 마찬가지였다. 내 서재의 책장 속에 고이 간직되어 있었지만 진지하게 읽어볼 기회를 갖지 못했다. 이번에 『신의 입자를 찾아서』를 정독하면서 새삼 그의 강의도 진지하게 들어보고 싶다는 욕망이 생겼다. 치과 의사인 친구가 달라보였듯이, 친근한 이종필이 선생님처럼 새삼 다가왔다.

일반인들에게 과학 이야기를 하려고 하는 (나를 포함한) 많은 과학자들이 고민했을 법한 바로 그 문제의식에서 이 책은 출발한다.

"그분들의 궁금증은 매우 단순하면서도 핵심적이었다. 양자역학이란 도대체 무엇이냐, 물리학자들이 생각하는 세상의 근본은 무엇이냐, 상대성 이론에서는 왜 하필 빛의 속도가 중요하느냐, 쿼크라는 놈은 정말로 물질의 최소 단위냐, 요즘 과학자들은 도대체 무슨 생각을 하면 사느냐 등등….

이런 질문들은 대개 술자리에서 오가는 경우가 많았다. 그런 자리에서는 물리 공식이나 수학 방정식이 끼어들 틈이 없다. 오로지 말과 이야기, 진정한 '스토리텔링'만이 살아남는다.

이 책을 한마디로 말한다면 그런 '술자리 이야기'를 고스란히 옮긴 글이다. 솔직히 말하자면 내 자신의 편의를 가장 우선으로 생각했다고도 할 수 있다. 현대 물리학이 과연 무엇인지 궁금해하는 주변 분들에게 어설픈 이야기를 계속 반복하느니 아예 글로 남기자는 속셈이다. 책이라는 문물의 원초적인 쓰임새를 이제야 깨달은 모양이다.

기록으로 남기려는 결심을 하게 된 데에는 객관적인 요인도 크게 작용했다. 2008년은 인류 역사상 최대 규모의 입자 가속기가 가동되는 해이다. 전 세계 수많은 과학자들이 과학의 역사에서 이 해를 매우 특별하게 기억하리라 확신한다. 분명히 술 마시러 나가면 사람들은 나에게 그것이 어디에 쓰는 물건인지 물어볼 것이다."

일반인들이 궁금해하는 근원적인 문제에 대해 과학자로 훈련받지 않은 사람들도 이해하고 공감할 수 있도록 과학 이야기를 수학의 도움 없이 '말로만' 하자는 것이다. 이것처럼 어려운 일은 없다고 생각한다. 과학자로 훈련받지도 않았고 수학도 모르는 사람에게 과학의 경이로움을 설명하는 일, 그것은 어쩌면 불가능한 일인지도 모른다. 그럼에도 불구하고 그 작업은 필요한 것이고 '과학 대중화'라는 이름으로 시도되고 있다.

위에서 인용한 글에서도 밝히고 있듯이 이종필이 주목한 것은 '스토리텔링'이었다. 여러 가지 이야기를 할 수 있겠지만, 스토리텔링의 또 다른 핵심 중 하나는 전체 플롯이나 서사 구조보다는 이야기의 진행 과정에서 만나는 디테일한 재미라고 할 수 있다. 『신의 입자를 찾아서』는 그런 원칙에 충실한 책인 것 같다. 과학의 경이로움은 단지 과학적 발견의 순간에만 있는 것이 아니고 그 발견의 과정에서 볼 수 있는 치열함과 우연성에도 깃들여 있다는 점을 생각하면 『신의 입자를 찾아서』의 스토리텔링 전략은 적절해 보인다.

2008년에 예정되어 있었던 LHC의 충돌 실험에 자극받아서 썼다고 지은이가 밝힌 이 책은 역시 그 이야기부터 시작한다. 그런데 그 '대충돌'에 대한 이야기를 이해하기 위해서는 여러 번 바다를 건너고 산을 넘어야만 한다. 우선 입자 물리학의 표준모형을 이해해야 LHC의 충돌 실험이 갖는 의미와 신의 입자라고 불리는 힉스 입자의 발견이 왜 그토록 중요한지 알 수 있을 것이다.

그런데 표준모형을 이해하기 위해서는 '입자'라는 아주 기초적인 물리학적인 개념에 먼저 익숙해져야만 한다. 그리고 그들을 지배하고 있는 물리 법칙에 대해서도 이해해야만 한다. 그 과정에서 양자역학과 상대성 이론을 만나야만 한다. 첩첩산중이다. 더구나 지은이가 잘 지석했듯이 '과학책은 쉽게 읽혀야 한다는 일종의 강박관념'이 있다. 그러니 더 난관일 터이다.

『신의 입자를 찾아서』에서 이종필은 표준모형이 형성되기까지의 과정을 역사책을 쓰듯이 써내려가면서 이 난관을 극복하는 전략을 구사했다. 19세기 말과 20세기 초반에 이루어진 물리학의 위대한 발견들을 하나하나 마치 옛날이야기처럼 스토리텔링하고 있다. 물리학적 발견의 결과에만 초점을 맞춘 것이 아니라 누가, 왜, 어떻게 그런 발견을 할 수 있었는지 그 과정을 디테일하게 적고 있다. 마치 한 편의 옴니버스 소설을 보는 것 같은 느낌이 들었다.

그 과정에서 과학적 발견의 과정이 주는 경이로움을 독자들과 함께 공유할 수 있는 발판을 마련하는 데 성공한 것으로 보인다. 일단 이야기의 전개가 빠르고 재미있다. 과정을 따라가다 보면 자연스럽게 과학적 발견과 마주치게 된다. 다음 이야기에서는 그 발견을 넘어서는 또 다른 발견의 과정이 독자들을 기다리고 있다. 그렇게 한 걸음, 한 걸음씩 현대 물리학의 세계로 독자들을 이끌어가고 있는 책이 바로 『신의 입자를 찾아서』이다.

> "양자역학의 세계는 이렇듯 전문가들조차 쉽게 이해하기 어렵다. 그러니 여러분들도 곧이어 등장하는 양자역학의 이야기들을 단번에 이해할 수 없다고 해서 낙담하거나 자학하지 않길 바란다. 양자역학은 원래 어렵다."

『신의 입자를 찾아서』가 유도하는 스토리를 따라가다 보면 어느새 큰 산과 마주치게 된다. 양자역학과 상대성 이론이다. 물론 위에서 인용한 것처럼 독자들을 위로하면서. 양자역학과 상대성 이론은 여전히 어려운 이야기지만 현대 물리학 이야기를 하면서 꼭 한 번은 다루어야만 하는 가장 핵심적인 이론이기도 하다. 어렵다고 이 부분을 생략하고 현대 과학의 현상학적인 이야기만 하는 책들이 많은데, 나는 그런 책들에 대해서는 변죽만 울렸다는 가혹한 평가를 할 수밖에 없다.

지은이는 이 거대한 두 산도 우회하지 않고 정면으로 다루고 있다. 물론 양자역학과 상대성 이론에 대해서 설명하는 책은 아주 많다. 하지만 우리나라의 현직 물리학자가 자신이 이해한 것을 한글로 풀어주는 양자역학과 상대성 이론 이야기는 여전히 귀하고 소중하다. 더구나 이종필의 적절한 비유와 적합한 개념 설명은 두 이론에 대한 기본 개념을 이해하는 데 큰 도움을 주고 있다고 생각한다. 지금까지 많지는 않지만 몇 권의 대중 물리학 책을 살펴봤는데 『신의 입자를 찾아서』에 실린 양자역학과 상대성 이론에 대한 설명은 '친절도'와 '이해도' 면에서 가장 좋은 점수를 줄 수 있을 것 같다. 처음부터 우리가 사용하고 있는 우리말로 쓴 것도 당연히 큰 매력이다.

이종필은 친절한 글쓰기의 와중에도 입자 물리학자로서의 확고한 입장을 표하는 것을 잊지 않고 있다. 양자역학이나 상대성 이론에 대한 어설픈 철학적인 이해가 갖고 올 황당함에 대한 경계를 늦추지 않고 있는 것이다.

"불확정성 원리는 종종 지나치게 확대 해석되어 결국 우리가 정확하게 알 수 있는 진리란 없다는 주장으로 이어지기도 한다. 이것은 다시 절대적인 진리란 없다는 주장으로 나아가고 인간의 인식 능력에 대한 근본적인 회의를 가져온다. 양자역학이 현대 철학에도 큰 영향을 끼친 이유도 아마 이 때문일 것이다.

현대 철학의 인식론 문제를 논의하는 자리가 아니긴 하지만, 물리 전공자로서 생각하기에 그 '회의'는 좀 지나친 것 같다. 양자역학에서는 위치와 운동량의 동시적 정확성을 포기하는 대신 어떤 시스템의 파동함수를 가장 중요한 물리적 정보의 원천으로 여긴다. 이 파동함수는 슈뢰딩거 방정식을 풀게 되면 '정확하게' 구할 수 있다. 그러므로 양자역학에서는 진리라는 개념이 고전적인 의미의 진리와는 다르다고 할 수 있다. 불확정성 원리로 인해 절대적인 진리가 불가능해졌다기보다는, 오히려 새로운 진리의 실체(예컨대 파동함수)를 발견한 것은 아닐까? 양자역학에 기반을 둔 현대 물리학과 현대 과학은 역설적이게도 전례 없는 정밀도를 자랑하며 성공 가도를 달리고 있다."

"상대성 이론은 진리의 상대성을 말하는 것이 아니라 진리의 불변을 위한 현상의 상대성을 말하는 셈이다. 피카소의 『우는 여인』이라는 그림을 예로 들자면 아무리 보는 관점이 달라지더라도, 그래서 그 보이는 모습이 달라지더라도 울고 있는 여인의 실체가 바뀌지는 않는다는 말이다. 대부분의 과학자들은 진리나 법칙이나 원리가 바뀌는 것을 별로 좋아하지 않는다. 과학자들이 궁극적으로 추구하는 것이 본래 보편적이고 항상 적용 가능한 무엇이기 때문이다."

과학적 발견의 과정과 그 속에서 벌어지는 이야기의 디테일에 충실한 이 책은 드디어 표준모형에 다다르고 또다시 '대충돌' 이야기로 돌아가서 끝을 맺는다. 233쪽에 실린 '표준모형의 입자 구성 도표'를 보고 '아하' 라고 내뱉을 수 있다면 이 책의 의도를 충실히 따르고 내용을 잘 이해한 것일 것이다. 지은이는 표준모형의 불완전성과 문제점을 지적하는 것도 잊지 않고 있다. 그리고 그런 문제점들을 극복하는 것이 미래의 과학임을 다시 한 번 강조하고 있다. 많은 사람들이 환상을 갖고 있는 물리학자 이휘소의 물리학적 실체에 대한 논의도 곁들인다. 표준모형의 형성에 그가 얼마나 큰 기여를 했는지 알 수 있을 것이다.

요약하자면, 『신의 입자를 찾아서』는 훌륭한 책이다. 과학적 발견의 결과뿐 아니라 그 과정을 적나라하게 보여주는 스토리텔링이 돋보이는 책이다. 친절하고 재미있다. 살아있는 우리말로 쓴 멋진 책이다. 그런데 이 책이 쉽냐고? 전혀 그렇지 않다. 지은이는 친절하지만 '쉽다고' 포장하지는 않는다. 정면으로 승부를 하되, 최선을 다할 뿐이다. 하지만 과정을 따라가다 보면 결과에 이르는 과학적 성취의 경이로움을 느낄 수 있게 해주는 책임에는 틀림이 없다. 이 책을 통해서 알맹이가 빠진 '쉽다'고 포장된 책보다는 땀을 요구하지만 친절하고 스토리가 있는 책을 경험할 수 있어서 기뻤다. 그 정도의 감내 없이 경이로움을 느낄 수는 없을 것이다.

"그렇게 된다면 물리학 교과서는 2008년을 기점으로 완전히 새롭게 다시 써야만 할 것이다."

물리학계에서는 2012년 현재 힉스 입자의 발견을 '사실상' 인정하는 분위기다. 그리고 어쨌든 교과서의 내용도 바뀔 것이다. 이 무더운 여름 『신의 입자를 찾아서』를 통해서 이열치열, 오히려 땀을 흘리면서 21세기에 벌어지고 있는 프런티어의 현장을 이해하는 지적 교양의 대열에 동참해 보면 어떨까.

과학이 모두의 교양이 되어야 하는 이유

찰스 스노우, 『두 문화』

찰스 퍼시 스노우가 지은 『두 문화』(오영환 옮김, 사이언스북스 펴냄)에 대해서 언급한 글들을 살펴보면 그곳에 '두 문화'의 전선이 구축되어 있는 것 같다는 느낌을 지울 수가 없다.

한쪽 끝에는 『두 문화』를 실제로 읽고 글을 쓰는 평범하고 상식적인 문화가 존재하고 또 다른 쪽 끝에는 『두 문화』를 읽지 않고 읽은 척하면서 글을 쓰는 또 다른 극단적인 문화가 있는 것 같다.

『두 문화』를 읽고 나서 이 책에 대해서 이러쿵저러쿵하는 것이야 글쓴이의 영역이니 그 내용이나 주장이 어떻든 원칙적으로 문제 삼을 것이 없다. 다만 의견이 다르면 그에 대한 논박을 하면 된다. 이것이 상식적이고 평범한 사람들이 하는 행위일 것이다.

그런데 이 책을 거의 또는 전혀 읽지 않고 이 책에 대해서 글을 쓰고 그를 바탕으로 자신의 논리를 전개하는 경우를 보면 마음이 좀 불편해진다. 물론 어떤 글을 보면서 글쓴이가 『두 문화』를 정말 읽지 않고 읽은 척하면서 글을 썼다고 단정하는 것은 오만한 짓일 것이다. 책을 읽었지만 스노우의 의도를 잘못 파악했을 수도 있고 (물론 저자의 의도 자체가 고착된 것이 아닐 수도 있고 비평자에 의해서 새롭게 정립되기도 할 것이다) 정독하지 않고 훑어만 봐서 초점을 놓쳤을 수도 있다.

하지만 백번 양보하더라도 거의 확실하게 『두 문화』를 읽지 않은 것 같은 글들을 자주 만나게 되는 것이 현실이다. 『두 문화』의 번역본 부제는 '과학과 인문학의 조화로운 만남을 위하여'로 되어 있다. 이 때문인지 이 책의 논점을 (책을 읽지 않은 채) 부제에 적힌 글귀를 (읽은 척하면서) 확대 해석해서 이 책을 '과학과 인문학의 만남'에 대한 바이블이나 핸드북으로 둔갑시키는 경우가 종종 보인다. 이 책을 읽어 보았다면 결코 그런 글을 쓸 수 없을 것 같은, 이 책의 논점의 극단적인 대척점에 서 있는 '문학적 지식인'에 속할 필자가 그런 글을 쓴 것을 보면 정말 아연실색할 수밖에 없다.

『두 문화』는 스노우 자신의 주관적인 주장이 비교적 분명하게 드러나는 책이다. 따라서 한 번이라도 책을 읽은 사람과 전혀 읽지 않은 사람이 서로 전혀 다른 이야기를 할 수밖에 없도록 되어 있는 책이기도 하다. 적어도 피에르 바야르의 『읽지 않은 책에 대해 말하는 법』(김병욱 옮김, 여름언덕 펴냄)의 전략이 잘 먹혀들지 않을 가능성이 큰 책이라고 할 수 있다.

물론 이 책의 첫 부분을 장식하고 있는 스노우의 1959년도 리드 강연의 제목이 '두 문화와 과학 혁명'이라는 것을 재빨리 파악한다면, 좀 더 그럴듯한 이야기를 만들어낼 수는 있을 것이다. 하지만 이 책을 읽지 않았다면 스노우가 정말 중요하게 생각했던 '부유한 자와 가난한 자'의 문제를 십중팔구는 놓치고야 말 것이다.

사실 책을 읽지 않고 책에 대한 글을 쓰거나 인용하거나 심지어는 서평을 (또는 책 소개를) 쓰는 문화가 한국 사회에 어느 정도 만연해 있는 것은 부인할 수 없는 사실이다. 출판사에서 보내온 보도 자료만 살펴보고 상상력을 발휘해서 서평을 쓰는 것이 책을 읽지 않고 글을 쓰는 가장 대표적인 경우일 것이다.

물론 제한된 지면에 '책 소개'를 하는 경우에는 보도 자료의 인용이 적절한 처방일 수도 있다. 하지만 서평이라는 타이틀을 달고 나오는 글이라면 글쓴이는 최소한 그 책을 직접 읽어봐야 한다는 것은 말할 필요도 없는 상식이다. 이런 사태의 이면에는 분명 왜곡된 사회 구조의 문제가 있을 것이다. 하지만 누가 뭐라고 해도 글쓴이 개인이 먼저 그에 굴하지 않을 자존감을 확보해야 한다고 하면 너무 과하고 현실감 없는 낭만적인 주장인가?

이제 『두 문화』 이야기를 해보자. 스노우는 이 책에서 크게 세 가지 이야기를 하고 있다. '두 문화' 사이의 몰이해와 간극, 이를 극복하고 과학혁명의 시대에 동참하기 위한 교육 제도 개선, 그리고 이런 합리성을 바탕으로 부유한 나라가 어떻게 가난한 나라를 도와서 빈부의 격차를 해소할 수 있을 것인가에 대해서 차례로 이야기하고 있다. 먼저 스노우가 말한 '두 문화'는 문학적 지식인과 과학적 지식인이었다.

> "한쪽 극에는 문학적 지식인이 그리고 다른 한쪽 극에는 과학자, 특히 그 대표적인 인물로 물리학자가 있다. 그리고 이 양자 사이에는 몰이해, 때로는 (특히 젊은이들 사이에는) 적의와 혐오로 틈이 크게 갈라지고 있다."

사실 두 집단에 대한 그의 판단은 의례적이고 양비론적인 면도 일부 있긴 하지만 한쪽에 분명하게 더 후한 점수를 주고 있는 것 같다. 아래 인용한 몇 구절에서도 그런 그의 관점이 비교적 명확하게 드러난다. 내가 진행하는 '독서와 토론' 수업에서 이 책을 같이 읽고 토론했던 많은 '문과계열' 학생들이 이 부분에서 반사적으로 발끈하곤 했다.

"한쪽 극의 과학적 문화는 비단 지적인 의미에서뿐만 아니라 인류학적인 의미에서도 진정한 문화라고 할 수 있다."

"그런데 또 한편에서는 어떤가. 그들도 무력해지기는 마찬가지지만 워낙 자존심이 높은 사람들이기 때문에 그 파급 효과는 더 심각할지도 모른다. 그들은 여전히 전통적인 문화가 '문화'의 전체인 양 그리고 마치 자연법칙 같은 것은 없는 것처럼 생각한다. (…) 그러면서도 대다수의 비과학자들은 그 체계에 대해서 아무런 개념도 가지고 있지 않은 것이다. 그들이 갖고 싶어 한다 해도 가질 수도 없다. 광범한 지적인 체험의 세계에서 이 그룹의 사람들은 음치였다고 해야 옳을 것이다. 이 음치는 타고나면서가 아니라, 훈련을 통해서 혹은 훈련의 결여에서 온 것임을 덧붙여둔다."

"과학적 문화에 속하는 사람들을 제외한다면, 서구의 지식인들은 산업 혁명을 이해하려고 힘쓰지도 않았고 원치도 않았으며, 또 할 수도 없었다. 하물며 그것을 받아들일 턱도 없었다. 지식인, 특히 문학적 지식인은 말하자면 타고난 러다이트[산업혁명 당시 기계가 실업의 원인이라고 잘못 생각한 데서 기계 파괴의 폭동을 일으킨 공장 직공]들이었다."

오래전에 스노우가 당시 영국이 처한 특수한 상황에 대한 인식을 바탕으로 했던 말들이 여전히 우리들의 마음에 와 닿는 것은 어찌된 일인가. '두 문화'를 좀 더 익숙한 '양극화'로 대체하고 그 주역들을 그냥 떠오르는 우리에게 익숙한 다른 이름들로 대체하면 그것이 바로 오늘 우리들이 처한 현실이기 때문일 것이다. 여기에 『두 문화』라는 오래된 책의 역사성과 보편적인 생명력이 있는 것이다. 그의 문제 제기는 아직 유용하고 해결은 요원하다.

스노우는 "과학이 우리들의 운명을 크게 좌우하는" 시대에 "의사소통을 할 수 없는, 또 의사소통을 하지 않으려는 두 문화의 존재는 위험하다"는 인식을 바탕으로 두 문화를 극복하고 과학 혁명을 수행할 수 있는 소양과 능력을 갖출 수 있는 교육을 할 수 있도록 '교육 제도'를 개혁할 것을 제안했다. 물론 '과학적 사고와 판단'을 할 수 있는 합리적인 지식인의 양성이 궁극적인 목표였다.

"이 사실은 내 마음을 다시 교육의 문제로 향하게 한다. 어째서 우리는 과학 혁명에 대처하지 않는가, 어째서 다른 나라들은 더 잘하고 있는 것일까?"

그는 상대적으로 과학 혁명의 시대적 소명을 잘 수행하고 있는 미국과 소련의 교육 제도의 장점을 취할 것을 제안했다. 1957년에 소련이 스푸트니크호를 발사한 이후 경쟁적으로 엘리트 과학 교육을 강화했던 양국의 교육 정책이 그의 눈에는 하나의 롤 모델로 비쳤을 것이다.

교육 제도의 개혁은 우리에게 너무나도 익숙해서 진부해진 개념이다. 하지만 여전히 절박한 화두이기도 하다. 현재 한국 사회의 모든 악순환의 근원이 '교육 문제'에 (특히 대학 입시에) 있다는 극단적인 관점이 있는 것도 사실이다. 스노우의 오래된 문제의식에 이어서 너무나도 뻔해 보이는 그의 처방전이 이 시점에서 우리에게 여전히 유효하다는 것은 우리 사회의 큰 슬픔이다.

시대적 소명에 답하는 교육이 있어야 한다는 데는 누구나 동감할 것이다. 그것이 무엇인지 또 어떻게 할 것인지에 대해서는 의견이 분분할 것이다. 하지만 '두 문화' 또는 '양극화'를 극복한다는 큰 그림을 그리고 '사람답게 잘 사는' 것을 중심에 둔다면 해결책은 의외로 간단할 수도 있다. 온갖 이해관계가 얽히고설킨 실타래를 단박에 풀어서 해결할 생각을 하지 말고 우선 해소할 수 있는 아주 기본적인 것에 충실할 필요가 있다.

생존권과 인권의 차원에서 학생들의 먹을 권리, 입을 권리, 잠잘 권리, 놀 권리, 재미있게 공부할 권리를 보장해 주면 될 것이다. 그러기 위해서 무상 급식을 전면적으로 실시하고 머리 모양이나 옷 입는 것은 그냥 내버려두고 대학교의 등록금은 정상화하면 될 일이다. 문과와 이과 같은 인위적인 벽은 애초부터 쌓지 않으면 된다. 그러고 나서야 교육의 가치와 목표에 대해서 격렬하게 토론해도 늦지 않을 것이다. 이건 교육 제도 이전에 '사람다움'의 문제다.

어쩌면 이 모든 논의의 정점에 스노우의 '부유한 자와 가난한 자'의 문제가 있는지도 모른다. 그는 국가 간 빈부의 격차를 궁극적으로는 '해소'될 수 있는 문제로 보았다. 부자 나라들의 적극적인 원조와 희생을 통해서 가난한 나라를 산업화시켜서 빈국의 지위로부터 끄집어내자는 것이었다.

"아시아나 아프리카 문제의 전문가들의 입을 통해서 지금도 듣는 것은 '그네들을 우리의 수준까지 끌어올리자면 족히 500년은 걸릴 걸, 뭐'라는 말이다. 이러한 말은 그야말로 무분별하며, 기술에 대해서 아무것도 모르는 자들의 말이다. 그리고 흔히 이런 말을 하는 자들은 구석기인도 5년쯤이면 따라갈 수 있는 인간들이다."

"그러나 이제는 그렇지 않다. 변화의 속도가 그처럼 크게 증가되었기 때문에 상상조차 따라갈 수 없을 정도이다. 이 앞으로의 10년간은 지금까지의 10년 동안 볼 수 없었던 사회적인 변화가 반드시 일어나고야 말 것이며, 보다 많은 사람들에게 영향을 미치게 될 것이다. 다시 1970년대에는 보다 큰 변화가 있지 않으면 안 된다. 가난한 나라의 사람들은 이 단순한 개념에 사로잡혀 있다. 그들은 이제 자기의 일생 동안 그저 앉아서 기다리기만 하지는 않을 것이다."

"물론 간단명료한 진리가 하나 있으니, 그것은 산업화가 가난한 사람들의 유일한 희망이라는 것이다."

현실성 없는 낭만적인 생각처럼 들릴 수도 있겠다. 한편 위에 인용된 글만 놓고 보면 장하준의 『사다리 걷어차기』(형성백 옮김, 부키 펴냄)나 『그들이 말하지 않는 23가지』(김희정·안세민 옮김, 부키 펴냄)의 어느 구절을 읽는 것 같은 느낌을 주는 것도 사실이다. 그만큼 스노우의 통찰과 지향점이 시대정신을 내포하고 있고 현대적이고 현실적이라는 이야기다.

그래서인지 『두 문화』는 곧바로 엄청난 반향을 일으켰다. 스노우 자신의 말처럼 그의 리드 강연이 결코 '독창적'이지는 않았지만 많은 사람들의 마음속에서 이미 꿈틀거리면서 그 출현을 기다리고 있었기 때문인지도 모른다. 물론 그러면서도 중요한 사상과 지향점을 제시했기 때문에 그 파급력은 더 증폭되었을 것이다.

'두 문화'라는 극성이 어느 시대에나 발현할 수밖에 없는 숙명적인 존재라면 궁극적인 해결보다는 그것을 해소해서 윤택한 삶을 살아갈 수 있도록 궁리하는 것이 더 현실적인 방안일지도 모른다는 생각이 든다. 그렇다면 그의 논점에 동의하든 하지 않든 스노우의 『두 문화』가 제안하는 처방전이 하나의 스토리텔링이 있는 레시피가 될 수도 있을 것이다. 그가 꿈꿨던 세상은 이렇다.

"궁극적으로 교육의 변화가 곧 기적을 낳지는 않을 것이다. 하지만 우리들의 문화의 분열은 필요 이상으로 우리를 우둔하게 만들 것이다. 우리는 커뮤니케이션을 어느 정도 손질할 수도 있을 것이다. 하지만 앞에서도 말한 바 있듯이, 피에로 델라 프란체스카나 파스칼이나 괴테가 그들의 시대의 세계를 이해한 것처럼, 우리들의 현대의 세계를 충분히 이해할 수 있는 남성과 여성을 길러내지는 못할 것이다. 그렇지만 행운을 누리게 되는 날에는 우리

> 는 많은 훌륭한 인재를 육성할 수 있을 것이다. 이들은 예술과 과학에 있어서의 풍부한 상상적 체험을 무시하지 않을 것이며, 과학기술이 베풀어 주는 것, 그리고 그들과 다를 바 없는 다른 많은 인간들이 겪고 있는 제거할 수 있는 고난을 방치해 두지 않을 것이며, 또 일단 부정할 수 없는 책임이 밝혀지게 될 때 그것을 무시하지 않을 사람들일 것이다."

우리는 지금 어떤 꿈을 꾸고 있는가. 모든 것을 그 지점에서 다시 시작해야 할 것이다.

수학으로만 그려낸 아름다운 세상

로저 펜로즈, 『실체에 이르는 길』

몇 년 전, 과학책을 전문적으로 출판하는 어느 출판사의 편집장을 처음 만난 자리에서 내가 제일 먼저 꺼낸 이야기는 흔히 '레퍼런스 북'이라고 부르는 참고 자료가 될 만한 책들을 제발 좀 번역하라는 주문이었다.

그 편집장에게 건넨 천문·우주 분야의 긴 레퍼런스 북 목록에 속한 책들 중 실제로 번역된 책은 아직 한 권도 없다. 영리를 우선 생각해야 하는 출판사의 입장을 이해하지 못하는 것은 아니지만 정성스럽게 긴 목록을 작성했던 사람으로서 아쉽고 섭섭한 마음을 감추기도 힘들다.

로저 펜로즈의 『실체에 이르는 길』(박병철 옮김, 승산 펴냄)은 이런 아쉬움을 어느 정도 달래주는 반가운 책이다. 그는 "이 책은 일반인을 위한 교양 과학서이므로 복소함수 미적분학의 모든 내용을 다룰 수는 없다"면서 이 책이 교양 과학서임을 분명하게 선언하고 있다. 하지만 "수학은 물리적 세계와 놀라울 정도로 정교한 조화를 이루고 있으므로, 물리학 법칙을 깊이 이해하려면 어쩔 수 없이 수학을 도입해야 한다"면서 "이 책의 전반부(1~16장)는 수학적 개념을 설명하는 데 고스란히 쓰였다"라고 하니 우리 과학 문화의 실정에서 보면 이 책을 교양 과학서라고 선뜻 동의하기는 힘들 것 같다. 오히려 펜로즈 자신이 서문에서 이야기하고 있듯이 이 책은 '수학'을 바탕으로 '현대 물리학의 핵심 개념을 이해하려는 독자들에게 매우 훌륭한 안내서'가 될 수 있을 것 같다.

펜로즈의 말을 그대로 빌려서 이 책의 주제를 한마디로 요약하자면 '수학적 개념과 물리적 거동 사이의 관계', 즉 수학의 창을 통해서 만물의 물리적 본질을 파악한다면 우주의 궁극적인 '실체'에 접근할 수 있을 것이라는 것이다. 결국 이 책의 전반을 흐르는 무기는 뭐니 뭐니 해도 '수학'인 셈이다.

'수학'에 대한 일반인들의 공포심을 의식해서인지 펜로즈는 친절하게도 이 책을 읽는 방법을 자신의 경험을 곁들여서 자세히 제시하고 있다(하지만 여전히 '수학적' 냄새가 물씬 풍긴다). '4단계의 각기 다른 수준에서 읽을 수 있도록 집필되었다'는 것이다. 정리하면 이렇다.

1단계

"수식을 볼 때마다 현기증을 일으키거나, 분수 계산에 자신이 없는 독자들"은 "모든 수식을 뛰어넘고 글자만 읽어도 꽤 많은 정보를 습득할 수 있을 것"이라고 위안하고 있다.

내가 알고 있는 지인 중 수식에 가장 둔감한 사람은 아티스트 이휘재이다. (개그맨 이휘재가 아니다. 그는 지인을 통해서 어느 어린 소녀의 이름이 '이휘재'라는 것을 듣고는 자신의 예명으로 쓴 것이다. 내가 알고 지내는 진짜 '이휘재'는 선점 당한 자신의 이름 때문에 늘 곤혹스러운 경험을 한다고 고백했다.)

그녀는 어려서부터 수학을 너무 못했는데 한번은 과외 선생님이 답답한 나머지 사과를 예로 들어서 '빼기' 개념을 설명하려고 했난나. '휘재야, 사과가 열 개가 있는데 동생이 세 개를 먹어버렸어. 그럼 남은 사과는 몇 개지?' 이 질문에 어린 이휘재는 이내 눈물을 뚝뚝 떨어뜨리며 '휘재는 너무 슬퍼요'라고 답을 했단다. 그녀로부터 직접 들은 이야기다. 사과가 열 개인지 세 개인지는 그녀의 머릿속에 전혀 들어오지 않고 오로지 동생이 사과를 '먹어버렸다'는 설정에 슬픔이 몰려와서 울음을 터뜨려 버렸던 것이다.

만약 당신의 숫자 불감증이 이 정도라면 당장 이 책을 덮어버리라고 충고하고 싶다. 펜로즈의 친절한 배려에도 불구하고 이 책은 어쩔 수 없는 '수학책'이기 때문이다. 하지만 여전히 약간의 인내심과 호기심이 남아 있다면 『실체에 이르는 길』의 차례, 서문, 그리고 제34장 '실체에 이르는 길을 찾아서'만 읽어보더라도 펜로즈의 바람대로 현대 우주론에 대한 '꽤 많은 정보'를 얻을 수 있고 전체적인 흐름을 파악할 수 있을 것이다.

2단계

마찬가지로 "수학과 친하지 않은 독자들"이라도 이 책에 등장하는 "수학적 내용에서 많은 정보를 얻을 수 있을 것"이며, "독자들의 입맛에 맞는 설명이 어딘가에 분명히 있을 것"이라고 펜로즈는 확신하고 있다.

이 책에 나오는 수식을 완전히 무시하고 텍스트만 읽어도 많은 정보를 얻을 수 있다는 그의 주장은 어느 정도 사실인 것 같다. 어떤 수학적 개념에 대한 역사적 서술로부터 시작해 현장에서의 적용 과정에 대한 설명을 거치면서 결국에는 그 개념의 명확한 확립에 주력하는 방식으로 펜로즈의 글이 반복적으로 전개되기 때문이다.

3단계

"수학에 어느 정도 익숙하지만 수식을 손수 검증할 만큼 열성적이지 않은 사람들"에게는 책의 하단부에 나와 있는 "문제"를 직접 풀어볼 것을 권하고 있다. 아이콘으로 문제의 난이도까지 구분해 두었다. 수학에서 "대충 읽는 것"과 "직접 문제를 풀어보는 것" 사이에 엄청난 차이가 있다는 당부의 말도 잊지 않고 있다.

무엇이든 '직접'해 보는 것을 당할 재간은 없다. 멋진 그림을 보다가 직접 그리고 싶은 욕망이 생겨서 손수 그리기 시작했거나 기타리스트의 현란한 손놀림을 동경하다가 결국은 기타를 직접 치며 노래를 불렀던 경험이 있을 것이다. 그런 과정을 거치면서 마니아가 되는 것이다.

문제는 이 책이 정말 '수학'에 대한 그런 숨은 '열정'을 끄집어낼 수 있을 것인가, 또한 과연 그런 열정을 가진 사람들이 얼마나 있을 것인가 하는 것이다. 당장 이 문제에 대한 답을 할 수는 없지만, 『실체에 이르는 길』이 이런 과정을 수행하는 데 적절한 텍스트라는 것은 자명해 보인다.

4단계

"수학을 이해하는 데 별 어려움이 없는 전문가층 독자"에게도 문제를 직접 풀어보는 것이 개념을 이해하는 데 도움이 된다고 조언하고 있다.

평범한 진리, 즉 익숙한 것을 낯설게 보라는 말을 반복하고 있는 것 같다. 펜로즈가 서문에서 말하는 '현대 물리학의 핵심 개념을 이해하려는 독자들'이 4단계에 속한 사람들이 아닐까 하는 생각이 이 책을 읽는 내내 머릿속에 맴돌았다.

이 책을 읽기 시작하면서 먼저 나는 몇 단계에 속한 독자일까 생각해 봤다. 4단계라고 하기에는 부끄러웠고 2단계라고 우기기에는 염치가 없었다. 3단계 독자로서 이 책을 읽어 나가기로 했지만 막상 '문제'를 다 풀어볼 '열정'은 뽑아내지 못했다.

그래서 결국은 연습 문제는 풀지 않고 본문에 나오는 수식은 겉치레로 훑어보고 텍스트는 꼼꼼하게 읽는 것으로 타협했다. 결국 '3-'(3 마이너스) 단계의 독자로 『실체에 이르는 길』을 완독했는데, 생각보다 읽는 시간이 훨씬 더 오래 걸렸다.

『실체에 이르는 길』은 크게 세 부분으로 이루어져 있다. 먼저 펜로즈는 물리학적 현상을 기술하는 데 필수적인 수학 개념을 설명하면서 『실체에 이르는 길』 제1권의 거의 4분의 3을 할애하고 있다. '수학'에 대한 그의 확신이 앞선 만큼 이 부분이 이 책에서 가장 공이 들어갔고 충실한 부분이라고 할 수 있겠다. 펜로즈는 이 부분에서 차분하면서도 단호하게 기본적인 수학 개념의 역사와 실체에 대해서 설명하고 있다.

대학교 1학년 때의 일이다. 이런저런 핑계로 공부를 완전히 제쳐놓고 있던 나는 미분적분학 첫 시험에서 100점 만점에 8점을 맞았다. 이공계 학생이면 한번쯤 골머리를 썩었을 '입실론-델타'라는 난해한 개념의 덫에 걸렸던 것이다. 그 후 미분과 적분의 의미는 전혀 이해하지 못하면서도 기계적으로 계산만 하는 '미분 기계'가 되고서야 간신히 학점을 딸 수 있었다.

간섭계 전파망원경을 사용해서 외부은하를 관측해 얻은 자료를 다루면서 복소수함수를 계산하고 사용할 때가 많았다. 하지만 돌이켜 보면 대학교 1학년 때나 지금이나 내 자신이 활용하고 있는 '수학'이 어떤 의미를 갖는지 깊이 있게 이해하지 못했던 것도 사실이다. 이 책을 읽으면서 그동안 무심코 사용만 하던 수학이 어떤 의미를 갖는지, 그 개념과 역사에 대해서 반추해 보는 이해의 폭이 넓어졌다. 이 책의 '수학' 개념 설명 부분은 나처럼 무개념의 '미분 기계'였거나 혹은 지금 그 늪에 빠져 있는 이공계 학생들이 읽어보면 큰 도움이 될 것 같다.

『한겨레』의 과학 웹진 '사이언스온'에는 물리학자 이종필이 연재하는 '샐러리맨 전 차장이 아인슈타인이 되기까지'라는 칼럼 코너가 있다. 수학에는 문외한인 평범한 문과 출신의 샐러리맨 전 차장은 휴가를 내고 호주로 천체 관측 여행을 떠났는데, 그곳에서 우연히 들른 호주국제중력관측소의 벽에 걸려 있던 아인슈타인의 장방정식(field equation)을 보고 큰 감흥을 받았다.

이때부터 전 차장은 일반 상대성 이론이 발표된 지 100주년이 되는 2015년까지 자신이 이 방정식을 직접 풀어보고 이해하겠다는 '원대한' 욕망을 품게 되었다. 이를 위해서는 고등학교 수학부터 다시 공부해야 한다는 이종필의 조언에 따라서 전 차장을 포함한 '수학'에 '열정'이 있는 사람들이 모여 고등학교 수학부터 다시 공부하는 감동적인 과정이 이

칼럼에 소개되고 있다. 『실체에 이르는 길』은 전 차장과 같이 숨은 '수학적' 열정을 갖고 있는 사람들이 찾고 있던 바로 그 텍스트임에 틀림없다.

『실체에 이르는 길』의 두 번째 부분은 수학적 개념을 밑바탕으로 현대 물리학의 양대 산맥인 상대성 이론과 양자역학을 소개하고 현대적인 표준 우주론에서 말하는 '실체'에 대해서 이야기하고 있다. 광활한 우주 시공간을 거시적으로 기술하는 데 일반 상대성 이론이 필요하고, 우주 초기의 아주 작은 시공간을 묘사하는 데는 양자역학이 필요하다.

두 이론이 떠받치고 있는 현대 표준 우주론의 대표 주자인 빅뱅 우주론에 대한 수학적 물리학적 설명은 그나마 내게는 제일 익숙하고 상대적으로 복습하듯이 편안하게 읽었던 부분이었지만, 이 부분에 등장하는 수학적 개념을 모두 파악하기에는 여전히 벅찬 느낌이었다. 이 부분에서의 펜로즈의 서술은 책의 앞부분에서 수학의 기본 개념을 독창적으로 설명하던 것과 비교하면 다른 책들의 내용과 큰 차이 없이 다소 의례적이라는 생각을 떨치기 힘들었다. 다만 다음에 인용하는 글에서 알 수 있듯이 양자역학보다는 상대성 이론에 더 큰 신뢰를 보내는 펜로즈의 개인적인 의견을 피력했다는 점이 어느 정도 도드라질 뿐이다.

"20세기 최고의 물리학 이론 하나를 꼽는다면, 나는 주저 없이 아인슈타인 일반 상대성 이론을 선택할 것이다. 대다수의 물리학자들은 양자 이론(그리고 양자장 이론)을 최고의 이론으로 생각하고 있지만, 나는 동의하지 않는다. 양자역학이 일반 상대성 이론보다 훨씬 넓은 영역에 걸쳐 다양한 자연 현상들을 설명해 주긴 하지만, 그 자체로 완벽한 이론 체계를 갖추었다고 보기는 어렵다. 물론 여기서 가장 큰 걸림돌이 되는 것은 29장에서 논했던 '측정역설'이다."

그의 말을 인용해서 위 내용을 부연 설명을 하면 이렇다. 결국 양자역학은 미완의 이론으로 남을 가능성이 높고 전적인 신뢰를 보내기 힘들다는 것이다.

"어떤 관점을 취하건 간에, 양자역학의 U-과정을 '우주를 서술하는 진리'로 받아들이는 한 결국은 다중세계해석 쪽으로 내몰릴 수밖에 없다. 다중세계관점에 설득력이 있으려면 '의식을 가진 관측자'라는 존재가 무엇으로 이루어졌는지를 분명하게 설명할 수 있어야 한다. 왜냐하면 관측자가 인지한 '실체'는 '관측자의 상태'와 연관되어 있어서, 관측자에게 어떤 상태가 허용되는지를 모르면 어떤 실체 상태(외부 세계)가 허용되는지도 알 수 없기 때문이다. 다시 말해, 이 세계는 우리에게 객관적인 객체로 인식되고 있지만, 사실은 관측자의 의식이 무수한 양자적 중첩 중에서 어느 쪽으로 흘러가느냐에 따라 결과가 좌우된다는 것이다. 의식을 가진 관측자를 적절하게 서술하는 이론이 없는 한, 다중세계해석은 미완의 이론으로 남을 수밖에 없다."

사족을 달자면, 펜로즈의 이러한 비판적 견해는 최근 들어 양자역학적 관점을 바탕으로 하여 『위대한 설계』에서 도전적인 다중우주론을 펼친 그의 오랜 동료 스티븐 호킹과도 일정한 거리를 두게 하는 데 일정 부분 기여하고 있다.

'프레시안 북스' 17호(2010년 11월 26일자)에 소개되었던 변호사 금태섭의 서평에세이 중에 이런 문장이 있다.

"용기를 내서 물리학과 대학원 홈페이지에 여름방학 동안 물리학 기초를 공부하고 싶은 법학 전공의 공무원(당시 공무원이었다)에게 개인 교사를 해줄 아르바이트 학생을 구한다는 글을 올렸다. 기대를 갖고 한동안 기다렸지만 아무런 연락도 오지 않았다.

나중에 후배를 통해서 물리학과 대학원에 알아봤는데, 법학 전공자가 물리학을 이해하는 것은 불가능하니 그냥 포기하라는 얘기를 듣게 되었다. 쓴웃음을 짓고 말았지만 만약 친절한 전공자를 만났다면 무식한 법학도의 인식의 폭을 넓히는데 조금이라도 도움이 되지 않았을까 하는 아쉬움이 지금까지도 든다."

만약 당신이 금태섭처럼 교양 과학책을 읽다가 자생적으로 궁극적인 물리학적 지식에 대한 배움의 욕망이 생겼다면, 현대 표준 우주론을 개관하여 기술해 놓은 『실체에 이르는 길』의 두 번째 부분이 배움을 얻는 하나의 길잡이 역할을 할 수 있을 것이다.

마지막 세 번째 부분에서는 현대 우주론의 기둥인 양자역학-상대성 이론의 패러다임을 깰 수 있는, 하지만 여전히 수학의 영역에 머물고 있는, 다른 급진적인 대안 이론들에 대해서 언급하고 있다. 이름만 들어도 흥미로운 초대칭, 끈 이론, 초끈 이론, M-이론, 그리고 트위스터 이론 같은 최신 물리학 이론들에 대한 설명이 이어진다.

내가 제일 자신이 없고 낯선 분야이기도 해서 펜로즈 같은 대가가 전체 숲을 보듯이 정리해 놓은 최신 물리학 이론에 대한 해설을 읽는 것만으로도 사뭇 흥분되는 부분이기도 했다. 펜로즈는 단순한 해설에 머물지 않고 더 나아가 엄밀한 과학적 타당성과는 상관없이 이들 이론들 중 특정 이론(예컨대 끈 이론)에 연구자들이 집중되는 현상을 꼬집으며 과연 과학자들이 한때의 '유행'에 휩쓸리는 것으로부터 완전히 자유로울 수 있는지 반문한다. 또한 이들 이론이 '측정' 가능성에 대한 탐구에 몰두하기보다는 '수학적' 완결성에 매몰되는 현실을 이렇게 질타하고 있다.

> "아무리 대단한 이론이라 해도, 물리적 사실(궁극적인 관측 결과)에 우선할 수는 없다. 궁극적인 진실은 이론이 아닌 실험 결과에 담겨 있기 때문이다. 실험이나 관측 결과에 부합되지 않는 이론은 수학적 체계가 아무리 아름답다고 해도, 과학의 전당에서는 설 자리가 없다."

한편, 정작 이 책의 또 다른 재미있는 관전 포인트는 펜로즈가 상대적으로 덜 알려진 자신의 트위스터 이론을 은근히 가능성이 큰 대안 이론으로 내세우고 있다는 점이다. 노학자의 호기가 있는 것 같아서 오히려 반갑다. 『실체에 이르는 길』의 세 번째 부분이 더욱 빛을 발하는 것은 단순한 대안 이론 소개에 그치지 않고 이들 이론에 대해서 펜로즈가 자신의 견해를 곁들인 과감한 비평을 가했다는 점에 있다. 약간은 상기된 그의 이야기를 낯선 감성으로 읽어내는 재미가 있었다. 『실체에 이르는 길』은 최신 물리학의 대안 이론들을 다소 편견이 담긴 해설로 담아낸 비평서 역할을 다하고 있다고 할 수 있겠다.

그렇다면 펜로즈가 이 두꺼운 책을 통해서 '수학을 통해 실체에 접근하는 긴 여정'을 거친 후 도달한 결론은 무엇일까. 다소 시시하고 허무하게도 다음과 같은 문장으로 이야기를 이끌어간다.

> "지난 2500년 동안, 그리고 특히 지난 수백 년 사이에 과학이 장족의 발전을 이룬 것은 분명한 사실이지만, '실체에 이르는 길'은 아직 찾지 못했다는 것이 내 생각이다. 이 길을 찾기 위해서는 새로운 통찰이 반드시 필요하다."

그는 이 책의 주제 중 하나인 '실체는 어떻게 작동하는가?'라는 부분에 대해서 우리가 어느 정도 이해를 하고 있다고 자신하는 듯하다. 부족하지만 양자역학과 상대성 이론이 '물리적 실체'를 파악하는 첨병 역할을 하고 있고 이를 대신할 여러 이론들이 서로 키 재기를 하고 있기 때문일 것이다.

하지만 이에 대한 '무엇'과 '왜'라는 질문에는 여전히 답을 내놓지 못하고 있다는 점을 분명하게 고백하고 있다. 결국 물리적 '실체'를 찾는 길은 바로 이 실체에 대한 '무엇'과 '왜'라는 이런 질문 속에 숨어 있을 것이다. 어쩌면 『실체에 이르는 길』은 '심오한 질문에 대한 답이 제시되면서 더 심오한 질문이 제기'된다는 평범한 진리를 알려주기 위한 긴 여정이었는지도 모른다.

바로 이런 극복할 수 없는 불확실성이 끊임없이 '물리적 실체'를 찾아 나서게 하는 진짜 매력일지도 모르겠다.

토머스 쿤이 진짜로 하고 싶었던 말

토머스 쿤, 『과학혁명의 구조』

내가 처음 토머스 쿤의 『과학혁명의 구조』를 읽은 것은 대학교에 갓 입학했던 1982년의 어느 봄날이었다. 나는 당시 한 선배의 손에 이끌려서 '과학철학회'라는 그럴듯한 이름을 내걸고 실제로는 운동권 사회과학 책을 읽는 '세미나' 모임에 참가하고 있었다. 흔히 '금서'로 통칭되는 책들을 읽고 토론을 하고, 때로는 행동으로 옮기는 전형적인 80년대 '세미나' 모임이었다. '과학철학회'라는 이름에 걸맞은 책은 『과학혁명의 구조』를 빼면 거의 없었던 것으로 기억한다.

선배로부터 건네받은 『과학혁명의 구조』는 1970년에 시카고 대학교 출판부에서 나온 『*The Structure of Scientific Revolutions*』 제2판을 송두리째 불법 복사해서 제본까지 한 해적판이었다. 1980년과 1981년에 이미 두 출판사에서 『과학혁명의 구조』의 한국어판을 출판한 것을 생각하면 왜 영문으로 읽었을까 하는 생각이 문득 스쳐지나간다. 번역된 책들은 금서일지라도 구해서 읽고 아직 번역되지 않은 책들은 해적 복사판으로 읽던 시절이었다. 심지어는 필사본도 있었다. 영어는 그렇다고 치더라도 일본어 책이나 일본어로 번역된 서양 책들을 읽기 위해서 일본어를 공부했던 치기어린 시절의 이야기다.

영문으로 힘들게 독해하면서 읽었던 『*The Structure of Scientific Revolutions*』에 대한 나의 당시 독서평은 잘 생각나지는 않는다. 역시 '패러다임'이라는 단어가 중독성 있게 계속 마음속에 맴돌았었다. 내 주변의 과학자들을 돌아보면서 막연하게 '과학자 사회'라는 개념을 익히고 있었던 것 같다.

2002년 가을, 우연한 기회에 책을 읽고 토론하는 수업을 맡아서 강의를 하게 되었다. 나는 내 수업에 대중 과학책을 읽고 토론하는 정체성을 부여하려고 노력했다. '과학의 창으로 보는 인간' 정도의 부제를 붙이고 싶었다. 읽을 책을 고르기 위해서 그동안 내가 읽었던 책, 읽지는 않았지만 이런저런 경로를 통해서 추천을 받은 책, 많이 읽히는 책 등등을 망라해서 긴 목록을 만들었다. 몇 달 동안 다른 일은 모두 접어두고 하루 종일 그 책들을 꼼꼼하게 읽었다. 짧은 한 학기 동안의 읽을 책 목록을 만들기 위한 예비 작업으로는 좀 과한 면이 있었지만 나름 행복한 시절이었다.

먼저 『과학혁명의 구조』(토머스 쿤 지음, 김명자 옮김, 동아출판사 펴냄)를 읽었다. '최신 번역 보완판'이라는 선전을 표지에 달고 나온 책이었다. 1992년 8월 5일에 초판 1쇄를 찍었다고 적혀 있었다. 내가 읽은 책은 1994년 6월 10일 초판 6쇄본이었다. 『과학혁명의 구조』의 내용 자체에 대한 논의와는 별개로 두 가지가 마음에 걸리거나 궁금했다. 하나는 번역에 대한 의구심이었고 다른 하나는 『과학혁명의 구조』 그 이후의 이야기였다.

잘 읽히지가 않았다. '이렇게 말하고 보니, 원전보다 더 읽기 어렵게 옮겨 놓고 변명하는 것 같아 쑥스럽기도 하다.' 역자 서문에서 옮긴이 김명자가 이렇게 고백하고 있다. 예의상 써놓은 말일 수도 있다. 하지만 나도 이 책을 읽으면서 번역이 매끄럽지 못하다고 느꼈고 읽는 내내 불편했다. 그래서 『*The Structure of Scientific Revolutions*』 제2판을 이번에는 정식으로 구매를 해서 다시 읽어봤다. 훨씬 읽기가 수월했다. 물론 그 사이에 내가 영어로 된 책을 읽는데 조금 더 익숙해져 있었고 『과학혁명의 구조』의 내용을 어느 정도 알고 있다는 점이 작용했을 것이다. 토머스 쿤의 문장이 좀 길고 예를 많이 들어서 번역하기에 무척 힘든 책일 것이라는 동정심도 생겼다. 하지만 여전히 읽어 내려가기 힘들고 불편한 것은 사실이었다. 잠시 '번역'에 대한 근본적인 질문을 하게 만든 책이기도 했다.

내친 김에 1980년에 사회학자인 조형이 번역한 『과학혁명의 구조』(토머스 쿤 지음, 이화여자대학교 출판부 펴냄)도 찾아서 읽었다. 개인적인 취향을 바탕으로 말하자면 이 책이 김명자 번역본보다는 조금 더 수월하게 읽혔다. 그래도 여전히 읽기 불편하다는 느낌은 지울 수가 없었다. 옮긴이의 말에서 조형이 "순수과학의 연구사례들이 기본 자료로 제공되고 있어서, 학문적인 욕심만으로 번역을 시도한 사회과학도로서는 옮기는 데 많은 어려움을 겪어야 했다"고 고백한 것처럼 그녀 역시 번역의 부족함을 느끼고 있었다.

김명자가 1981년 번역한 『과학혁명의 구조』(토머스 쿤 지음, 정음사 펴냄)도 함께 읽어봤다. "그리고 하나 더, 번역이 한창 피크에 이르렀을 때, 이화여자대학교의 조형 선배가 이것을 옮기고 있다는 소문을 들었다. 그래서 맥도 빠지고 망설이기도 했지만, 내친 걸음이라 끝낼 수밖에 없었다." 옮긴이의 말에 김명자는 이렇게 적어 놓았다. 그랬다면 사회학자와 화학자인 두 사람이 의기투합해서 한 권의 번역본으로 완성했으면 어땠을까 하는 부질없는 생각을 해본다. 학문적인 배경이 다르니 서로 보완할 수 있는 부분이 많았을 것이고 그만큼 더 정확하고 풍성한 번역본이 나올 수 있었을 것이라는 안타까움이 있다. 이런 일이 우리 사회에서 결코 쉽게 일어나지 않는다는 것을 뻔히 알면서도 지나간 일을 두고 이런 망상을 하는 내 자신이 참 바보 같다는 생각이 문득 들었다. 각설하고, 아쉬운 대목이었다.

『과학혁명의 구조』 번역의 문제는 (나는 '불편함'이란 말에 더 정감이 간다) 이 책을 만날 때마다 나를 괴롭혔다.

한편 『과학혁명의 구조』를 둘러싼 논쟁이나 그 이후의 『과학혁명의 구조』의 논쟁적 행적이 늘 궁금했다. 2002년 겨울에 번역된 『현대 과학철학 논쟁』(토머스 쿤 외 지음, 조승옥 · 김동시 옮김, 아르케 펴냄)은 『과학혁명의 구조』를 둘러싼 초창기 논쟁을 엮은 책이다.

"이 책은 1965년 7월 11일부터 17일까지 런던 리젠트 공원에 있는 베드포드 대학에서 개최된 1965년도 국제 과학철학 세미나 논문집들 중 네 번째에 해당한다."

'책머리에' 첫 문장에 서술된 것처럼 『과학혁명의 구조』를 둘러싼 논쟁을 엿볼 수 있는 좋은 텍스트였다. 토머스 쿤을 비롯해서 칼 포퍼와 폴 파

이어아벤트 등 당시 과학철학의 정점에 서 있던 사람들이 『과학혁명의 구조』에 대해서 어떤 생각을 갖고 있는지 한자리에서 볼 수 있는 좋은 기회였다. 많은 이야기들이 이 책에 실려 있었다.

그런데 행간을 잘 읽어보면 재미있는 것을 발견할 수 있다. 그 내용을 좀 희화화해서 이야기해보면 이렇다. 토머스 쿤과 생각을 같이하는 진영에서는 반대 진영이 『과학혁명의 구조』는 물론 '패러다임' 자체에 대해서도 잘 이해하지 못하고 있다고 반박한다. 따라서 (좀 극단적으로 해석하자면) 오개념에서 비롯된 모든 반론은 잘못됐다는 것이다. 반면 상대 쪽에서는 오히려 쿤을 옹호하는 쪽에서 그런 무지를 드러내고 있다고 반박하고 있다. 정작 쿤은 자신의 개념의 모호성을 어느 정도 인정하고 논리를 전개해 나가고 있다. 서로 너희들은 뭘 몰라, 그러고 있는 형국처럼 보였다. 그만큼 뜨거운 논쟁이라는 증거다.

당시의 열기를 느끼기에 『현대 과학철학 논쟁』은 꼭 그만큼 적합한 책이다. 시간이 흐르면서 과학철학과 과학사를 포괄하는 논의가 시들해진 것도 원인이겠지만 『과학혁명의 구조』의 현재적 의의에 대해서도 '꼭 그만큼 적합한' 정보를 알려주는 책이나 글이 있었으면 하는 바람이 있다. 몇 권의 책 제목을 들 수는 있지만 '꼭 그만큼 적합한'에 해당하는지는 확신할 수 없는 다소 무거운 책들이다. '그래서 어떻게 되었는지' 살짝 알려주면서 더 큰 궁금증을 유발할 그런 가벼우면서도 콤팩트한 문건이 필요하다는 생각을 오래도록 해왔다.

'독서와 토론'이라는 타이틀을 달고 강의를 하면서 『과학혁명의 구조』도 읽을 책 목록에 포함시켰다. 학생들이 책을 읽고 수업에 참여하면 나는 토론을 위한 준비 작업으로 학생들에게 쪽글에 답을 하도록 한다. 쪽글 질문은 이렇다.

(1) 과학자들이 용어나 개념 등을 깨우칠 때 주로 사용하는 방식은?
(2) 패러다임이란?
(3) 토머스 쿤이 『과학혁명의 구조』에서 진짜로 하고 싶었던 말은 무엇이라고 생각하는가?
(4) 이 책이 출간되었을 때 사회학자들이 왜 열렬하게 환호했었다고 생각하는가?
(5) 오늘의 토론 주제 한 가지를 제시하라. 제안 이유는?

학생들이 토론을 원활하게 진행할 수 있도록 하기 위해 일종의 워밍업으로 글을 쓰면서 자신의 생각을 정리하도록 준비한 질문이다. 내 자신에게 늘 던지는 질문이기도 하다. 나는 학생들이 『과학혁명의 구조』의 내용을 도식적으로 이해하기보다는 이 책이 갖고 있는 복합적인 의미를 파악하고 논쟁하기를 원했다. 그래서 쿤이 '진짜로' 하려는 이야기가 무엇인지 묻는 '밑밥'성 질문을 던졌다.

『과학혁명의 구조』는 감미로운 멜로디로만 이루어져 있는 노래가 아니다. 단순화된 모형이 멜로디처럼 흐르는가 하면 많은 과학사적 예들이 풍성한 배음으로 몰려오기도 한다. 쿤 자신이 억제했다고는 하지만 여전히 과학사책으로도 읽힐 수 있다. 과학자들의 집단적인 행동양식을 고발하는 책으로도 독해할 수 있다. 패러다임이 얼마나 다양한지 그 건잡을 수 없는 변주를 담은 소곡집이기도 하다. 그렇게 풍성하게 『과학혁명의 구조』를 읽어주길 늘 바라고 있다. 물론 늘 성공하는 것은 아니다. 하지만 그런 방식으로 책을 보는 연습을 그들과 같이 하는 것만으로도 만족한다.

학생들에게 『과학혁명의 구조』를 읽어보라고 권하면서 늘 사족을 달곤 했다. 텍스트를 이해하지 못하는 것의 일정 부분은 번역의 문제 때문이라는 것이다. 그러니 내용을 잘 이해하지 못했다고 하더라도 너무 자책하지 말라는 당부의 말도 진담 반 농담 반 덧붙였다. 빨리 더 나은 번역본이 나와야만 한다는 말도 강조해서 꼭 덧붙였다. 또 한 가지 당부는 오래전에 나온 이 책의 현재적 위치에 대한 인식을 갖고 책을 읽으라는 것이었다. 내가 『과학혁명의 구조』에 대해서 갖고 있던 문제의식을 투영한 것이었다.

언젠가부터 『과학혁명의 구조』가 새롭게 번역되고 있다는 소문을 학생들에게 해줄 수 있게 되었다. 그리고 드디어 '출간 50주년 기념 제4판'이라는 표제어를 달고 새로운 『과학혁명의 구조』(김명자·홍성욱 옮김, 까치 펴냄)가 2013년 9월 그 모습을 드러냈다. 정말 반가운 일이었다. 나는 학생들에게 『과학혁명의 구조』를 권하면서 꼭 '출간 50주년 기념 제4판'을 읽으라고 당부를 한다.

"이번 번역은 김명자 전 환경부 장관이 번역한 제3판의 내용을 기초로 미국에서의 제4판의 출판을 계기로 해서 과학기술사와 과학기술학을 전공한 홍성욱 교수가 가독성에 초점을 맞추어 손을 본 것이다. "이언 해킹의 서론"은

이 책의 출간 50주년을 기념하여 추가된 글이다. "후기—1969"는 서울대학교에서 과학철학을 강의하는 천현득 선생이 수업을 위해서 번역해놓은 것을 많이 참고했다. 이 지면을 빌려 천현득 선생께 감사를 드린다. 원고의 정리에는 서울대학교 과학사 및 과학철학 협동과정에서 공부하고 있는 이주영 군이 수고를 아끼지 않았다. 이번 출판을 계기로 쿤의 과학사와 과학철학에 대한 관심이 고조되어서 쿤이 쓴 다른 책들도 번역되어 국내의 독자들에게 과학에 대한 흥미로운 철학적, 역사적 논점을 제공하기를 기대한다."

토머스 쿤의 '출간 50주년 기념 제4판' 『과학혁명의 구조』가 번역된 것은 하나의 큰 사건이라고 생각한다. 번역의 문제가 제기된 채로 방치되어 있는 대중 과학의 명저들이 꽤 있다. 다시 번역하면 좋겠지만 번역자의 고집도 있고 다른 문제들도 겹쳐 있어서 쉽지가 않은 모양이다. 『과학혁명의 구조』가 이 책을 번역할 수 있는 적임자 중 한 사람인 홍성욱이 가세해서 다시 번역되어 나온 것은 정말 환영할 만한 일이다. 이런 고전일수록 여러 전문가의 손때를 타는 것이 좋다고 본다.

새로운 『과학혁명의 구조』를 정독해서 읽어보았다. 그동안 내가 갖고 있던 번역에 대한 불편함이 상당 부분 해소되었다. 학생들에게 『과학혁명의 구조』를 권하면서 번역의 흑역사 이야기는 계속하겠지만, 이번 번역본에 대한 칭찬도 같이 할 생각이다.

이 책은 또한 내 궁금증 중 하나를 해소해주는 단비 같은 책이기도 했다. 50여 쪽에 달하는 '이언 해킹의 서론'은 『과학혁명의 구조』의 내용과 역사적 의의뿐만 아니라 현재적 관점에서의 의미와 맥락도 '꼭 그만큼 적합한' 정도로 잘 정리해 놓고 있다. 역자 해설도 이런 기능을 돕는 데 충분한 역할을 하고 있다. 학생들에게 조금 더 당당해질 수 있는 용기를 주는 책이다.

다음 주 월요일에는 한두 문장의 인용을 위해서 도서관에서 빌려온 『과학혁명의 구조』 이화여자대학교 초판본과 정음사 초판본을 반납해야겠다. 연체료가 걱정된다. 올해가 가기 전에 나와 『과학혁명의 구조』의 32년 인연을 이어가기 위해서 제4판 영문판을 읽어봐야겠다는 생각이 문득 들었다. 특히 이언 해킹의 서문을 찬찬히 읽어볼 생각이다. 이 글을 여기서 마감하고 아마존에서 책 주문부터 해야겠다.